“十二五”职业教育国家规划教材 修订版
经全国职业教育教材审定委员会审定

电子测量仪器

第3版

主　编　张道平　侯守军
参　编　周重庆　伏玉龙　田小建　张玉荣

机械工业出版社
CHINA MACHINE PRESS

本书是“十二五”职业教育国家规划教材《电子测量仪器》第2版的修订版，是根据《高等职业学校专业教学标准》，同时参考相关职业资格标准编写而成的。本书以任务驱动的形式，详细阐述了常用电子测量仪器的基本特性以及它们在实际中的应用，主要内容包括电压测量、信号发生器的使用、波形测试、频率和时间测量、信号频域测量、数据域分析测试和元器件参数测量，最后介绍了现代测量技术。本书在编写时，理论知识以够用和适度为原则，加强实践环节的要求，注重介绍新型的电子测量仪器产品，以拓宽学生知识面。

本书可作为高等职业院校电子信息类、自动化类、通信类等相关专业的教学用书，也可作为广大从事电子技术的工程技术人员的参考书。

为便于教学，本书配套动画及扩展阅读资源，以二维码形式附于书中，同时还配套有PPT课件、电子教案，选用本书作为授课教材的教师可登录www.cmpedu.com网站注册并免费下载。

图书在版编目（CIP）数据

电子测量仪器/张道平，侯守军主编. —3版. —北京：机械工业出版社，2022.4（2023.1重印）
“十二五”职业教育国家规划教材：修订版
ISBN 978-7-111-70645-8

Ⅰ.①电…　Ⅱ.①张…②侯…　Ⅲ.①电子测量设备-高等职业教育-教材
Ⅳ.①TM93

中国版本图书馆CIP数据核字（2022）第070254号

机械工业出版社（北京市百万庄大街22号　邮政编码100037）
策划编辑：赵红梅　　责任编辑：赵红梅
责任校对：郑　婕　刘雅娜　封面设计：张　静
责任印制：常天培
北京机工印刷厂有限公司印刷
2023年1月第3版第2次印刷
184mm×260mm · 11.25印张 · 275千字
标准书号：ISBN 978-7-111-70645-8
定价：37.00元

电话服务　　网络服务
客服电话：010-88361066　　机　工　官　网：www.cmpbook.com
010-88379833　　机　工　官　博：weibo.com/cmp1952
010-68326294　　金　书　网：www.golden-book.com
封底无防伪标均为盗版　　机工教育服务网：www.cmpedu.com

前 言

本书是“十二五”职业教育国家规划教材《电子测量仪器》的修订版，根据《高等职业学校专业教学标准》以及相关职业资格标准编写而成。《电子测量仪器》自出版以来，被众多职业院校采用，在使用过程中编者收集了大量的反馈信息，为本书的修订和不断完善提供了支持，使修订工作有的放矢。

本书主要有以下特色：

（1）校企合作开发。本书编写团队的成员来自于国内的机电类职业院校、行业和企业单位，产教融合，特色鲜明。

（2）有效地引入思政元素，充分调动学生的积极性，激励他们快乐有效地学习，培养学生脚踏实地、精益求精的劳动精神和工匠精神。

（3）改革和创新课程考核评价方式。在考核评价上体现多元性、激励性，让评价内容和形式多元化，实现评价标准、评价依据、评价方式的结合，可以更全面地考核学生的知识、能力和综合素质；评价主体由单一的以教师为主，转换为学生、团队（小组）、教师三方共同参与，引导学生注重平时的学习过程，使学生主体意识发挥重要作用。

（4）配套资源丰富。本书资源包括 PPT 课件、电子教案，动画以及扫频仪、示波器、信号源、频域测量仪等电子测量仪器的扩展阅读二维码，兼有助教与助学功能，可用于教师课堂上的教学演示，同时兼顾学生自操自练。

本书由湖北信息工程学校张道平、侯守军主编，江苏如皋中等专业学校伏玉龙、田小建参与修订并补充编写了项目三的部分内容，宜都职教中心周重庆修订并补充编写了项目八的部分内容，荆门职业学校张玉荣为全书多媒体课件的修订和补充做了大量的工作。

本书在修订过程中还得到了深圳市领测仪器仪表有限公司、武汉莱斯特电子科技有限公司的大力支持，在此一并鸣谢。

由于编者水平有限，书中难免存在不足之处，希望广大读者批评和指正。

编　者

二维码索引

目录

项目一　电压测量

项目简述

毫伏表是一种专门用于测量正弦交流电压有效值的交流电压表。它具有频率范围较宽、输入阻抗高、测量电压范围广、灵敏度较高、结构简单、体积小、重量轻等特点。

万用表是电子测量领域中最基本的工具，是一种能测量多种电量并拥有多量程的便携式电子测量仪表。一般的万用表以测量电阻、交流电流、直流电流、交流电压、直流电压为主，有的万用表还可以用于测量音频电平、电容量、电感量和晶体管的β值等多种电量。由于万用表结构简单、便于携带、使用方便、用途多样，因此是维修仪表和调试电路的重要测量工具。

任务一　毫伏表的使用

任务分析

测量交流电压时，经常会想到用万用表，可是有许多交流电用普通万用表是难以胜任电压测量任务的。因为交流电的频率范围很宽（从几赫兹到几千赫兹），而万用表是以工频（50Hz）为标准生产的；其次，有些交流电的幅度很小（只有几毫伏），灵敏度再高的万用表也无法测量；还有，交流电的波形也很多（如方波、锯齿波、三角波等）。因此有些交流电压必须用专门的毫伏表来测量。

下面以 YB2172 型交流毫伏表为例，介绍一般毫伏表的使用方法。

知识链接

电压测量概述

常用的单通道晶体管毫伏表是高灵敏度、宽频带的电压测量仪器，具有较高的灵敏度和稳定度，输入阻抗较高。交流测量范围是 100nV～300V、5Hz～2MHz，共分 1mV、3mV、10mV、30mV、100mV、300mV、1V、3V、10V、30V、100V、300V 12 挡；电平 dB 刻度范围是-60～+50dB。

1. 控制面板

YB2172 型交流毫伏表控制面板如图 1-1 所示。

2. 表盘刻度尺

YB2172 型交流毫伏表表盘如图 1-2 所示。

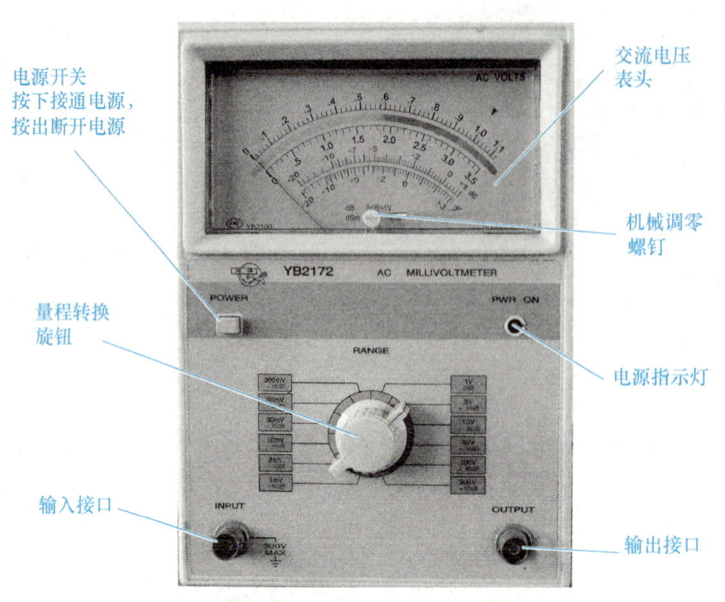

图 1-1 YB2172 型交流毫伏表控制面板

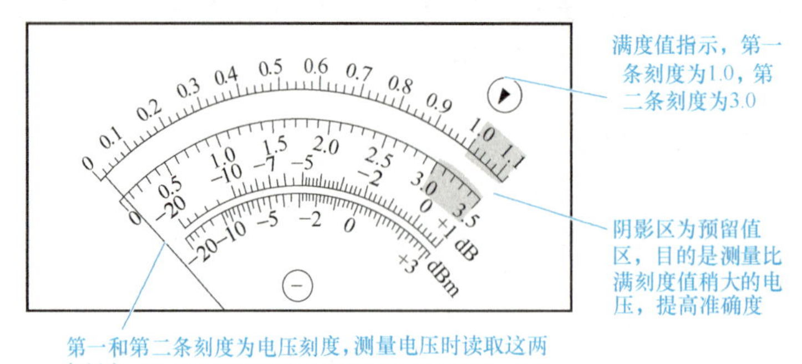

图 1-2 YB2172 型交流毫伏表表盘

指针式毫伏表操作步骤

操作指导

YB2172 型交流毫伏表的操作见表 1-1。

表 1-1 YB2172 型交流毫伏表的操作

项目	图 解	操 作 说 明
机械调零		当电源关断时，如果表针指示不在零上，可用螺钉旋具调节表头机械调零螺钉，使指针置于零

（续）

项目	图　解	操作说明
探头	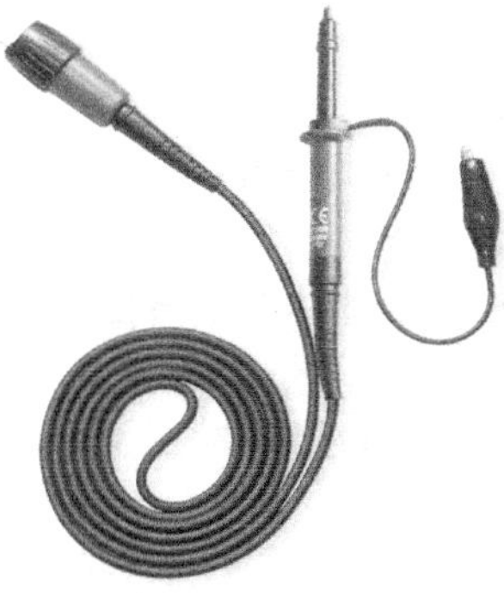	相当于万用表的表笔，是同轴电缆。电缆的外层接地线，其目的是减少外来感应电压的影响。鳄鱼夹用作接地端
量程的选择	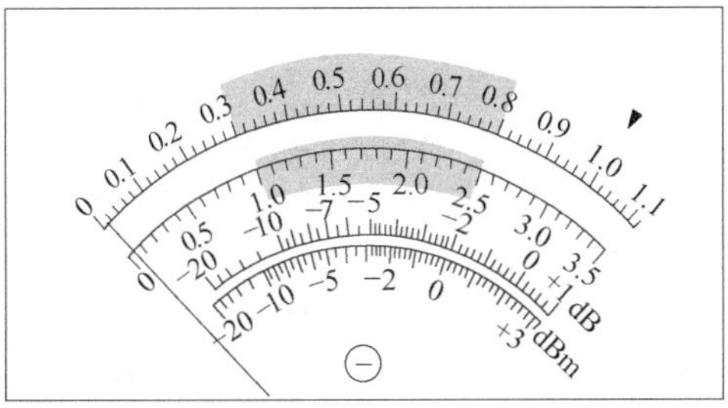 0 0.1 0.2 0.3 0.4 0.5 0.6 0.7 0.8 0.9 1.0 1.1 0 0.5 1.0 1.5 2.0 2.5 3.0 3.5 −20 −10 −7 −5 −2 0 +1 dB −20 −10 −5 −2 0 +3 dBm	读数时，应尽量使指针偏转到满刻度的1/2~2/3位置，如图中阴影区域所示
测量电压	AC U_i	① 测量电压时红色探头接正，黑色探头接负 ② 并联测量 ③ 测量未知电压时应先选择较大的量程进行探试性测量 ④ 打开电源后，应等到毫伏表自动调零结束后再进行测量（现象为指针会来回摆动几次） ⑤ 当“输入”端加入测量电压时，表头应有指示。如果读数小于满刻度的30%，则断开电压，逆时针方向转动量程旋钮逐渐减小电压量程，使指针大于满刻度的30%又小于满刻度值，再读出指示值
读数方法	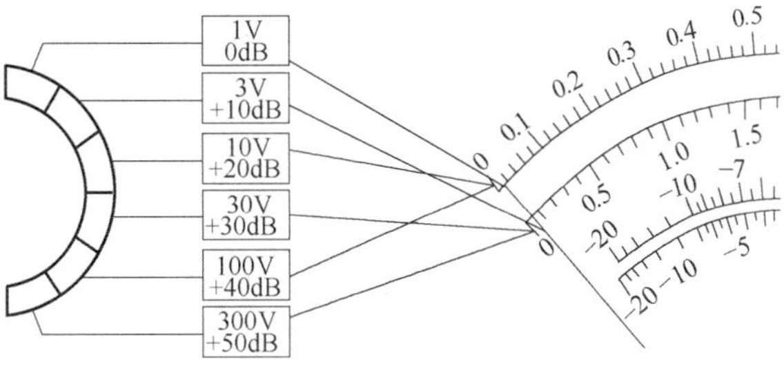 1V 0dB 3V +10dB 10V +20dB 30V +30dB 100V +40dB 300V +50dB 0 0.1 0.2 0.3 0.4 0.5 0 0.5 1.0 1.5 −20 −10 −7 −20 −10 −5	① 刻度盘上有4条刻度线，从上至下，第一和第二条为电压刻度线，第三和第四条为两种不同表示方法的分贝刻度线 ② 若量程开关置于“1”字开头的各挡位（如1V、1mV），在第一条刻度线上读数。若指针指在满量程即代表该量程挡之值。例如：量程开关置“100mV”挡，指针满偏至“1”，即为100mV ③ 若量程开关置于“3”字开头的各挡位（如300V、300mV等），则在第二条刻度线上读数，读数方法同上

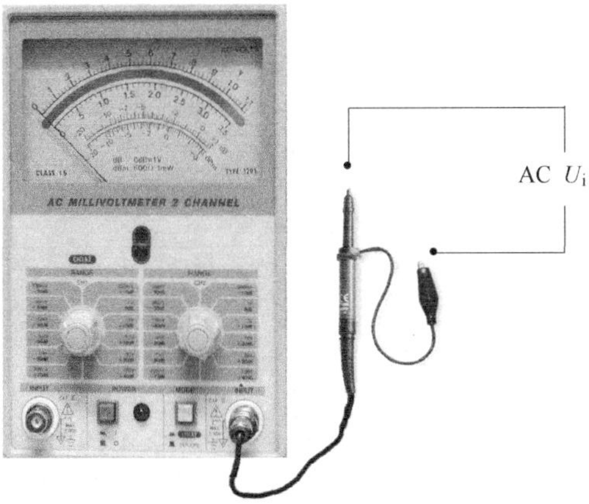

使用注意事项

YB2172型交流毫伏表使用注意事项如下：

1）测量前应短路调零。打开电源开关，将测试线（也称开路电缆）的红黑夹子夹在一起，将量程转换旋钮旋到1mV量程，指针应指在零位（有的毫伏表可通过面板上的调零电位器进行调零，凡面板无调零电位器的，内部设置的调零电位器已调好）。若指针不指在零位，应检查测试线是否断路或接触不良，如有问题应更换测试线。

2）交流毫伏表灵敏度较高，打开电源后，在较低量程时由于干扰信号（感应信号）的作用，指针会发生偏转，称为自起现象。所以在不测试信号时应将量程转换旋钮旋到较大量程挡，以防打弯指针。

3）交流毫伏表接入被测电路时，其地端（黑夹子）应始终接在电路的接地端（成为公共接地），以防干扰。

4）调整信号时，应先将量程转换旋钮旋到较大量程，改变信号后，再逐渐减小。

5）交流毫伏表表盘刻度分为0~1和0~3两种刻度，量程转换旋钮分为逢1量程（1mV、10mV、0.1V……）和逢3量程（3mV、30mV、0.3V……），凡逢1的量程直接在0~1刻度线（第一条刻度线）上读取数据，凡逢3的量程直接在0~3刻度线（第二条刻度线）上读取数据，单位即为该量程的单位，无须换算。

6）使用前应先检查量程转换旋钮与量程标记是否一致，若错位会产生读数错误。

7）交流毫伏表只能用来测量正弦交流信号的有效值，若测量非正弦交流信号，则读取的数据需要经过计算，才能得到非正弦交流信号的有效值。

注意

不可用万用表的交流电压挡代替交流毫伏表测量交流电压（万用表内阻较小，只能用于测量50Hz左右的工频电压）。

知识拓展

一、SM1030型数字交流毫伏表

1. 实物图

SM1030型数字交流毫伏表的实物如图1-3所示。

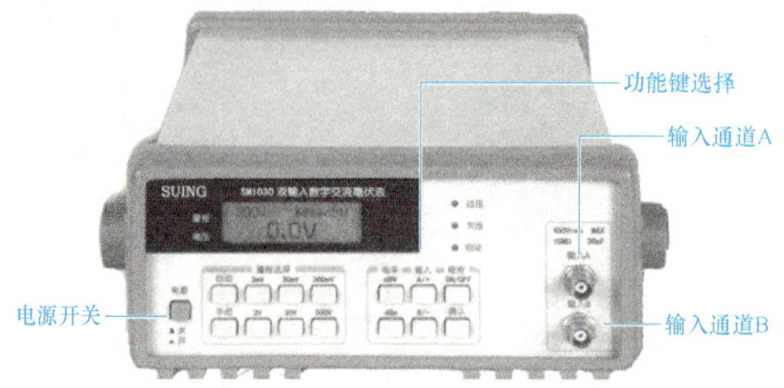

图1-3　SM1030型数字交流毫伏表的实物

2. 使用方法

SM1030 型数字交流毫伏表的使用方法见表 1-2。

表 1-2　SM1030 型数字交流毫伏表的使用方法

图　　示	使用方法
测的是A通道的信号 A: 300mV -9.1dBV 348.4mV 测量结果为信号的有效值	① 打开电源 ② 按下自动键，等待几秒后即出现结果 **注：开机后默认测量信号从通道 A 输入**
B: 300mV 49.1mV 此时测量的是B通道的信号	用通道 B 测量信号： ① 信号线从 B 通道输入 ② 按下 B 键，打开 B 通道 ③ 按下自动键，等待几秒即出现结果

二、GDM-8245 型数字多用表

GDM-8245 型数字多用表的面板如图 1-4 所示。

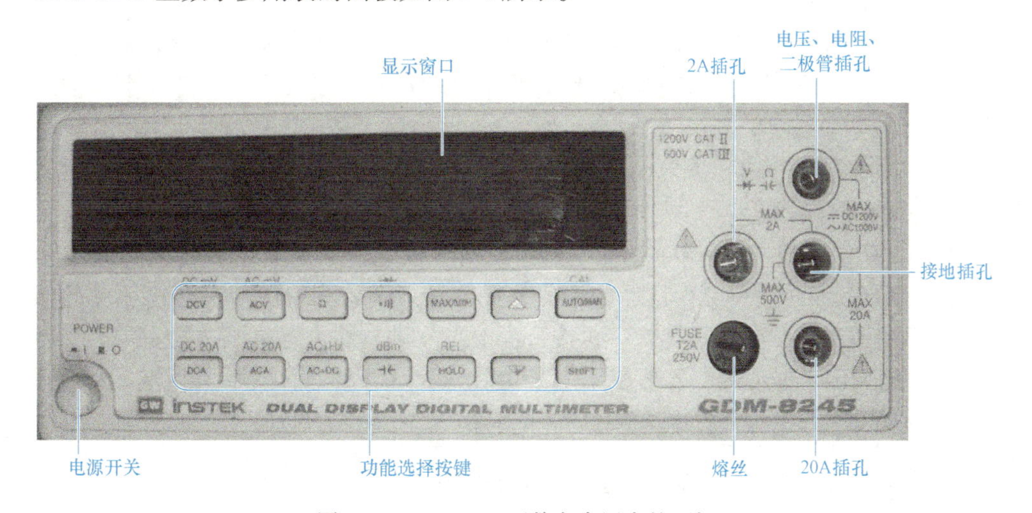

图 1-4　GDM-8245 型数字多用表的面板

1. 特点

1）DMM（数字多用表）可进行直流电压和电流、交流电压和电流、阻抗等的测量。

2）测量分辨率和准确度有低、中、高三个等级，位数3位半~8位半。

3）内置微处理器。可实现开机自检、自动校准、自动量程选择以及测量数据的处理（求平均值和有效值）等自动测量功能。

4）具有外部通信接口，易于组成自动测试系统。

2. 操作说明

1）电压测量（DCV、ACV、DCmV、ACmV）：首先选择测量功能（如测量直流电压则选择DCV）；按AUTO/MAN按钮选择自动或手动调整挡位，如选择手动调整挡位，按（▲）或（▼）到所需的挡位，为保证安全，要从最高挡开始，然后将测试导线的红线连接到V输入端，黑线连接到COM输入端（黑线位置始终不动），将测试导线的另一端和被测点接触读其显示值。

2）电流测量（DCA、DC20A、ACA、AC20A）：首先选择测量功能（如测量直流电流则选择DCA）；按AUTO/MAN按钮选择自动或手动调整挡位，如选择手动调整挡位，按（▲）或（▼）到所需的挡位，为保证安全，要从最高挡开始；然后将测试导线的红线连接到A输入端（电流测量有两个连接位置，一个是2A，另一个是20A。如测量小于2A的电流，则连接到2A端；如测量大于2A小于20A的电流就要连接到20A端），黑线连接到COM输入端（黑线位置始终不动），将表串入到被测电路中读其显示值。

3）电阻、电容、线路通断测试：选择测量功能，按AUTO/MAN按钮选择自动或手动调整挡位，如选择手动调整挡位，按（▲）或（▼）到所需的挡位，将测试导线连接被测件的两端即可显示测量结果；线路通断测试时，将测试导线连接到检测部位，如蜂鸣器发出声音，说明线路通，否则不通。

4）二极管正向导通电压的测量：选择测量功能，测试导线的红线连接到V输入端，黑线连接到COM输入端，然后将红、黑测试线分别与二极管的正、负两个管脚相连，则显示器上即可得到被测二极管的正向导通电压。

5）AC+Hz测量：这个功能在测量交流电压时使用。在测量交流电压时如果还想知道该电压的频率，按SHIFT键，再按AC+Hz键，第二显示器显示出被测信号的频率（被测信号的幅度要大于测频灵敏度）。

6）AC+DC测量：在电压或电流测量时使用。按AC+DC键，这时测量的是包括直流成分和交流成分的总有效值。

7）MAX/MIN、REL、HOLD测量：在MAX/MIN模式，数字多用表会保留最小和最大读值。按下REL按钮时，可储存目前的读值并显示接下来的测量值与储存值相差的值。按HOLD键，显示值会保留在显示器上，再按一次HOLD键，即可解除该功能。

8）上挡键SHIFT的使用：若要使用第二功能（如AC+DC），按下上挡键SHIFT，再按下该功能所在键即可。

电子测量基础知识思维导图

三、电子测量与仪器的基础知识

电子测量仪器是以电路技术为基础，融合电子测试测量技术、计算机技术、通信技术、数字技术、软件技术、总线技术等组成的单机或自动测试系统。以电量、非电量、光量的形式，测量被测对象的各项参数或控制被测系统的运行。电子测量仪器全方位应用于国民经济各个领域，是实现

国家科技进步和原创核心技术必不可少的条件。

1. 电子测量概述

（1）电子测量的意义　测量的目的就是获得用数值和单位共同表示的被测量的结果，是人们借助于专用设备，依据一定的理论，通过实验的方法将被测量与已知同类标准量进行比较而取得测量结果。

注意

被测量的结果必须是带有单位的有理数，例如某测量结果为 9.3V 是正确的，而测得的结果为 9.3 或 $9\frac{1}{3}$V 则是错误的。

（2）电子测量的内容　电子测量与其他测量相比，具有测量频率范围宽、量程广、精确度高、测量速度快、易于实现遥测遥控等优点。电子测量目前已被广泛应用到各个领域，大到天文观测、航空航天，小到物质结构、基本粒子。

广义的电子测量是指利用电子技术进行的测量。狭义的电子测量是指对电子技术中各种电参量所进行的测量。

狭义电子测量的内容主要包括能量的测量、电路参数的测量、信号特性的测量、电子设备性能的测量和特性曲线的测量。

非电量的测量属于广义电子测量的内容，可以通过传感器将非电量变换为电量后进行测量。

2. 电子测量方法

为了达到测量目的，正确选择测量方法是极其重要的，它直接关系到测量工作的正常进行和测量结果的有效性。电子测量方法的分类主要有以下几种：

（1）按照测量性质分类　时域测量、频域测量、数字域测量和随机量测量四种。

（2）按照测量手段分类　直接测量、间接测量和组合测量等方法，间接测量与组合测量同属于非直接测量。

电子测量的方法还有很多，如人工测量和自动测量；动态测量和静态测量；精密测量和工程测量；低频测量、高频测量和超高频测量等。

测量时应对被测量的物理特性、测量允许时间、测量精度要求以及经费情况等方面进行综合考虑，结合现有的仪器、设备条件，择优选取合适的测量方法。

3. 测量误差的基本概念

测量的目的是得到被测量的真实结果，即真值。但由于人们对客观规律认识的局限性及外部条件的影响，不可能得到被测量的真值。测量值与被测量真值之间的差异称为测量误差。

（1）测量误差的表示方法　测量误差的表示方法有绝对误差、相对误差和允许误差三种。

（2）测量误差的来源　产生测量误差的原因是多方面的，主要来源包括仪器误差、使用误差、人身误差、环境误差和方法误差。

在测量工作中，应对误差来源进行认真分析，采取相应的措施减少误差源对测量结果的影响，提高测量的准确度。

（3）测量误差的分类　根据测量误差的性质和特点，测量误差分为系统误差、随机误差和粗大误差三类。

4. 电子测量仪器的基础知识

电子测量仪器

（1）电子测量仪器的发展　电子测量中用到的各种电子仪表、仪器及辅助设备统称为电子测量仪器，它的发展大致经历了模拟仪器、数字仪器、智能仪器和虚拟仪器4个阶段。

（2）电子测量仪器的分类　电子测量仪器种类繁多，主要包括通用仪器和专用仪器两大类。通用仪器是指应用面广、灵活性好的测量仪器。专用仪器是为特定目的专门设计制作的，适用于特定对象的测量。

通用电子测量仪器的应用更为广泛。按照仪器功能，通用电子测量仪器分为信号发生器（信号源）、电压测量仪器、波形测试仪器、频率测量仪器、电路参数测量仪器、信号分析仪器、模拟电路特性测试仪器和数字电路特性测试仪器。

（3）电子测量仪器的主要技术指标　包括频率范围、准确度、量程与分辨力、稳定性和可靠性、环境条件、响应特性以及输入/输出特性等。

（4）电子测量仪器的误差　仪器误差是误差的主要来源之一，也是电子测量仪器的一项重要质量指标，主要包括固有误差、基本误差、工作误差、影响误差和稳定误差。

5. 测量结果的表示及测量数据的处理

（1）测量结果的表示　测量结果一般以数字或图形表示。测量结果的数字表示方法有测量值+不确定度、有效数字和有效数字加1~2位的安全数字。测量结果的图形表示方法主要指可以在测量仪器的显示屏上直接显示出来，也可以通过对数据进行描点作图得到。

（2）有效数字的处理　有效数字的处理包括有效数字位数的取舍及有效数字的舍入。

（3）测量数据的处理　为了获得比较准确的测量结果，通常要对一个量的多次测量数据进行分析处理。

常用电子测量仪器及外形如图1-5所示。

a) 有效值数字万用表

b) 波形万用表

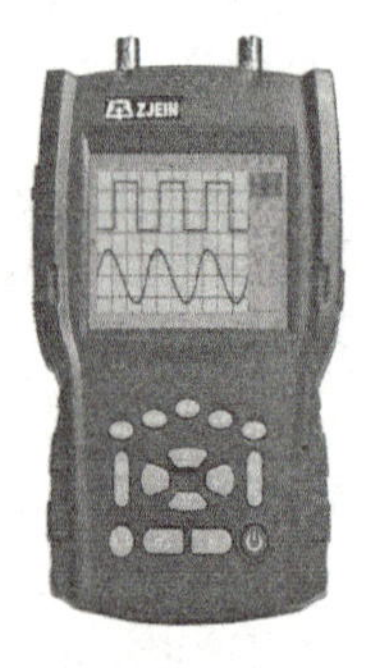

c) 多功能精确万用表

d) 绝缘电阻表

图1-5　常用电子测量仪器及外形

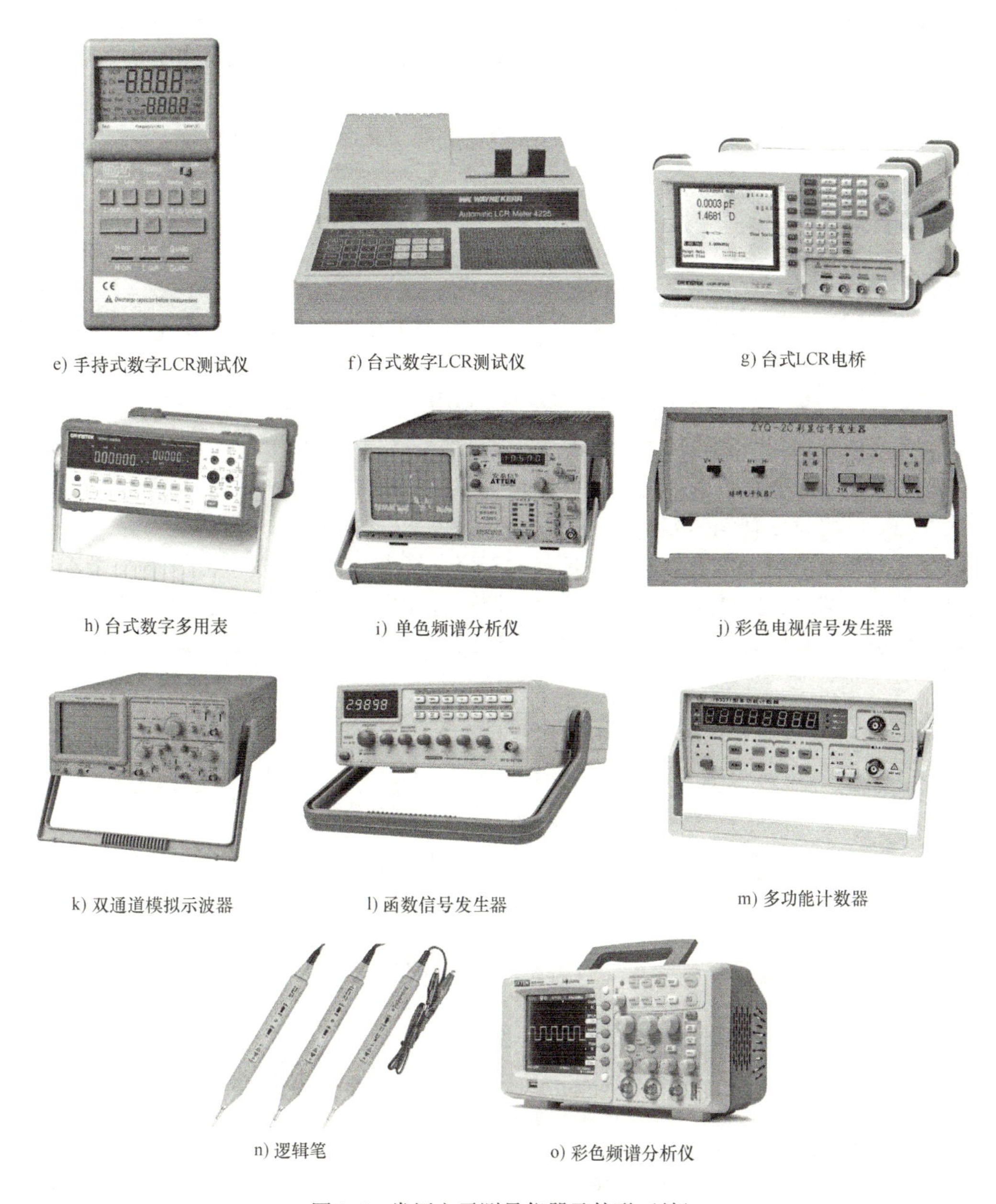

e) 手持式数字LCR测试仪　f) 台式数字LCR测试仪　g) 台式LCR电桥

h) 台式数字多用表　i) 单色频谱分析仪　j) 彩色电视信号发生器

k) 双通道模拟示波器　l) 函数信号发生器　m) 多功能计数器

n) 逻辑笔　o) 彩色频谱分析仪

图 1-5　常用电子测量仪器及外形（续）

任务二　指针式万用表的使用

万用表是一种多功能、多量程的便携式电工仪表，是电工电子测量的必备仪表之一。一

般的万用表可以用来测量直流电流、直流电压、交流电压和电阻等。有些万用表还可测量电容、功率、晶体管共射极直流放大系数 h_{FE}、温度、相序、频率等，万用表分为指针式万用表和数字式万用表。

下面以 MF47 型指针式万用表为例，首先介绍指针式万用表的使用方法。

知识链接

1. 指针式万用表的基本原理

指针式万用表结构框图如图 1-6a 所示。微安表头是一个高敏感度的磁电式直流电流表（微安表），用于指示被测量的值，是指针式万用表的核心部件，是决定万用表主要技术指标的重要因素；测量电路将被测量转换为适合表头指示的微小直流电流。

指针式万用表的基本测量过程是通过一定的测量机构，将被测的模拟电量转换成电流信号，再由电流信号去驱动表头指针偏转，通过相应的刻度板读数即可指示出被测量的大小。指针式万用表的测量原理框图如图 1-6b 所示。

万用表的测量电路实质上就是由多量程的直流电流表、多量程的直流电压表、多量程的交流电压表以及多量程的欧姆表等几种测量电路组合而成。转换开关用于选择不同的测量电路和量程挡级，以适应各种测量功能和量程的要求。

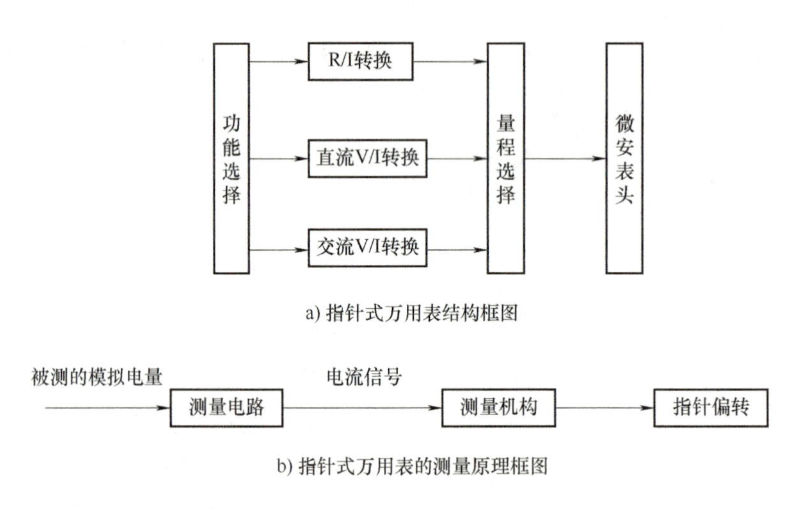

a) 指针式万用表结构框图

b) 指针式万用表的测量原理框图

图 1-6　指针式万用表

2. MF47 型万用表

MF47 型万用表外形、面板和表盘如图 1-7 所示。

操作指导

指针式（模拟式）万用表的型号很多，它们的测量原理基本相同，使用方法相近。下面以电工测量中常用的 MF47 型万用表为例，说明其使用方法。MF47 型万用表可以通过拨动表盘上的挡位/量程开关，测量不同的电参数。MF47 型万用表的使用见表 1-3。

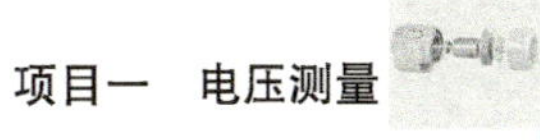

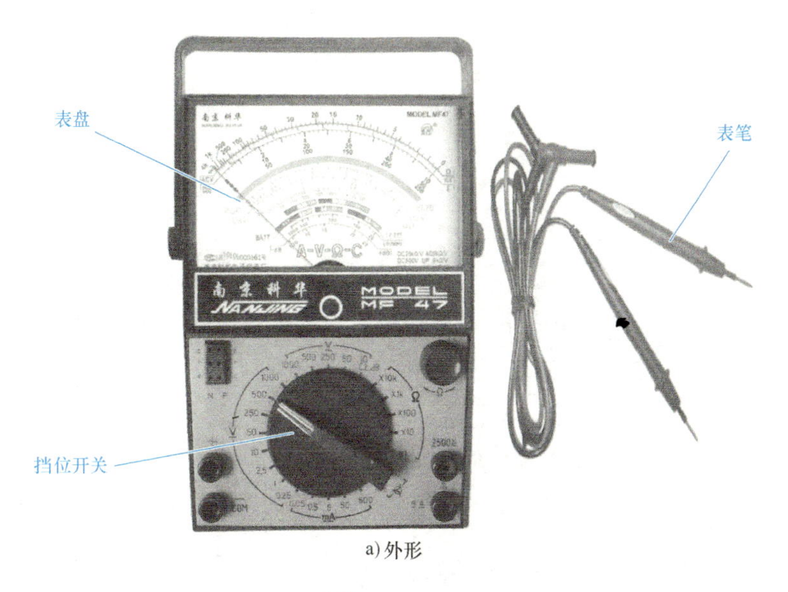

a) 外形

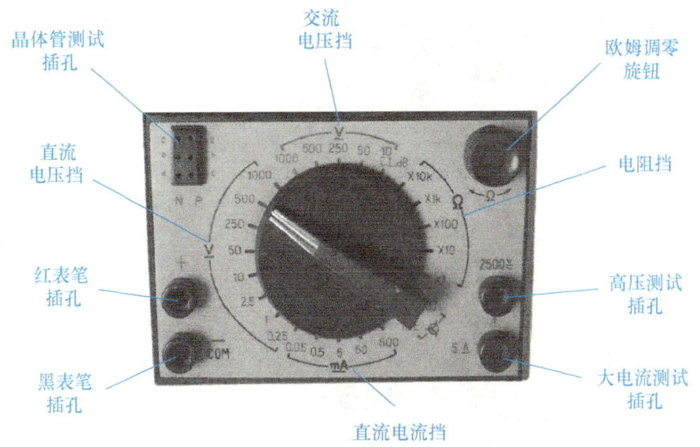

b) 面板

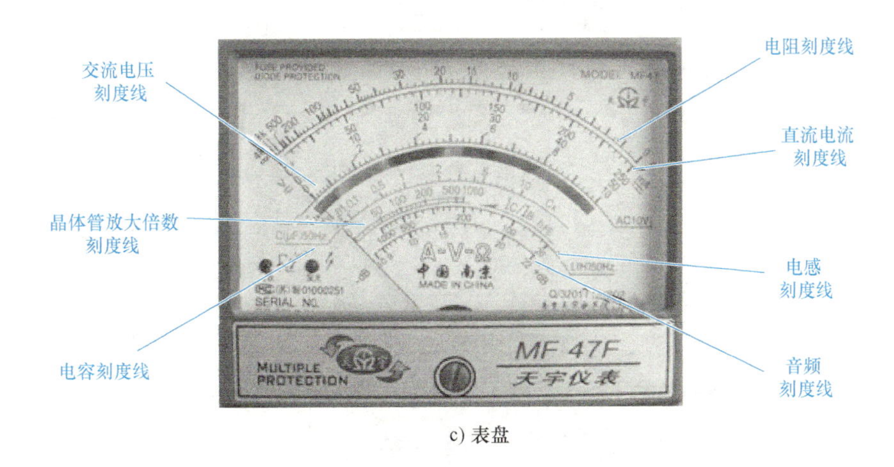

c) 表盘

图 1-7　MF47 型万用表外形、面板和表盘

表 1-3 MF47 型万用表的使用

项目	图解	说明
机械调零		万用表在测量前应注意，水平放置时，表头指针是否处于交直流挡标尺的零刻度线上。如果不在，读数会有因此引起的误差。此时，应通过机械调零的方法（即使用螺钉旋具调整表头下方机械调零螺钉）使指针回到零位
欧姆调零		将挡位开关旋在欧姆挡的适当量程上，将两根表笔短接，指针应指到0Ω处。如果没有指在0Ω处，应调整调零旋钮，使指针指到0Ω处。每换一次量程，都需要重新调整一次
测量电阻		**测量电阻时，被测电阻不能处在带电状态**。在电路中，当不能确定被测电阻有没有并联电阻存在时，应把电阻的一端从电路中断开，再进行测量。测量电阻时，双手不应触及电阻的两端。当表笔正确地连接在被测电路上时，待指针稳定后，从标尺刻度上读取测量结果。将被测电阻脱离电源，用两表笔接触电阻两端，表头指针显示的读数乘以所选量程的倍率数即为所测电阻的阻值 例如：指针指在8的位置，挡位开关旋在“×1k”的位置，则此时电阻值为8×1kΩ＝8kΩ
测量交流电压	相线 中性线	将挡位开关旋至交流电压挡相应的量程进行测量。如果不知道被测电压的大致数值，需将挡位开关旋至交流电压挡的最高量程，根据指针偏转情况，逐步改变挡位，直至测量出准确的读数

（续）

项目	图　解	说　明
测量直流电压	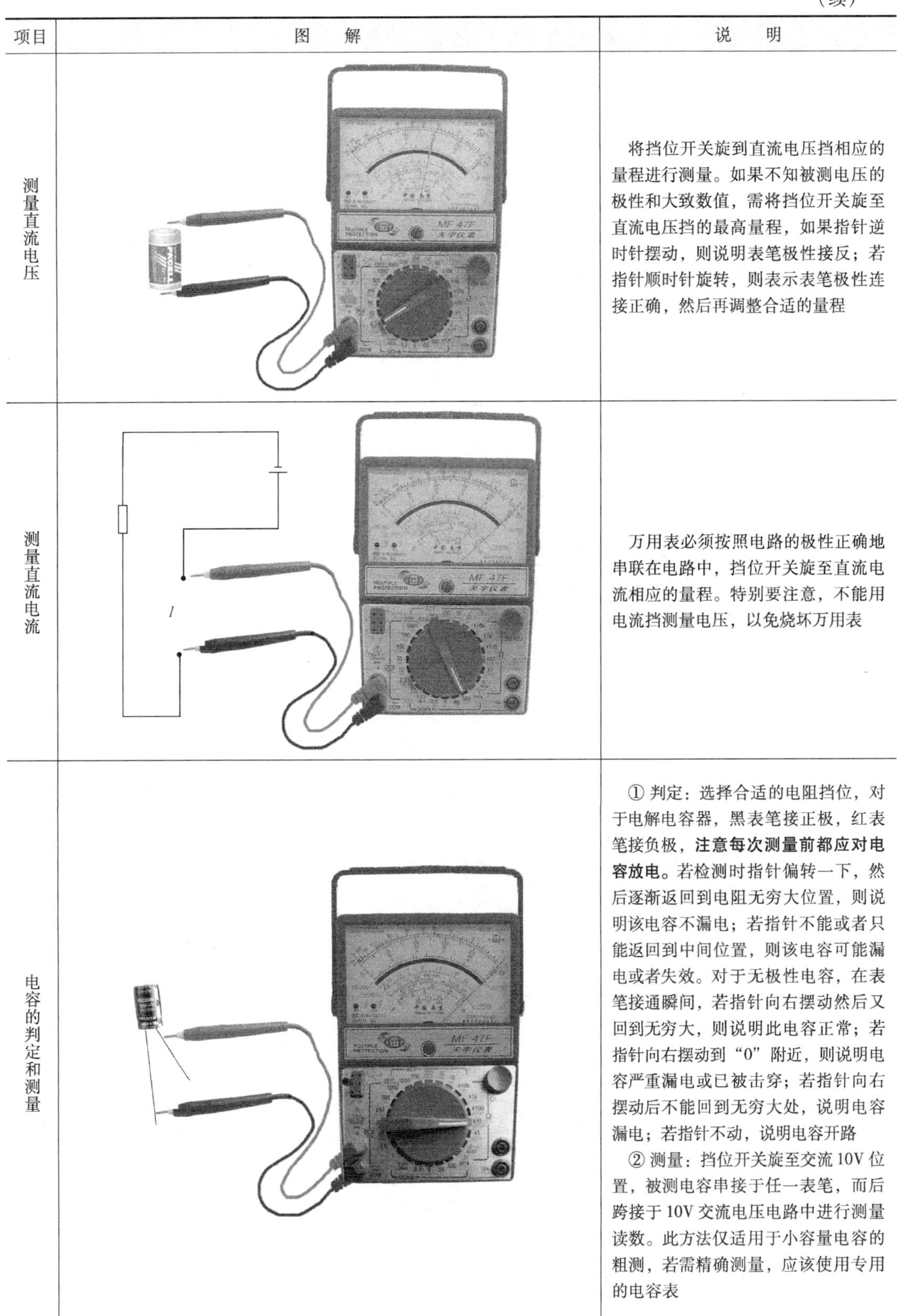	将挡位开关旋到直流电压挡相应的量程进行测量。如果不知被测电压的极性和大致数值，需将挡位开关旋至直流电压挡的最高量程，如果指针逆时针摆动，则说明表笔极性接反；若指针顺时针旋转，则表示表笔极性连接正确，然后再调整合适的量程
测量直流电流		万用表必须按照电路的极性正确地串联在电路中，挡位开关旋至直流电流相应的量程。特别要注意，不能用电流挡测量电压，以免烧坏万用表
电容的判定和测量		① 判定：选择合适的电阻挡位，对于电解电容器，黑表笔接正极，红表笔接负极，**注意每次测量前都应对电容放电**。若检测时指针偏转一下，然后逐渐返回到电阻无穷大位置，则说明该电容不漏电；若指针不能或者只能返回到中间位置，则该电容可能漏电或者失效。对于无极性电容，在表笔接通瞬间，若指针向右摆动然后又回到无穷大，则说明此电容正常；若指针向右摆动到“0”附近，则说明电容严重漏电或已被击穿；若指针向右摆动后不能回到无穷大处，说明电容漏电；若指针不动，说明电容开路 ② 测量：挡位开关旋至交流 10V 位置，被测电容串接于任一表笔，而后跨接于 10V 交流电压电路中进行测量读数。此方法仅适用于小容量电容的粗测，若需精确测量，应该使用专用的电容表

（续）

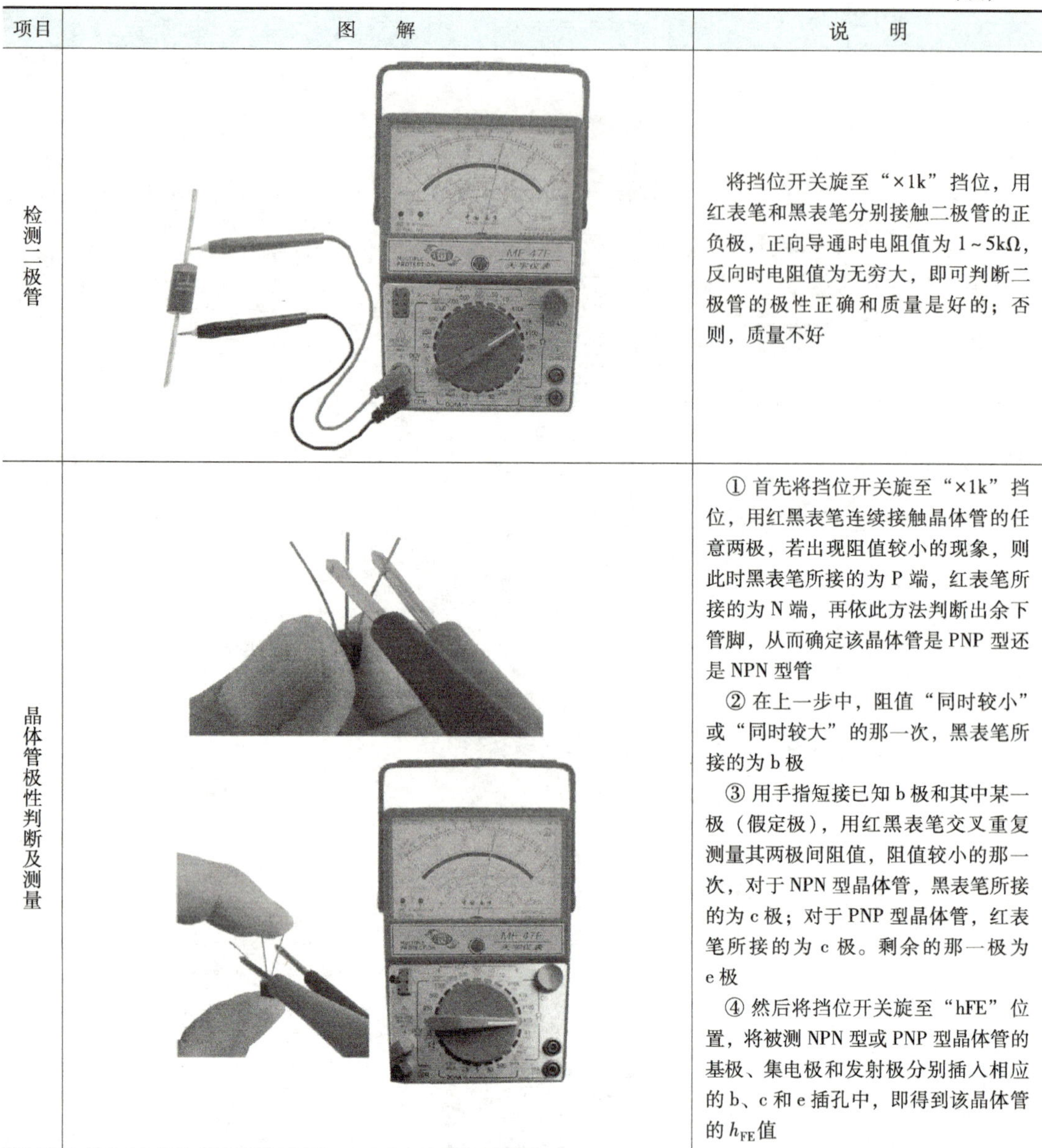

项目	图解	说明
检测二极管		将挡位开关旋至“×1k”挡位，用红表笔和黑表笔分别接触二极管的正负极，正向导通时电阻值为1～5kΩ，反向时电阻值为无穷大，即可判断二极管的极性正确和质量是好的；否则，质量不好
晶体管极性判断及测量		① 首先将挡位开关旋至“×1k”挡位，用红黑表笔连续接触晶体管的任意两极，若出现阻值较小的现象，则此时黑表笔所接的为P端，红表笔所接的为N端，再依此方法判断出余下管脚，从而确定该晶体管是PNP型还是NPN型管 ② 在上一步中，阻值“同时较小”或“同时较大”的那一次，黑表笔所接的为b极 ③ 用手指短接已知b极和其中某一极（假定极），用红黑表笔交叉重复测量其两极间阻值，阻值较小的那一次，对于NPN型晶体管，黑表笔所接的为c极；对于PNP型晶体管，红表笔所接的为c极。剩余的那一极为e极 ④ 然后将挡位开关旋至“hFE”位置，将被测NPN型或PNP型晶体管的基极、集电极和发射极分别插入相应的b、c和e插孔中，即得到该晶体管的h_{FE}值

使用注意事项

MF47型万用表的使用注意事项如下：

1）在测量大电流或高电压时，禁止带电旋转挡位开关，以免损坏挡位开关的触点。禁止用电流挡或电阻挡测量电压，以免烧坏仪表内部电路和表头。

2）测量直流电量时，正负极性应正确，接反会导致表针反向偏转，损坏仪表。在不能分清正负极时，可选用较大量程挡试测一下，一旦发生指针反偏，立即更正。

3）测量完毕后，将挡位开关置于空挡或交流电压最高挡位置，以保护仪表。若仪表长期不用，应取出内部电池，以防电解液流出，损坏仪表。

SK-1100 型指针式万用表

1. SK-1100 型指针式万用表的简介

SK-1100 型指针式万用表外形如图 1-8 所示，它最大的特点是防振动、抗冲击。普通的指针式万用表的表头线圈及指针是利用金属针上下固定的，当指针旋转时会产生摩擦，长时间就会产生较大误差。当受到振动或外部冲击时，指针容易变形，表头会卡死，严重时会损坏。SK-1100 型指针式万用表的表头采用特殊设计，利用特殊金属丝悬空固定，完全克服了机械摩擦，在受到振动或外部冲击时，由于表头指针和线圈完全悬空，也就不存在因振动或冲击而变形或损坏。这种设计更好地提高了指针式万用表的稳定性和准确性。

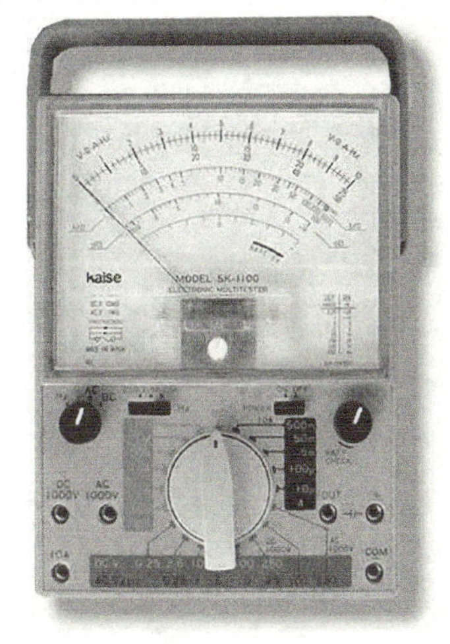

图 1-8　SK-1100 型指针式万用表外形

2. 产品功能及优点

1）刻度线。SK-1100 型指针式万用表的电阻挡刻度线是采用均匀刻度，能直观读取测量值。

2）各量程用不同颜色标识。便于用户转换功能。

3）内部采用目前最先进的电子保护装置和熔丝进行双重保护。

4）带电池自检功能。

5）可测量阻值最高可达 1000MΩ。

6）可测量频率最高可达 25kHz。

7）表头防振设计，可承受剧烈振动或 1m 以内的跌落。

3. 电气性能指标

SK-1100 型指针式万用表的电气性能指标见表 1-4。

表 1-4　SK-1100 型指针式万用表的电气性能指标

项　目	量　程	项　目	量　程
直流电压/V	0. 25/2. 5/10/50/100/250/1000	电阻	100Ω/1kΩ/10kΩ/100kΩ/1MΩ/10MΩ
交流电压/V	0. 25/1/5/10/25/100/250/1000	dB 测量/dB	−46～−10/2/16/22/30/42/50/62
直流电流/交流电流	10μA/100μA/5mA/50mA/1500mA/10A	频率	50Hz/2. 5kHz/25kHz

任务三　数字式万用表的使用

数字式万用表是一种将测量的电压、电流、电阻等电参数的数值直接用数字显示出来的指示仪表，它具有测量速度快、显示清晰、准确度高、分辨率好、测试范围宽等特点。许多

数字式万用表除了基本的测量功能外，还能测量电容量、电感量、温度、晶体管放大倍数等，也是一种多功能测试仪表。

数字式万用表由于它的测量准确度较高、使用方便、直观、功能多而受到广泛的欢迎。随着大规模集成电路技术的发展和成熟，数字式万用表的稳定性越来越好，价格越来越便宜，这一切使得数字式万用表的使用越来越普遍。

知识链接

由于数字式万用表属于多功能精密电子测量仪表，其型号多、功能不一。因此，在使用之前，应仔细阅读配套的说明书，熟悉相关内容和测量方法。下面以便携式 VC9205 型数字式万用表为例作具体介绍，该表外形如图 1-9 所示。

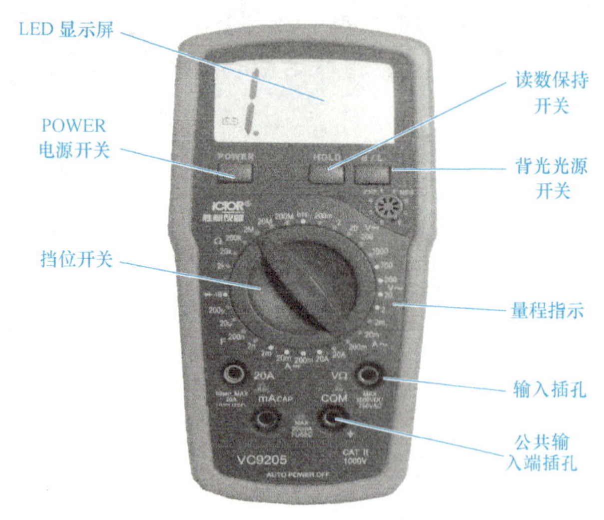

图 1-9 VC9205 型数字式万用表外形

操作指导

VC9205 型数字式万用表的使用方法见表 1-5。

表 1-5 VC9205 型数字式万用表的使用方法

项目	图解	使用方法
测量准备		① 按下 POWER（电源）开关，打开电源。如果电池电压不足 7V，显示器将显示“-+”符号，这时则应更换电池 输入插孔旁的“⚠”符号，表示输入电压或电流不应超过指示值，这是为了保护内部电路免受损坏 ② 将挡位开关置于所需的测量功能及量程

（续）

项目	图　解	使用方法
测量电阻	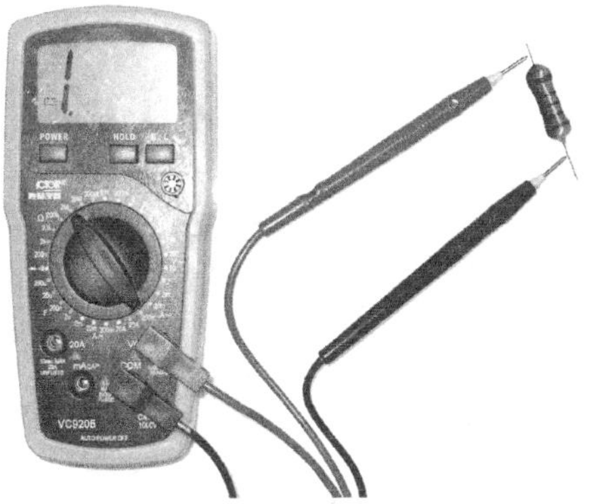	① 将黑表笔插入 COM 插孔，红表笔插入 VΩ 插孔 ② 挡位开关置于适当的欧姆挡位 ③ 将表笔接在被测电阻或电路两端进行测量 ④ 通过显示器读数 **注意：** **① 数字显示仅为 1 时，表明超量程状态，应选择更高的量程** **② 如被测电阻阻值超过 1MΩ，仪表可能需要几秒才能稳定读数，对于大阻值读数这是正常的** **③ 当输入开路时，显示器将显示 1 超量程状态** **④ 在测量电路上的电阻时，应确定电路电源断开，电路上的电容器完全放电**
测量电压	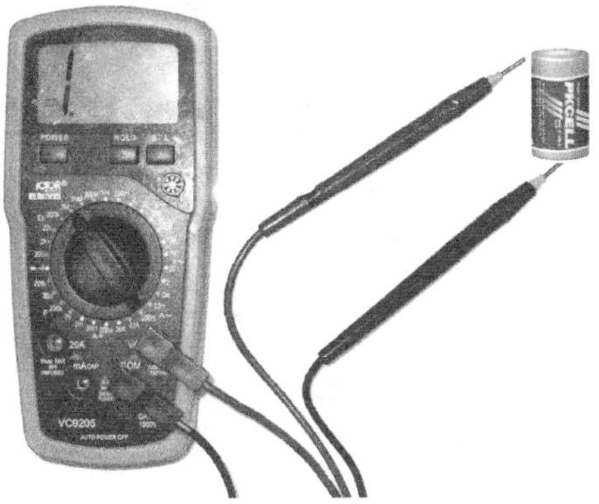	① 将黑表笔插入 COM 插孔，红表笔插入 VΩ 插孔 ② 挡位开关置于适当的 V ⎓ 或 V～量程位置 ③ 将表笔并接在电压源或负载两端进行测量 ④ 通过 LED 显示屏读数。在测量直流电压时，极性显示将表明红表笔所接端的极性 **注意：** **① 显示器仅显示 1 或 -1 时，表明超量程状态，此时应选择高的量程** **② 当预先不知道被测值大小时，应将挡位开关置于最高挡并逐渐下降测试** **③ "⚠" 表示不要输入高于 DC 1000V 或 AC 700V（有效值）的电压，显示更高的电压值是可能的，但有损坏内部电路的危险** **④ 当测量电压高于 36V 时要格外注意避免触电**
测量电流	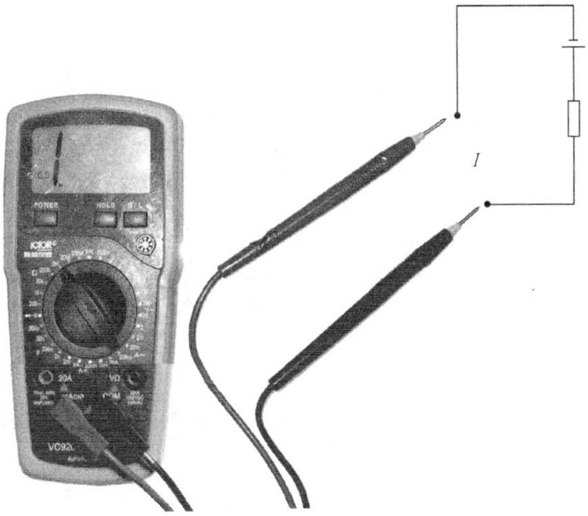	① 将黑表笔插入 COM 插孔，当被测量小于 200mA 时，红表笔插入 mA 插孔；当被测量大于 200mA、小于 10A 时，红表笔插入 10A 插孔 ② 挡位开关置于适当的 A ⎓ 或 A～量程位置 ③ 将表笔串接在被测电路中进行测量 ④ 通过 LED 显示屏读数。在测量直流电流时，极性显示将表明红表笔所接端的极性 **注意：** **① 显示器仅显示 1 或 -1 时，表明超量程状态，此时应选择高的量程** **② 当预先不知道被测值大小时，应将挡位开关置于最高挡并逐渐下降测试** **③ "⚠" 表示 mA 插孔最大输入电流为 200mA，10A 插孔最大输入电流为 10A，过电流将损坏万用表**

（续）

项目	图　解	使 用 方 法
测量电容	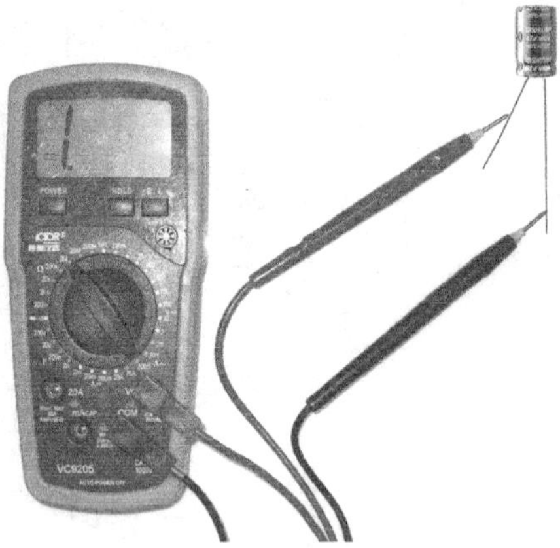	① 将黑表笔插入 COM 插孔，红表笔插入 VΩ 插孔 ② 挡位开关置于欲测的 F 量程位置 ③ 在电容器完全放电后将表笔接在被测电容两端通过 LED 显示屏读数 ④ 需要频繁测量电容时，可将电容测试座（选件）上两插头插入 COM 插孔和 VΩ 插孔，被测电容引脚分别插入测试座上两长插孔内，即可进行电容测量 **警告：为避免电击，在测量电容之前，应将电容完全放电** **注意：** **① 对有极性电容器来说，红表笔接+端** **在小电容量程时，由于表笔等分布电容的影响，表笔开路时会有一个小的读数，这是正常的，它不会影响测量精度** **② 测量大电容时稳定读数需要一定的时间**
二极管测试	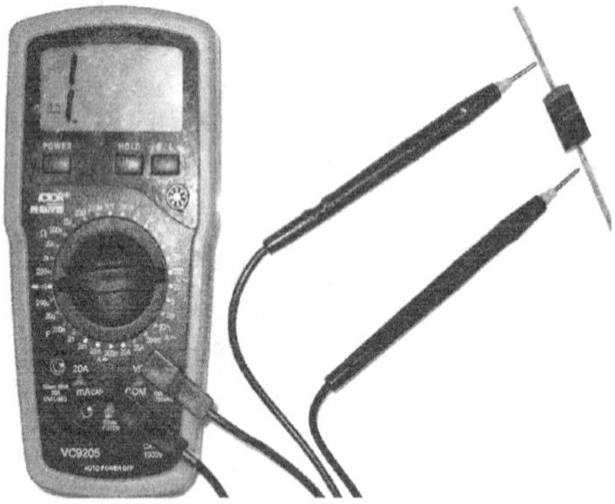	① 将黑表笔插入 COM 插孔，红表笔插入 VΩ 插孔 ② 挡位开关置于—▷|—量程位置 ③ 将红表笔连接二极管阳极，黑表笔连接二极管阴极进行测试 ④ 通过 LED 显示屏读数 **注意：** **① 仪表显示的是二极管正向压降的近似值** **② 如果表笔反向连接或表笔开路，则显示 1**
电路通断测试	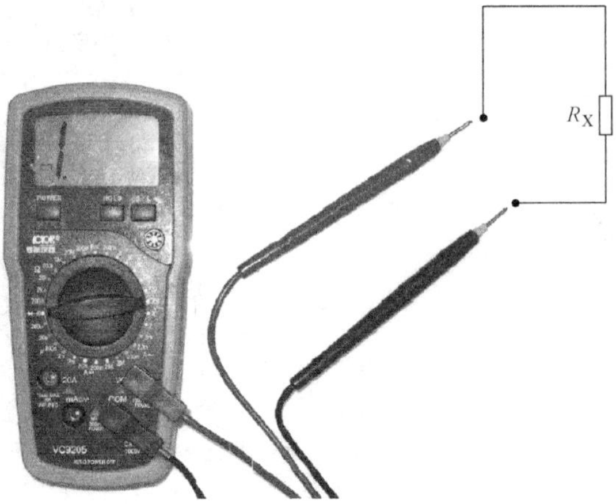	① 将黑表笔插入 COM 插孔，红表笔插入 VΩ 插孔 ② 挡位开关置于 •))) 位置 ③ 将表笔连接在线路两端进行测量 ④ 如果被测电路的电阻小于 70Ω，蜂鸣器将发声 **注意：** **如果表笔开路，则显示 1**

（续）

项目	图 解	使用方法
晶体管极性判断及测量	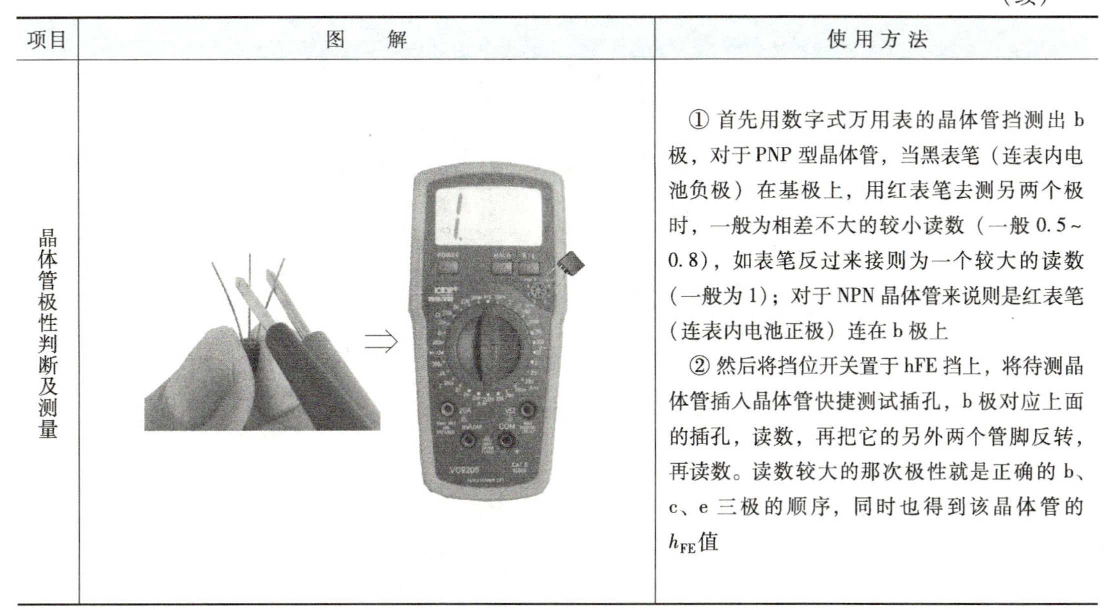	① 首先用数字式万用表的晶体管挡测出b极，对于PNP型晶体管，当黑表笔（连表内电池负极）在基极上，用红表笔去测另两个极时，一般为相差不大的较小读数（一般0.5～0.8），如表笔反过来接则为一个较大的读数（一般为1）；对于NPN晶体管来说则是红表笔（连表内电池正极）连在b极上 ② 然后将挡位开关置于hFE挡上，将待测晶体管插入晶体管快捷测试插孔，b极对应上面的插孔，读数，再把它的另外两个管脚反转，再读数。读数较大的那次极性就是正确的b、c、e三极的顺序，同时也得到该晶体管的h_{FE}值

使用注意事项

VC9205型数字式万用表使用注意事项：

1）正确选择量程及红表笔插孔。对未知量进行测量时，应首先把量程调到最大，然后从大向小调，直到合适为此。若显示1，则表示超量程，应加大量程。

2）不测量时，应随手关断电源。

3）改变量程时，表笔应与被测点断开。

4）测量电流时，切忌超量程。

5）不允许用电阻挡和电流挡测量电压。

知识拓展

Fluke 8846A型台式万用表

1. 特点

Fluke 8846A型台式万用表外形如图1-10所示，它具有6.5位的分辨率、能够以图形或数字格式显示数据的双显示屏以及多样性的测量功能。

Fluke 8846A型台式万用表的设计使其非常适合于集成到自动测试系统中，它可以仿真几款已经停产的台式数字多用表，并且在仪器的前、后面板均设有输入端钮，连接非常方便。这款台式万用表标配有RS232串行口、IEEE-488接口和以太网接口，并提供了各种驱动程序，以确保与现有的及新的标准兼容。Fluke 8846A型台式万用表具有较高的技术指标，包括更高的数据处理能力、更高的准确度以及测量温度和电容的能力，并提供了一个USB端口，用户可以将测量结果保存至USB存储器，以便随后利用计算机进行分析。

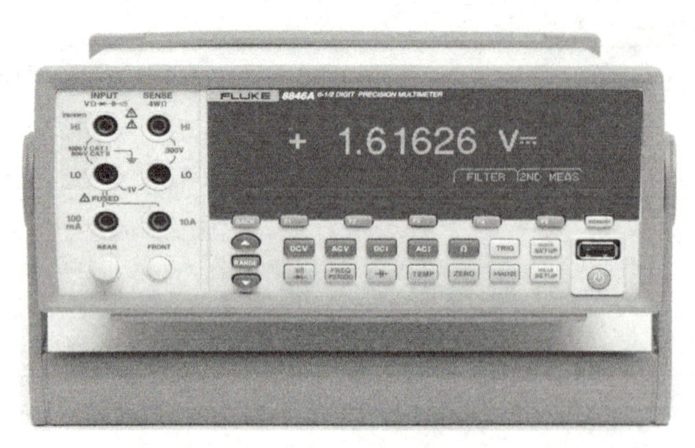

图 1-10 Fluke 8846A 型台式万用表外形

2. 技术参数

Fluke 8846A 型台式万用表技术参数见表 1-6。

表 1-6 Fluke 8846A 型台式万用表技术参数

项目	技术参数	项目	技术参数
直流电压	100mV～1000V	温度	-200～600℃
交流电压	100mV～1000V	频率	3Hz～1MHz
直流电流	100μA～10A	程序语言/模式	SCPI（IEEE-488.2），Agilent 34401A，Fluke 45
交流电流	100μA～10A	实时时钟	有
电阻	10Ω～1GΩ	存储器	存储器接口
电容	1nF～0.05F	dB/dBm	有

项目评价

本项目评价表见表 1-7。

表 1-7 项目评价表

<table>
<tr><td>项目</td><td colspan="9">YB2172 型交流毫伏表、MF47 型指针式万用表、VC9205 型数字万用表的使用</td></tr>
<tr><td>班级</td><td></td><td>姓名</td><td></td><td>日期</td><td colspan="5"></td></tr>
<tr><td rowspan="2">评价项目</td><td rowspan="2">评价标准</td><td colspan="2" rowspan="2">评价依据</td><td colspan="4">评价方式</td><td rowspan="2">权重</td><td rowspan="2">得分小计</td></tr>
<tr><td colspan="2">学生自评（20%）</td><td>小组互评（30%）</td><td>教师评价（50%）</td></tr>
<tr><td>职业素养</td><td>1. 遵守规章制度与劳动纪律
2. 按时完成任务
3. 注意人身安全与设备安全
4. 工作岗位 6S 完成情况</td><td colspan="2">1. 出勤
2. 工作态度
3. 劳动纪律
4. 团队协作精神</td><td colspan="2"></td><td></td><td></td><td>0.3</td><td></td></tr>
</table>

（续）

专业能力	1. 仪器使用熟练 2. 测量方法正确 3. 读数准确无误	1. 操作的准确性和规范性 2. 工作页或项目技术总结完成情况 3. 专业技能完成情况				0.5	
创新能力	1. 在任务完成过程中提出有自己见解的方案 2. 在教学或生产管理上提出建议，具有创新性	1. 方案的可行性及意义 2. 建议的可行性				0.2	

思考与练习

1. 请简述使用 YB2172 型交流毫伏表测量电压的一般步骤。

2. 请简述使用交流毫伏表的注意事项。

3. 图 1-11 所示是某毫伏表的表盘，请根据指针位置进行读数，将结果填入表 1-8 中。

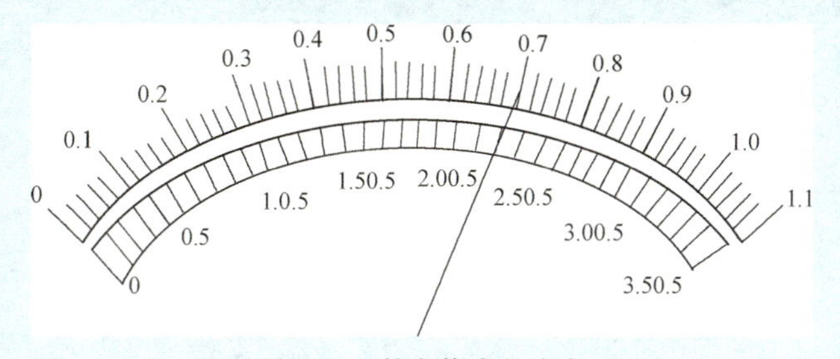

图 1-11　某毫伏表的表盘

表 1-8　结果记录表

量程选择	30mV	100mV	10V	30V	100V
读数					

4. 请简述指针式万用表的使用注意事项。

5. 一学生使用指针式万用表测电阻，他的主要操作步骤如下：

1）把挡位开关置于“×1”欧姆挡；

2）把表笔插入插孔中，先把两表笔接触，旋转调零旋钮，使指针指在电阻刻度的零位上；

3）把两表笔分别与某一待测电阻的两端相连，发现这时指针偏转角度较小；

4）换用“×100”挡，发现这时指针偏转适中，随即记下电阻值；

5）把表笔从插孔中拔出后，就把万用表放回原处，操作完毕。

这个学生在操作中哪一个或哪些步骤违反了使用规则？

6. 试回答下列关于指针式万用表欧姆挡使用的问题：

1）表盘上电阻刻度的零位在刻度的右端还是左端？

2）表盘上的电阻刻度是均匀的还是不均匀的？

3）在用量程为“×100”欧姆挡测量某个电阻时，发现万用表的指针指在刻度为∞的附近而难以准确读数，为此需要变换量程。已知可供选用的量程为“×1”“×10”“×1k”三种，试问应选用哪一个量程？

4）在换用欧姆挡的另一个量程后，是否需要重新调整欧姆挡的调零旋钮，然后再进行测量？

5）有的同学在测量时，用左右两手分别捏住表笔与电阻的接触处，以使接触可靠，这种做法是正确的还是错误的？

6）有的同学说，指针式万用表使用完毕后，只需把表笔从插孔中拔出，而不必考虑把挡位开关置于哪一挡，这一说法对吗？

7. 请简述数字式万用表的使用注意事项。

8. 在测量过程中，数字式万用表的显示为1，并且不采样，可能是什么问题？

9. 某型号的数字式万用表的直流电压量程有200mV、2V、20V、200V、1000V，用200V量程挡测量3.6V的手机电池是否合适？应采用哪个量程来测量较合适？

项目二　信号发生器的使用

项目简述

在进行电子电路及电子设备的电参数测量时，信号发生器是必不可少的电子测量仪器，它可以产生不同频率、幅度和波形的测试信号，如正弦波、方波、三角波、锯齿波、脉冲波、调幅波和调频波等。信号发生器作为一种信号源，目前广泛地应用于工厂、科研院所和学校中。

信号发生器的种类繁多，按频率范围大致可分为超低频信号发生器（0.0001~1000Hz）、低频信号发生器（1Hz~1MHz）、视频信号发生器（20Hz~10MHz）、高频信号发生器（200kHz~30MHz）、甚高频信号发生器（30kHz~300MHz）、超高频信号发生器（300MHz 以上）六类。按输出波形，大致可分为正弦波形发生器、脉冲信号发生器、函数信号发生器、噪声信号发生器。按照信号发生器的性能指标可分为一般信号发生器、标准信号发生器。

随着现代测量技术的发展，信号发生器正向着多功能、数字化、自动化的方向发展。

任务一　低频信号发生器的使用

任务分析

低频信号发生器的频率范围通常为 1Hz~1MHz，它输出正弦波电压，有的还能输出一定的正弦波功率。为了满足多功能测量的需要，有的低频信号发生器还能输出方波信号。低频信号发生器主要用于测量或检测电子仪器及家用电器的低频放大电路，也可作为高频信号发生器的外调制信号源。此外，低频信号发生器在校准电子电压表时，可用作基准电压源。因此，低频信号发生器是一种用途广泛的信号源。

下面以 XD1 型低频信号发生器为例，介绍低频信号发生器的使用。

知识链接

1. 低频信号发生器的面板

图 2-1 所示为 XD1 型低频信号发生器的面板。

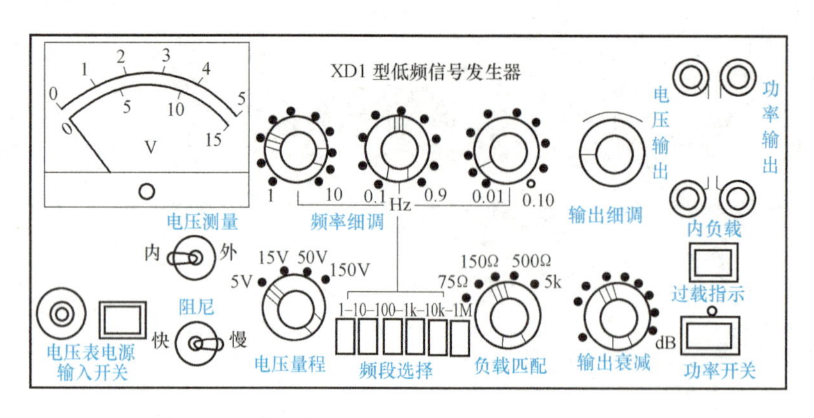

图 2-1 XD1 型低频信号发生器的面板

2. 工作原理

XD1 型低频信号发生器的工作原理框图如图 2-2 所示。它是由文氏电桥 *RC* 振荡器、功率放大器、功放过载保护电路、交流电压表及直流稳压电源等组成。文氏电桥 *RC* 振荡器产生的正弦波电压信号，经衰减器 I 成为仪器的电压输出或功放级的输入信号，通过功率放大器放大后，再经过衰减器 II 送到输出匹配变压器组。为适应不同频率的功率输出，该信号发生器共设有三个输出变压器，即一个低频变压器和两个高频变压器。直流稳压电源供给各个电路的工作电压和工作电流。交流电压表除用于指示仪器的电压输出或功率输出外，也可单独用于测量外部交流电压。

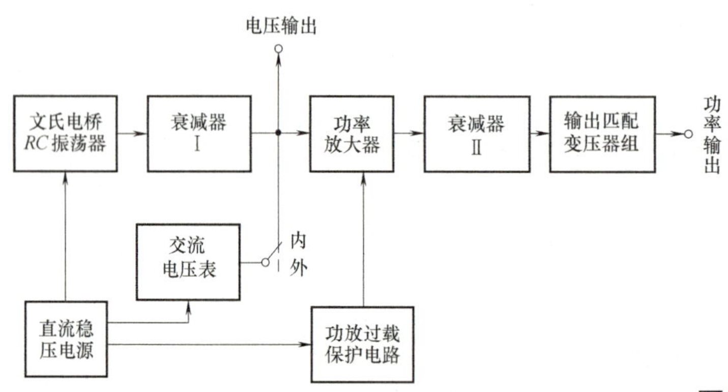

图 2-2 XD1 型低频信号发生器的工作原理框图

低频信号发生器操作步骤

操作指导

XD1 型低频信号发生器的操作见表 2-1。

表 2-1 XD1 型低频信号发生器的操作

项目	说 明
使用前的准备工作	接通仪器的电源之前，应先检查电源电压是否正常，电源线及电源插头是否完好无损，通电前将输出细调电位器旋至最小，然后接通电源，打开 XD1 型低频信号发生器的开关

（续）

项目	说　明
频率调节	① 频段选择：根据所需要的频段（即频率范围），通过按面板上的琴键开关来选择所需要的频率。例如，需要输出信号的频率为6200Hz，该频率在1~10kHz的频段，故应按下10kHz的按键（从左向右第五个键） ② 频率细调：在频段按键的上方有三个频率细调旋钮，1~10旋钮为整数，0.1~0.9旋钮为第一位小数，0.01~0.10旋钮为第二位小数。选择频率时，信号频率的前三位有效数字由这三个旋钮来确定。例如，需要信号的频率为3550Hz，则频段选择按下10kHz按键后，应将三个细调旋钮分别旋转到3、0.5、0.05的位置
输出电压调节	XD1型低频信号发生器设有电压输出和功率输出两组端钮，这两组输出共用一个输出衰减旋钮，可做10dB/步的衰减。但需要注意，**在同一衰减位置上，电压与功率的衰减分贝是不相同的，面板上已用不同的颜色区别表示。**输出细调是由同一电位器连续调节的，这两个旋钮适当配合便可在输出端得到所需的信号输出幅度。调节时，首先将负载接在电压输出端钮上，然后调节输出衰减旋钮和输出细调旋钮，即可得到所需要的电压幅度信号。输出信号电压的大小可从电压表上读出，然后除以衰减倍数就是实际输出电压值
电压级的使用	从电压级可以得到较好的非线性失真系数（<0.1%）、较小的输出电压（200μV）和较好的信噪比。电压级最大可输出5V电压，其输出阻抗是随输出衰减的分贝数的变化而变化的。为了保持衰减的准确性及输出波形不失真（主要是在0时），电压输出端钮上的负载应大于5kΩ
功率级的使用	使用功率级时应先将功率开关按下，以将功率级输入端的信号接通 ① 阻抗匹配：功率级共设有50Ω、75Ω、150Ω、600Ω和5kΩ五种额定负载值，如想得到最大的功率输出，应使负载阻抗等于这五种数值之一，以达到阻抗匹配。若做不到完全相同，一般也应使实际的负载阻抗值大于所选用的功率级的额定阻抗数值，以减小信号失真。当负载为高阻抗，且要求工作在频率输出频段的两端，即在接近10Hz或几百千赫时，为了输出足够的幅度，应将功放部分内负载按键按下，接通内负载，否则在功放级工作频段的两端，输出幅度会下降。当负载值与面板上负载匹配旋钮所指数值不相符时，步进衰减器指示将产生误差，尤其是0~10dB这一挡。当功率输出衰减放在0时，信号发生器内阻比负载值要小。当衰减放在10dB以后的各挡时，内阻与面板上负载匹配旋钮指示的阻抗值相符，可做到负载与信号发生器内阻匹配 ② 保护电路：刚开机时，过载指示灯亮，经5~6s后熄灭，表示功率级进入工作状态。当输出衰减旋钮开得过大或负载阻抗值过小时，过载指示灯亮，表示过载。此时应减小输出幅度，指示灯过几秒钟后熄灭，自动恢复正常工作。若减小输出幅度后仍过载，则灯闪烁。在高频端，有时因信号幅度过大，指示灯会一直亮，此时应减小信号幅度或减轻负载，使其恢复正常。当保护指示不正常时，需要关机进行检修，以免烧坏功率管。当不使用功率级时，应把功率开关复位，以免功率保护电路的动作影响电压级输出 ③ 对称输出：功率级输出可以不接地，当需要这样使用时，只要将功率输出端与接地端的连接片取下即可 ④ 功率输出：功率级在10Hz~700kHz（5kΩ负载时在10~200Hz）范围的输出，符合技术条件的规定。在5~10Hz、700kHz~1MHz（或5kΩ负载在200kHz~1MHz）范围仍有输出，但输出功率减小。功率级输出频率在5Hz以下时，不能输出信号 ⑤ 电压表的使用：当用作外测仪表时，需将电压测量开关向外拨，此时根据被测量电压选择电压表的量程，测量信号从输入电缆上输入。当电压测量开关向内拨时，电压表接在电压输出级细调电位器之后，量程为5V挡。当功率输出衰减旋钮挡位改变时，电压表指示不变，而实际输出电压在改变。这时的实际输出电压值U=电压表指示值U_1/电压衰减倍数。此电压表与地无关，因此可测量不接地的输出电压

使用注意事项

信号发生器使用前的注意事项如下：

1）使用前应详细阅读技术说明书或仪器使用说明书，在了解仪器的基本性能、使用方法后才可开机使用。

2）接通电源前，检查测量装置的接线是否正确。仪器的量程、频段、衰减、输出等旋钮是否有松脱、错位现象。

3）接通电源后，仪器要预热。

4）对于通过表针指示的仪器，应在接通电源前进行机械调零。观察指针是否指零或规定值，如有差异，可用螺钉旋具轻轻旋转机械调零旋钮，使表针指示为零。在仪器通电并充分预热后，进行电气调零，将仪器的输入端短路，调节仪器使其读数指示零或规定值。

5）对于具有内部校准装置的仪器，使用前要进行正确校准。

6）电子仪器要求注意防尘、防潮、防腐和防振动等方面的日常维护。

XD-22A 型低频信号发生器是一种多功能、宽频带的通用测量仪器，它可以产生正弦波信号、脉冲信号和逻辑信号。其主要技术性能见表 2-2，面板如图 2-3 所示。

表 2-2　XD-22A 型低频信号发生器主要技术性能

项目	性能指标	项目	性能指标
频率范围	1Hz~1MHz，分成六个波段	电压表误差	小于 5%满刻度值
频率误差	小于 2%输出频率	输出阻抗	10Ω
正弦波信号	幅度大于 6V，频率响应小于 1dB	脉冲信号	10Hz~200kHz 宽度可调
逻辑信号	波形：方波（正极性）。幅度：高电平为 4.5V±0.5V，低电平小于 0.3V		

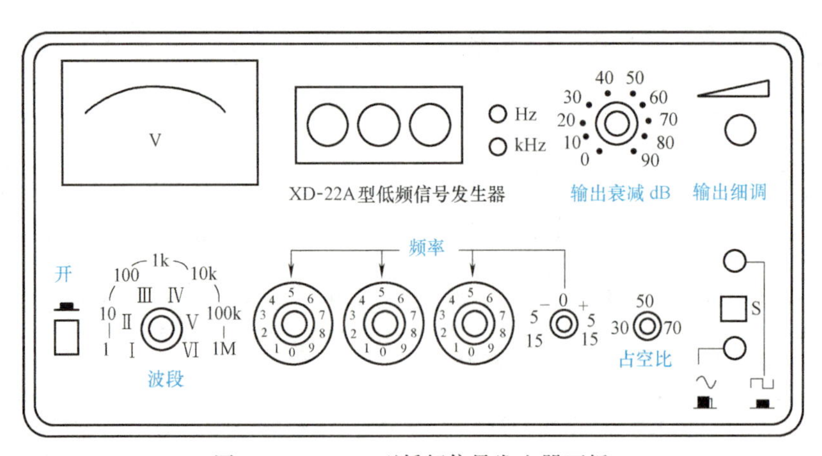

图 2-3　XD-22A 型低频信号发生器面板

1. 频率调节

由波段选择旋钮和三个频率调节旋钮配合使用进行调节；三个数码管对应显示三个频率旋钮的调节值；Hz、kHz 指示灯指示所显示频率的单位。

2. 幅值调节

由输出细调旋钮和衰减旋钮配合使用，进行调节；面板左上方的表头显示出电压读数；

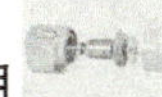

输出值等于电压读数乘以衰减系数。

3. 使用注意事项

1）开机前把输入微调旋钮置于最小值处，防止开机时振幅超过正常值而打坏表针。

2）开机后，让仪器预热片刻，使表头指示稳定后再开始使用。

3）输出波形由转换开关 S 控制，按下为脉冲波，弹出为正弦波。

4）脉冲占空比是指脉冲电压宽度与脉冲周期之比，其值小于 1。

5）信号输出电缆的长度以（1±10%）m 为宜，太长或太短都会引起高频段（f>500kHz）电压误差。

任务二　高频信号发生器的使用

高频信号发生器是一种向电子设备提供等幅正弦波和调制波的高频信号源，其工作频率一般为 100kHz~35MHz，主要用于各种接收机的灵敏度、选择性等参数的测量。

高频信号发生器按照用途的不同可以分为标准信号发生器和信号发生器两种，按照调制方式的不同可以分为调幅和调频两类。

下面以 XFG-7 型高频信号发生器为例，介绍高频信号发生器的使用。

XFG-7 型高频信号发生器（也称标准信号发生器），能产生频率为 100kHz~30MHz 连续可调的高频等幅正弦波和调幅波，能为各种调幅接收装置提供测试信号，也可作为测量、调整各种高频电路的信号源。

1. 控制面板

XFG-7 型高频信号发生器控制面板如图 2-4 所示。

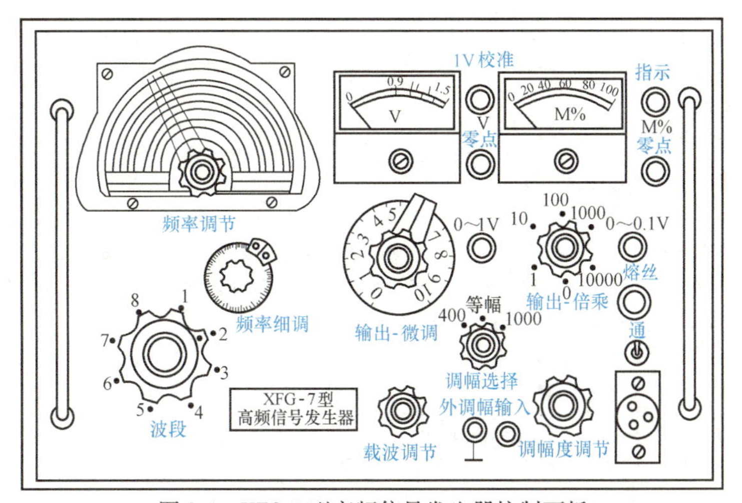

图 2-4　XFG-7 型高频信号发生器控制面板

2. 工作原理

XFG-7 型高频信号发生器主要由主振级、调制级、输出级、衰减级、内调制振荡级、监测级和电源组成，其工作原理框图如图 2-5 所示。主振级产生高频等幅信号作为载波；调制级将低频信号调制在载波上，这个低频信号可以由内部调制振荡器产生，也可以由仪器外部提供；调制后的载波信号或未经调制的高频等幅信号经输出级放大后，由衰减级输出；监测级监测输出信号的载波幅度和调制度；电源供给各级工作时所需要的电压。

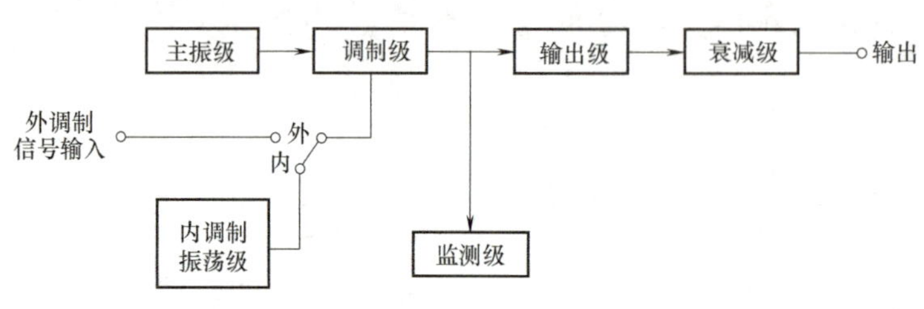

图 2-5　XFG-7 型高频信号发生器工作原理框图

XFG-7 型高频信号发生器的操作见表 2-3。

表 2-3　XFG-7 型高频信号发生器的操作

项目	说　明
使用前的准备	① 检查电源电压是否在（220±10%）V 范围内，若超出此范围，应外接稳压器或调压器，否则会造成频率误差增大 ② 由于电源中接有高频滤波电容器，机壳带有一定的电位。如果机壳没有接地线，使用时必须装设接地线 ③ 通电前，检查各旋钮位置，把载波调节、输出-微调、输出-倍乘和调幅度调节等旋钮逆时针方向旋到底。电压表（V 表）和调幅度表（M%表）做好机械调零 ④ 接通电源，打开开关，指示灯亮。预热 10min，将仪器面板上的波段开关旋到任意两挡之间，然后调节面板上的零点旋钮，使电压表的指针指零
等幅高频信号输出（载波）	① 将调幅选择开关置于“等幅”位置 ② 将波段开关置于相应的波段，调节频率调节旋钮到所需频率。频率调节旋钮有两个，在较大范围内改变频率时用频率刻度盘中间的旋钮；当接近所需频率时，再用频率刻度盘旁边的频率细调旋钮细调到所需频率上 ③ 转动载波调节旋钮，使电压表的指针指在红线“1”上。这时在“0~0.1V”插孔输出的信号电压等于输出-微调旋钮的读数和输出-倍乘开关的倍乘数的乘积。例如，输出-微调旋钮指在 5，输出-倍乘开关置于 10 挡，输出信号电压便为 $1\times5\times10\mu V=50\mu V$。**注意，当调节输出-微调旋钮时，电压表的指针可能会略微偏离“1”。可以用调节载波调节旋钮的方法，使电压表的指针指在“1”上** ④ 若要得到 1μV 以下的输出电压，必须使用带有分压器的输出电缆。如果电缆终端分压为 0.1V，则输出电压应将上述方法计算所得的数值乘以 0.1 ⑤ 若需大于 0.1V 的信号电压，应该从“0~1V”插孔输出。这时，仍应调节载波调节旋钮，使电压表指在 1V 上。如果输出-微调旋钮放在 4 处，就表示输出电压为 0.4V，以此类推。如果输出-微调旋钮置于 10 处，此时直接调节载波调节旋钮，那么电压表上的读数就是输出信号的电压值。但这种调节方法误差较大，一般只在频率超过 10MHz 时才采用

（续）

项目	说　明
调幅波输出	① 内部调制：仪器内有 400Hz 和 1000Hz 的低频振荡器，供内部调制用。内部调制的调节操作顺序如下：a. 将调幅选择开关放在 400Hz 或 1000Hz 位置。b. 调节载波调节旋钮到电压表指示为 1V。c. 调节载波调节旋钮，从调幅度表上的读数，确定出调幅波的幅度。一般可以调节在 30%的标准调幅度刻度线上。d. 频率调节、电压调节与等幅输出的调节方法相同。调节载波调节旋钮也可以改变输出电压，但由于电压表的刻度只在“1”时正确，其他各点只有参考作用，误差较大。同时，由于载波调节旋钮的改变，会使在输出信号的调幅度不变的情况下，调幅度表的读数相应有所改变，造成读数误差 ② 外部调制：当输出电压需要其他频率的调幅时，就需要输入外部调制信号。外部调制的调节操作顺序如下：a. 将调幅选择开关放在“等幅”位置。b. 按选择等幅振荡频率的方法，选择所需要的载波频率。c. 选择合适的外加信号源，作为低频调幅信号源。外加信号源的输出电压必须在 20kΩ 的负载上有 100V 电压输出（即其输出功率为 0.5W 以上），才能在 50~8000Hz 的范围内达到 100%的调幅。d. 接通外加信号源的电源，预热几分钟后，将输出调到最小，然后将它接到外调幅输入插孔。逐渐增大输出，直到调幅度表的指针达到所需要的调幅度。利用输出-微调旋钮和输出-倍乘开关控制调幅波输出，计算方法与等幅振荡输出相同

使用注意事项

XFG-7 型高频信号发生器使用注意事项：

1）在进行调制（外或内调制）工作时，因指针指示的调幅度仅在电压表指在“1”时是正确的。因此，必须随时调节“载波调节”旋钮，使电压表指针始终保持在“1”处。

2）在应用“0~1V”插孔时，须用插孔盖将“0~1V”插孔盖住。

知识拓展

ZN1060 型高频信号发生器是一款数字显示的产品，其输出频率和输出电压的有效范围较宽，频率调节采用交流伺服电动机传动系统，调谐方便，仪器内部有频率计，可对输出频率进行显示，提高了输出频率的准确度。

1. ZN1060 型高频信号发生器的面板结构

ZN1060 型高频信号发生器的面板结构如图 2-6 所示。

2. ZN1060 型高频信号发生器的主要性能指标

ZN1060 型高频信号发生器的主要性能指标见表 2-4。

表 2-4　ZN1060 型高频信号发生器的主要性能指标

项　目	性能指标	项　目	性能指标
频率范围	10kHz~40MHz 十个波段，分为等幅、调幅	调幅度	0~80%连续可调
载波频率误差	四位数码显示 ±1 个字（预热 30min）	衰减器	×10dB：0~110dB 分为 11 挡 ×1dB：0~10dB 分为 10 挡
输出电压有效范围	0~120dB（1μV~1V）	电调制信号	400Hz，1000Hz

3. ZN1060 型高频信号发生器的功能

ZN1060 型高频信号发生器有载波、调幅两种信号输出状态。

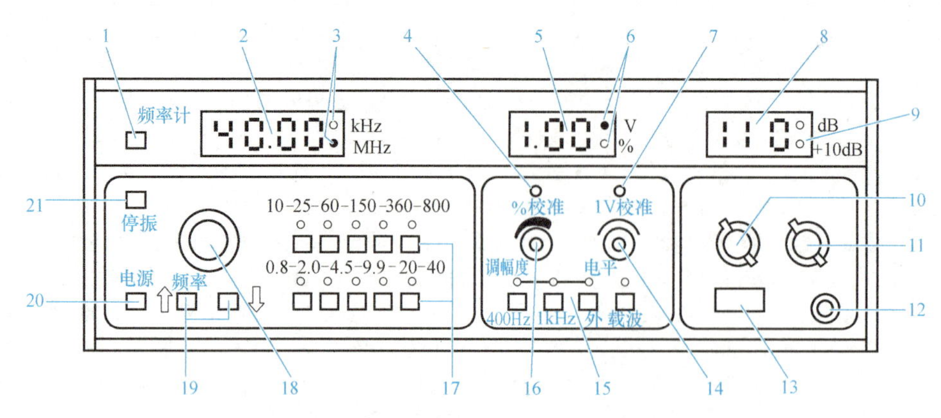

图 2-6 ZN1060 型高频信号发生器的面板结构

1—频率计开关 2—频率计显示 3—频率单位显示 4—调幅度调节校正 5—电压、调幅显示 6—工作状态显示 7—载频电压校准 8—衰减器 dB 显示 9—+10dB 显示 10—×10dB 旋钮 11—×1dB 旋钮 12—输出插座 13—终端负载显示电阻（0dB=1μV） 14—电平调节旋钮 15—工作选择按键 16—调幅度调节旋钮 17—波段按键 18—频率手调旋钮 19—频率电调按键 20—电源开关 21—停振按键

（1）载波工作状态 波段按键 17 用来改变信号发生器输出载波的波段，根据需要的信号频率，按下相应波段按键，指示灯亮，表示仪器工作于该波段。频率电调按键 19，标有“⇧”符号的按键表示按下此键频率往高调节，标有“⇩”符号的按键表示按下此键频率往低调节。频率手调旋钮 18，用于微调输出信号频率，将信号频率精确地调到所需数值。停振按键 21，起到开关作用，用来中断测试过程中本仪器的输出信号。

（2）调幅工作状态 工作选择按键 15 有“400Hz”“1kHz”“外”“载波”4 个键，按下对应按键分别输出 400Hz、1kHz、外输入信号调制的调幅波，按下载波按键后仪器输出高频载波信号；电平调节旋钮 14 用来调节载波输出幅度；调幅度调节旋钮 16 用来调节调幅波的调幅度大小，调幅度的数值由数字电压表显示。

（3）衰减器部分 ×10dB 旋钮 10 从 0~110dB 分为 11 挡；×1dB 旋钮 11 从0~10dB 分为 10 挡，衰减的分贝数由衰减器 dB 显示 8 读出。

（4）频率计开关 在测试过程中，如果被测设备受频率计干扰大时，可以按动频率计开关 1 使之弹出，停止频率计的工作，保证测试顺利进行。

4. ZN1060 型高频信号发生器的使用方法

1）按下频率计开关 1、“0.8~2MHz”波段开关和“载波开关”，将调幅度调节旋钮 16、电平调节旋钮 14 逆时针旋至最小位置，衰减器 dB 显示 8 置于最大衰减位置。

2）按下“电源开关”，预热 30min 即可正常使用。

3）根据所需要的输出频率，按下相应的波段后，再按动频率电调按键 19“⇧”或“⇩”，并调节频率手调旋钮 18，使输出频率符合所需的数值。

4）调节电平调节旋钮 14 使数字电压表显示为 1V。

5）根据所需要的输出电压，将“×10dB”和“×1dB”旋钮置于所需 dB。在使用过程中电压表应始终保持 1V，以保证仪器输出电压值的准确性。

6）根据需要的调幅频率，按“400Hz”或“1kHz”按键，此时仪器处于调幅工作状态，调节调幅度调节旋钮 16 可改变调幅系数的大小，并在电压表上直接显示。电压表所显示的调幅度，只有载波电平保持 1V 的情况下才是准确的。若要检查载波电平是否在 1V 上，可按下载波开关，则电压表再次显示电压，可调节电平调节旋钮 14 使电压表显示出 1V。

任务三　函数信号发生器的使用

任务分析

函数信号发生器是一种多波形的信号源。它可以产生正弦波、方波、三角波、锯齿波及任意波形；函数信号发生器还可以利用其本身具有的电压控制振荡频率（VCF）的功能，作为扫描电路使用。一些函数信号发生器还具有调制功能，可以进行调幅、调频、调相、脉宽调制和 VCO 控制等操作。

函数信号发生器的频率很宽，使用范围很广，是一种不可或缺的通用信号源，可以用于生产测试、仪器维护维修及其他科学领域，如医学、教育、化学、通信、工业控制、地球物理学、军事和宇航等。

下面以 DF1636A 型功率函数信号发生器为例，介绍函数信号发生器的使用。

知识链接

1. 面板

DF1636A 型功率函数信号发生器的面板如图 2-7 所示。

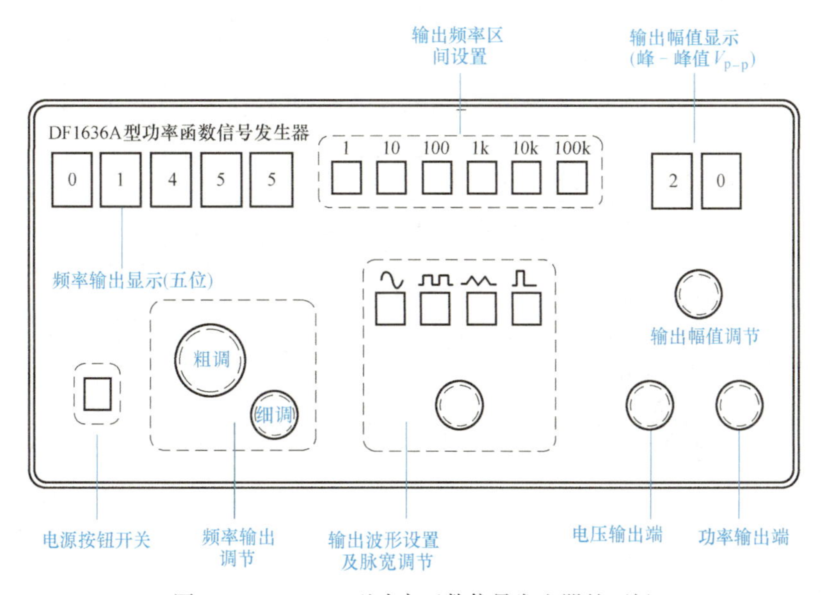

图 2-7　DF1636A 型功率函数信号发生器的面板

2. 基本原理

采用不同的振荡方式可得到非常低的频率输出。三角波发生器为其基本振荡电路，可输出一个三角波电压，经由电压比较器可输出频率相同的方波，将三角波经由正弦波整形电路即可得到正弦波输出。图 2-8 所示为函数信号发生器的基本框图。

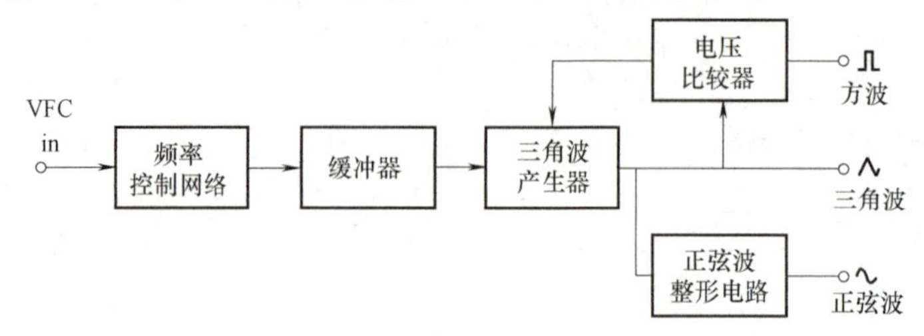

图 2-8 函数信号发生器的基本框图

3. 技术参数

DF1636A 型功率函数信号发生器部分技术参数见表 2-5。

表 2-5 DF1636A 型功率函数信号发生器部分技术参数

项目	技术参数	项目	技术参数
输出波形	正弦波、三角波、方波、脉冲波	方波占空比	50%±5%
输出频率	分为 6 个频率区间，范围由 0.1Hz～100kHz；五位 LED 数码显示	输出幅度	正弦波和三角波输出幅度大于 $45V_{p-p}$，方波输出幅度不大于 $32V_{p-p}$（不可调）
电压输出	波形输出幅度均不大于 45V	输出衰减	分为 20dB，40dB，60dB（当需要小信号输出时使用）

操作指导

DF1636A 型功率函数信号发生器的操作见表 2-6。

表 2-6 DF1636A 型功率函数信号发生器的操作

项目	说明
准备	按下电源按钮，接通电源，此时频率输出显示器和电压输出显示器亮，预热 10min 后再使用该仪器
设置频率输出区间	例如，按下“输出频率区间设置”中的“10k”按键
设置输出波形	按下“输出波形设置”中的“正弦波”按键
调节输出频率	输出频率粗调和细调联合在一起进行调节，例如，输出频率调节为 1.455kHz（使用这两个调节旋钮时，动作要缓慢
调节输出幅度	例如，旋转输出幅度调节旋钮，使输出显示为 $20V_{p-p}$，此时，该仪器输出正弦波，频率 1.455kHz，输出峰-峰值 $20V_{p-p}$
选择功率输出端输出	功率输出端带负载能力强一些，其他与电压输出端相同

函数信号发生器操作步骤

XJ1631 数字函数信号发生器

1. 外形结构和输入探头

XJ1631 数字函数信号发生器的面板示意图和输入探头如图 2-9 所示。

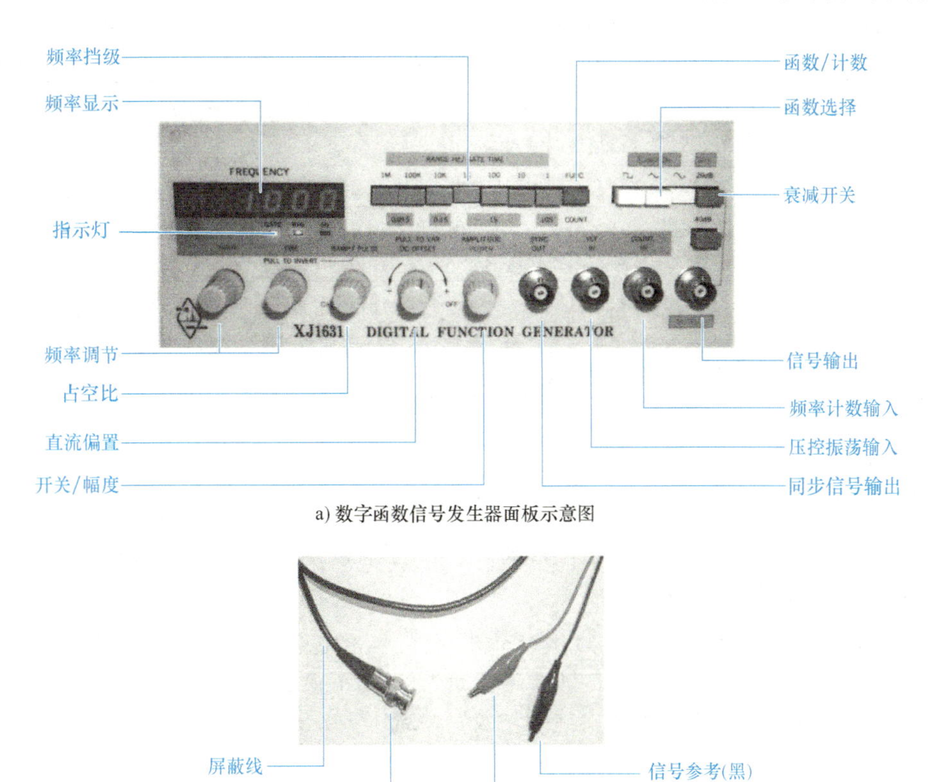

a) 数字函数信号发生器面板示意图

b) 输入探头

图 2-9　XJ1631 数字函数信号发生器的面板示意图和输入探头

2. 控制面板按钮名称和功能

XJ1631 数字函数信号发生器控制面板按钮名称和功能见表 2-7。

表 2-7　XJ1631 数字函数信号发生器控制面板按钮名称和功能

名　称	功　能
电源/幅度旋钮	逆时针旋到底，电源关；顺时针旋到底，函数信号幅度最大
函数选择按键	由三个互锁按键组成，用于选择输出波形：方波、三角波、正弦波
频率调节旋钮	“MAIN”为输出频率粗调；“FINE”为输出频率细调，“FINE”拉出可对脉冲波，锯齿波进行倒相
频率挡级按键	频率挡级由七个（1Hz、10Hz、100Hz、1kHz、10kHz、100kHz、1MHz）互锁按键开关组成，用于选择信号频率的挡级
占空比旋钮	用于调节锯齿波或三角波的占空比，当旋钮逆时针转到底置校准位置“CAL”，此时占空比为 50%，在非校准位置时，占空比可调范围为 10%~90%
衰减开关按键	开关按入后，函数信号输出衰减约为 30dB，对外接频率计数信号衰减约为 20dB；开关弹出不衰减
直流偏置旋钮	当该旋钮拉出时，直流偏置电压加到输出信号上，其范围在-10~10V 之间变化
信号输出端口	可输出正弦波、方波、三角波、脉冲、锯齿波信号
函数/计数按键	弹出时，数码管显示函数信号频率；按入时，显示外接计数频率

（续）

名　称	功　能
频率计数输入端口	外接频率计数信号的输入端
频率显示窗口	当显示函数频率时，用四位数码管显示；当显示外接计数频率时，用六位数码管显示
指示灯	频率量程（Hz、kHz）指示；闸门时间（GATE）指示；计数频率量程溢出（OVFL）指示，此指示灯亮，需将频段挡级扩大，直到指示灯熄灭
压控振荡输入端口	当一个外部直流电压 0～15V 由 VCFIN 输入时，函数发生器的信号频率变化为 100∶1
同步信号输出端口	提供一个与 TTL 电平兼容的输出信号，不受函数开关及幅度控制器的影响，其输出频率与数码管显示频率一致

使用注意事项

1）对信号输出端口、同步信号输出端口、压控振荡输入端口的输入电压不允许大于 10V（AC+DC），否则会损坏仪器。

2）在使用频率调节旋钮时，请不要将电位器旋至最大位置，否则会使仪器没有信号输出或输出的信号波形不正常，但这不是故障，也不会损伤仪器。

3）高于 10MHz 计数信号请按“频率挡级”中的“1MHz”按键。

任务四　脉冲信号发生器的使用

任务分析

脉冲信号发生器可以产生频率重复、脉冲宽度及幅度均为可调的脉冲信号，广泛应用于脉冲电路、数字电路的动态特性测试中。脉冲信号发生器一般都以矩形波为标准信号输出。

知识链接

脉冲信号发生器是一个产生脉冲波形的仪器。脉冲波与方波的区别在于占空比（duty cycle）不同。占空比的定义为脉冲的平均值与峰值的比例，方波的占空比永远为 50%，而脉冲波的占空比不一定为恒定，且可以调整。占空比可以用脉冲宽度与周期或脉冲重复时间之比来表示。

脉冲产生方法有两种：可以将正弦波振荡器的输出经过施密特电路后形成所需的脉冲；也可以用多谐振荡器或间歇振荡器来产生脉冲。

图 2-10 所示为一个典型脉冲信号发生器的框图，工作原理：由非稳态多谐振荡器产生自由振荡输出，控制此多谐振荡器的振荡频率，即决定输出脉冲的周期或脉冲重复频率，非稳态多谐振荡器的输出接至单稳态多谐振荡器，经触发后产生脉冲输出，输出脉冲的宽度由单稳态多谐振荡器来调整。

XC-15 型脉冲信号发生器是高重复频率纳秒（ns）级脉冲信号发生器。其重复频率范围为 1kHz～100MHz，脉冲宽度为 5ns～300μs，幅度为 150mV～5V，并输出正、负脉冲及正、负倒置脉冲，性能比较完善。图 2-11 所示为 XC-15 型脉冲信号发生器的面板示意图。

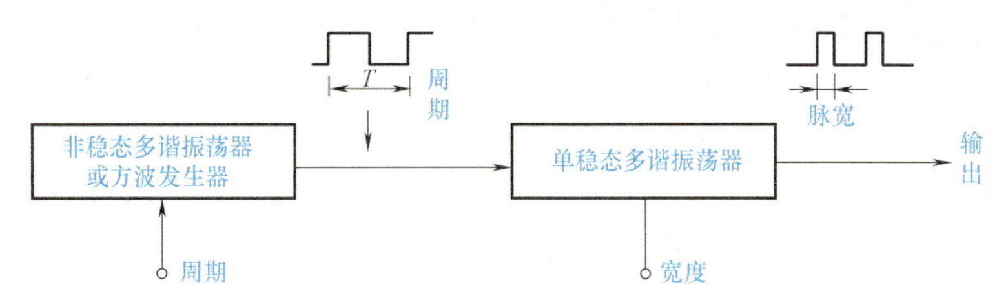

图 2-10　典型脉冲信号发生器的框图

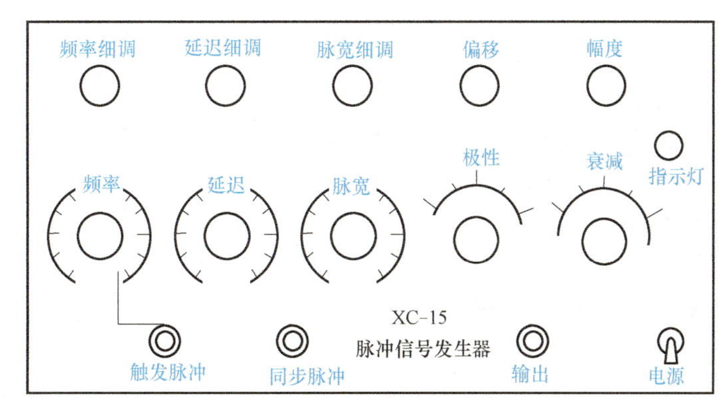

图 2-11　XC-15 型脉冲信号发生器的面板示意图

XC-15 型脉冲信号发生器的面板开关、旋钮的功能及使用如下：

1. 频率粗调开关和频率细调旋钮

调节频率粗调开关和频率细调旋钮，可实现 1kHz～100MHz 的连续调整。粗调分为十挡（1kHz、3kHz、10kHz、100kHz、300kHz、1MHz、3MHz、10MHz、30MHz 和 100MHz），各挡之间用细调覆盖。频率细调旋钮顺时针旋转时，频率增高，顺时针旋转到底，即为频率粗调开关所指频率；逆时针旋转到底，为此频率粗调开关所指刻度低一挡。例如，频率粗调开关置于 10kHz 挡，频率细调旋钮顺时针旋转到底时输出频率为 10kHz；逆时针旋转到底时输出频率为 3kHz。

2. 延迟粗调开关和延迟细调旋钮

调节此组开关和旋钮，可实现延迟时间 5ns～100μs 的连续调整。延迟粗调分为十挡（5ns、10ns、30ns、100ns、300ns、1μs、3μs、10μs、30μs 和 100μs），各挡之间用细调覆盖。延迟时间加上大约 30ns 的固有延迟时间等于同步输出负方波的下降沿超前主脉冲前沿的时间。“延迟细调”旋钮顺时针旋转延迟时间增加，顺时针旋转到底为此粗调挡位高一挡的延迟时间；逆时针旋转到底，即为粗调开关所指延迟时间。例如，延迟粗调开关置于 30ns 挡，延迟细调旋钮顺时针旋转到底时输出延迟时间为 100ns；逆时针旋转到底时输出延迟时间为 30ns。

3. 脉宽粗调开关和脉宽细调旋钮

通过调节此组开关和旋钮，可实现脉宽 5ns~300μs 的连续调整。脉宽粗调分为十挡（5ns、10ns、30ns、100ns、300ns、1μs、3μs、10μs、30μs 和 100μs），各挡之间用细调覆盖。脉宽细调旋钮顺时针旋转脉宽增加，顺时针旋转到底为此粗调挡位高一挡的脉宽；逆时针旋转到底为粗调挡所指的脉宽时间。例如，脉宽粗调开关置于 10ns 挡，脉宽细调旋钮顺时针旋转到底时输出脉宽为 30ns；逆时针旋转到底时输出延迟时间为 10ns。

4. 极性选择开关

转换此开关可使仪器输出四种脉冲波形中的一种。

5. 偏移旋钮

调节偏移旋钮可改变输出脉冲对地的参考电平。

6. 衰减开关和幅度旋钮

调节此组开关和旋钮，可实现 150mV~5V 的输出脉冲幅度调整。

XC-15 型脉冲信号发生器使用注意事项如下：

1）本仪器不能空载使用，必须接入 50Ω 负载，并尽量避免感性或容性负载，以免引起波形畸变。

2）开机后预热 15min 后，仪器方能正常工作。

一、SW-05D 型脉冲发生器

1. 概述

SW-05D 型脉冲发生器是采用先进的单片机及大规模逻辑电路控制，同时具有高精度、高稳定度的晶体振荡器，是一款高性能的脉冲发生器，整机采用大屏幕液晶显示，图形化界面配以键盘单键化操作，性能可靠、使用简单方便。仪器还可选配 RS232+RS485 接口功能，可以与计算机组成自动系统，实现多机同时远程操控。

2. 技术指标

（1）输出周期　0.1~100s，步进 0.1s 可调。

（2）准确度　1×10^{-5}。

（3）输出脉宽　固定 80ms 或占空比 1%~100%可调，步进 1%；脉冲边沿小于 1ms。

（4）输出方式　8 路无源和 8 路有源，共 16 路输出；每路输出能力大于 20mA。

（5）输出计数　按时间输出或按脉冲数输出。

3. 使用说明

（1）仪器的前面板说明　SW-05D 型脉冲发生器前面板如图 2-12 所示，包括液晶显示器、数字键盘、5V/12V 选择按钮和共源/共地选择按钮。按钮灯亮标志按钮处于按下状态。数字键盘包括 0~9 十个数字键、小数点/80ms 键、设置键、退格键、确认键、开始键、暂停键、停止键和复位键等共 18 个键。

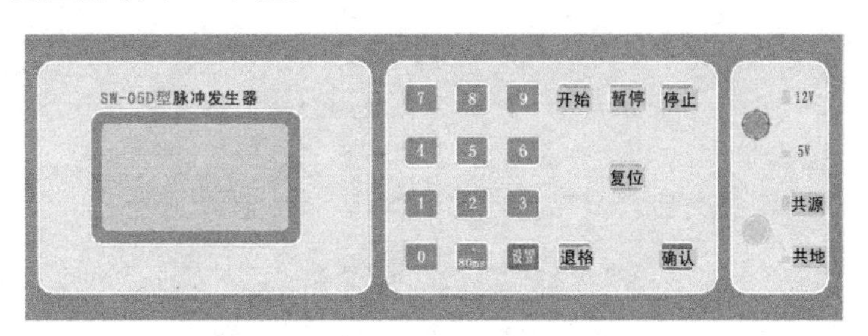

图 2-12　SW-05D 型脉冲发生器前面板

(2) 仪器后面板说明　仪器后面板包括电源开关、电源插座、RS232 接口、接线端钮区共 5 个部分。其中，接线端钮区分 8 路有源输出和 8 路无源输出两部分，每部分各有 16 个接线端钮，每个端钮标记“+”号的为高端，标记“-”号的为低端（注：RS232 接口在这里未接通，仅供将来仪器功能扩展使用）。SW-05D 型脉冲发生器后面板如图 2-13 所示。

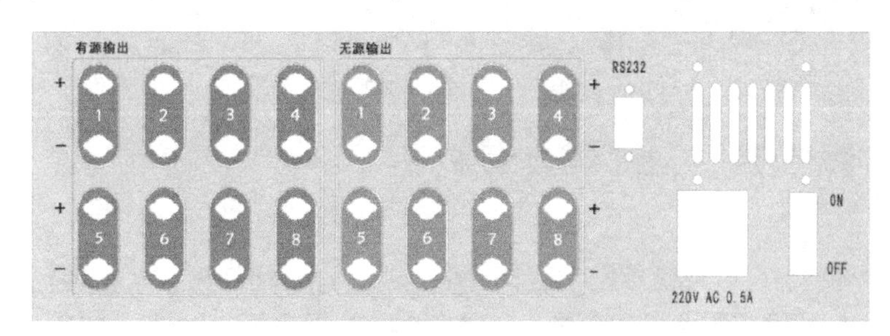

图 2-13　SW-05D 型脉冲发生器后面板

(3) 键盘操作和液晶显示说明

1) 液晶显示说明：

S0/S0：输出时间设置；

SП/SП：输出脉冲数设置；

/：脉冲周期设置；

/：脉冲宽度/占空比设置；

：实时时间；

：实时脉冲数；

“状态”：指示当前仪器状态，包括输出、停止、设置、暂停等状态。

2) 键盘操作说明：在停止状态下设置脉冲的输出结束方式（S0：输出时间设置；SП：输出脉冲数设置；：脉冲周期设置。）

脉冲宽度/占空比设置（）：连续按动设置键将循环进入周期设置⟶占空比设置⟶输出时间设置⟶输出脉冲数设置⟶周期设置。当处于设置状态时液晶状态栏将显示“设置”，同时对应的图标将反白显示（S0、SП、、）。在设置状态下可以用数字键、小数点键、退格及确认键对各参数进行设置，设置好的参数需按确认键方有效。

注意

当使用“小数点/80ms 键”进行占空比或固定 80ms 脉宽设置时，当由占空比方式转为固定 80ms 脉宽方式时按动“小数点/80ms 键”即可，不需要用确认键确认；同时要退出固定 80ms 脉宽方式时需先按动“小数点/80ms 键”退出固定 80ms 脉宽方式，进入占空比方式方能进行占空比设置。

设置好参数后，同时确认接线正确及输出方式（指有源输出方式：5V/12V，共源/共地），在停止状态下即可按动“开始”键启动输出。输出状态可暂停输出，然后用“开始”键重新启动输出（**注意：暂停状态变换为启动状态，将接着计时/计数**）。用户也可使用“停止”键手动结束当前输出，进入停止状态，然后完全重新开始计时/计数输出。“复位”键用于整机复位，是硬件方式将仪器复位到开机后待机状态，经确认的设置参数将保留，同时将显示欢迎画面。

4. 输出电路

输出电路有两种形式，一种是有源输出，另一种是无源输出。

二、PD5389A 彩色/黑白电视信号发生器

1. 概述

PD5389A 彩色/黑白电视信号发生器具有全频道（包括增补频道）射频输出和视频全电视信号输出，产生图像有彩条、四矢量、红单色面、绿单色面、网格、十字、点阵、圆、单一点、棋盘格、灰度信号和特殊矢量。

全电视信号是由石英晶体振荡和计数分频器产生，图像稳定可靠，不受温度变化影响。该机采用电子调谐器，输出准确，广泛用于设计、生产、维修各种电视机，追踪故障，调校各级电路，及有线、无线电视台。

2. 主要技术参数

PD5389A 彩色/黑白电视信号发生器主要技术参数见表 2-8。

表 2-8 PD5389A 彩色/黑白电视信号发生器主要技术参数

参数名称	参数含义	参数名称	参数含义
输出图案	网格、点阵、十字、棋盘格、彩条、红单色面、绿单色面、灰度信号、四矢量、圆、单一点及特殊矢量模型等	彩色编码	彩色载波频率（4.433619MHz）；色同步（10±1 周期副载波）；色同步相位（行序列 180°±45°）；色同步位置（位于同步脉冲后 5.6μs 处）；色度矩阵（Y-0.30R+0.59G+0.11B）
射频输出	图像载波（48~860MHz 分四档电调谐）；音频载波：用电子音乐内部调制 6.5MHz；视频调制：负极性调幅；残流载波：20%；射频阻抗：75Ω；视频输出：0~2$V_{p\text{-}p}$（75Ω）	电视标准	PAL-D 制
		电源供给电压	AC 220V（1±10%） 50Hz±2Hz
同步消隐脉冲	行频（15625Hz ± 1%）；场频（50Hz）；行同步脉冲（4.7μs）；前沿（1.6μs）；行消隐（13.5μs）；行周期（64μs）；场同步脉冲（宽度为 128μs）；场消隐脉冲（1536μs）	工作温度范围	0~45℃
		重量及外形尺寸	重量：2.5kg；外形尺寸 $c×b×h$：260mm×100mm×30mm

3. 面板旋钮及开关功能

PD5389A 彩色/黑白电视信号发生器实物图如图 2-14a 所示。面板旋钮及开关示意图如图 2-14b 所示。与图 2-14b 上的序号相对应的面板旋钮及开关的功能见表 2-9。

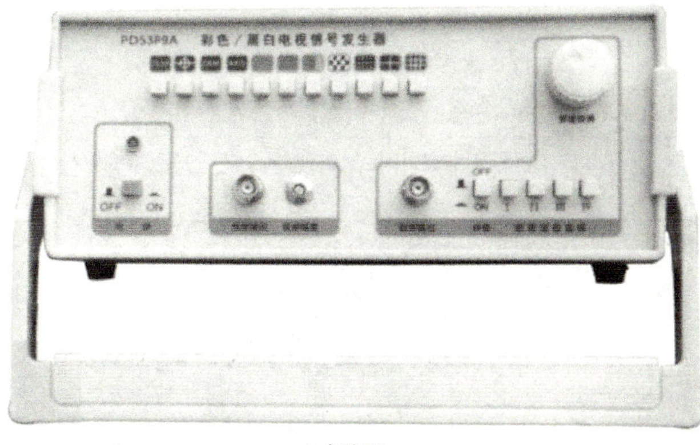

a) 实物图

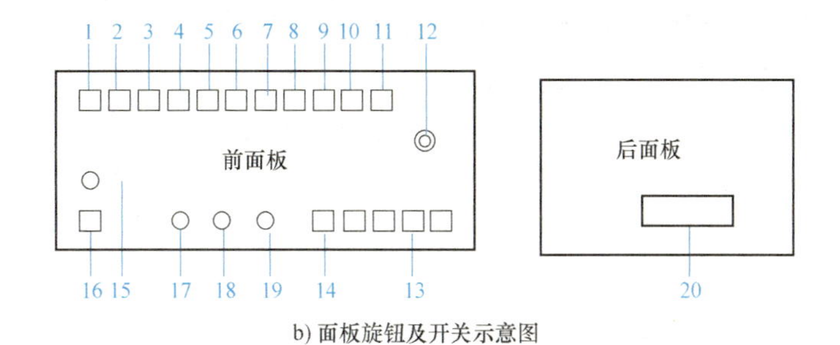

b) 面板旋钮及开关示意图

图 2-14　PD5389A 彩色/黑白电视信号发生器实物图和面板旋钮及开关示意图

表 2-9　PD5389A 彩色/黑白电视信号发生器的面板旋钮及开关功能

序号	名　称	面板旋钮及开关功能
1	加色键	按下此键，彩条、四矢量、红单色面、绿单色面被加色，其他图案为红底色
2	圆信号键	按下此键，将显示出圆形图案，它可以键控到其他所有图案上
3	特殊图案键	将 3、4、1 键同时按下，将会出现一种调试 PAL 制译码器延迟时间和同步解调器很重要的信号
4	四矢量	按下此键及 1 键，电视机屏幕显示出四矢量图案，自左到右为黄、绿、红、蓝
5	绿信号	按下此键及 1 键，电视屏幕显示绿单色面
6	红信号	按下此键及 1 键，电视屏幕显示红单色面
7	标准彩条	按下此键，电视屏幕显示出八级灰度信号，若将 1 键同时按下，自左向右将显示出白、黄、青、绿、紫、红、蓝、黑八种颜色的标准彩条
8	棋盘格	按下此键，电视机屏幕显示棋盘格图案
9	点阵键	按下此键电视机屏幕显示点阵图案
10	十字线键	按下此键电视机屏幕显示十字图案
11	网格键	按下此键电视机屏幕显示网格图案

（续）

序号	名　称	面板旋钮及开关功能
12	频道微调	此旋钮用于微调频道
13	频道转换开关1~4挡	按下不同的按键，转换不同频道
14	伴音开关	用于控制伴音的开和关
15	指示灯	打开电源开关，此灯亮
16	电源开关	用于开关仪器总电源
17	视频输出插座	可同射频输出配合来判断高频头是否有故障，也可调制到其他射频设备上输出
18	视频幅度	可根据使用情况对视频幅度进行调节
19	高频输出插座	可用仪器所配闭路天线直接连到电视高频天线插座
20	电源插入插孔	用于220V交流电（内带熔丝）

4. 使用方法

本仪器不需预热，通电后指示灯亮马上可用，但建议一般开机5min后再用它调试仪器。

1）用射频输出电缆连接本仪器的“射频输出”插座和电视机的天线插孔。

2）选择频道开关，微调节开关到所需频道。

3）若看黑白信号的网格、十字、点阵、棋盘格、圆及灰度信号可按7~11键任一键及7键；若看彩色信号，则将7键按下，即可显示彩条、红单色面、绿单色面、四矢量。

4）无论要哪种图案，调节电视机或本仪器的调谐器12或13直到屏幕显示清楚为止。

5）各种测试图形的使用。

① 彩条。理想模型用以校验完成的彩色部分，通过分析电视机上彩条可以认识到彩色部分的缺点。

② 红信号。用以校验和调整彩色纯度。

③ 绿信号。用以校验和调整彩色纯度。

④ 四矢量。四矢量能够用来校验调整PAL制译码器振幅和相位的延迟时间以及测试同步解调器的正确相位，四矢量从左到右的顺序是黄（−U）、绿（±V）、红（±V）和蓝（+U）。

⑤ 特殊图案。如果同时按键3和4，将会出现一种调试PAL制译码器延迟时间和同步解调器重要的信号，这时电视屏幕就可作为直接显示器，如果PAL延迟译码器和同步解调器被正确调节，左边和右边彩条（黄和蓝）颜色不变，但饱和度将稍微变小，中间两个区必须调整，使其具有50%的饱和度。灰度信号（按键6、1键放开）可以校验和调整视频放大器。

⑥ 网格。用以校验和测试黑白电视机的几何图像、聚合线及彩色电视的垂直和水平校正。

⑦ 十字线。用以校验和调整图像中心。

⑧ 点。用来校验和调整静态聚焦。如果键9和键10同时按下，在电视机屏幕中央仅出现一个点。

⑨ 棋盘格。用以校验和测试几何图像，检查电源部分，聚焦装置以及测试视频放大器。

⑩ 圆。圆信号是用来校正几何图像的装置，圆信号可以与其他信号同时使用，更直观检查电视机的线性。

项目评价

本项目评价表见表 2-10。

表 2-10　项目评价表

项目	低频信号发生器、高频信号发生器、函数信号发生器、脉冲信号发生器的使用						
班级		姓名		日期			
评价项目	评价标准	评价依据	评价方式			权重	得分小计
			学生自评（20%）	小组互评（30%）	教师评价（50%）		
职业素养	1. 遵守规章制度与劳动纪律 2. 按时完成任务 3. 人身安全与设备安全 4. 工作岗位6S完成情况	1. 出勤 2. 工作态度 3. 劳动纪律 4. 团队协作精神				0.3	
专业能力	1. 仪器使用熟练 2. 测量方法正确 3. 读数准确无误	1. 操作的准确性和规范性 2. 工作页或项目技术总结完成情况 3. 专业技能完成情况				0.5	
创新能力	1. 在任务完成过程中提出有自己见解的方案 2. 在教学或生产管理上提出建议，具有创新性	1. 方案的可行性及意义 2. 建议的可行性				0.2	

思考与练习

1. 低频信号发生器一般由哪几部分组成？各部分的作用是什么？
2. 使用 XD1 低频信号发生器有哪些注意事项？
3. 使用 XD-22A 低频信号发生器有哪些注意事项？
4. 高频信号发生器由哪几部分组成？各部分的作用是什么？
5. 简述 XFG-7 型高频信号发生器调幅波输出的操作方法。
6. 如何调节高频信号发生器，使其输出载频为 990kHz、调制度为 30%的调幅波信号？
7. 函数信号发生器有什么功能？
8. 简述 DF1636A 型功率函数信号发生器的操作方法。
9. 说明 XJ1631 数字函数信号发生器的 FUNCTION、ATT、VCFIN、FUNC/COUNT 键的名称和功能。
10. ZN1060 型高频信号发生器能输出何种信号？何时调幅度指示值是正确的？
11. 简述脉冲信号发生器的工作原理。
12. 脉冲信号发生器有什么用途？

项目三　波形测试

示波器的发展简史

示波器概述

示波器是一种用途很广的电子测量仪器，它能将抽象的随着时间变化的电压波形，变成具体的在屏幕上可见的波形图，通过波形图可以看清信号的特征，并且可以从波形图上计算出被测电压的幅度、周期、频率、脉冲宽度及相位等参数。

示波测试技术可将电信号作为时间的函数显示在屏幕上，即可把两个有关系的变量转化为电参数，在荧光屏上显示这两个变量之间的关系。示波器还可以直接观测一个脉冲信号的前后沿、脉宽、上冲、下冲等参数。

示波器是时域分析的最典型仪器，也是当前电子测量领域中，品种最多、数量最大、最常用的一种仪器。示波器的主要技术指标有频带宽度 BW 和上升时间 t_r、扫描速度、偏转因数和输入阻抗等。

当前常用的示波器从技术原理上可分为：

模拟式——通用示波器（采用单束示波管实现显示的通用示波器）。

数字式——数字存储示波器（采用 A-D、DSP 等技术实现显示的数字化示波器）。

任务一　模拟示波器的使用

通用示波器是示波器中应用最广泛的一种，它通常泛指采用单束示波管，除取样示波器及专用或特殊示波器以外的各种示波器。

通用示波器可以用来观察电压、电流的波形，测量电压的幅度、频率和相位等。

以下选用了 YB4320 双踪示波器来进行说明，所谓双踪，即双通道，是指示波器有两个信号输入端，可以同时测量两路信号。

1. YB4320 双踪示波器的面板及控制键功能

YB4320 双踪示波器的面板如图 3-1 所示，各控制键的功能和使用方法见表 3-1。

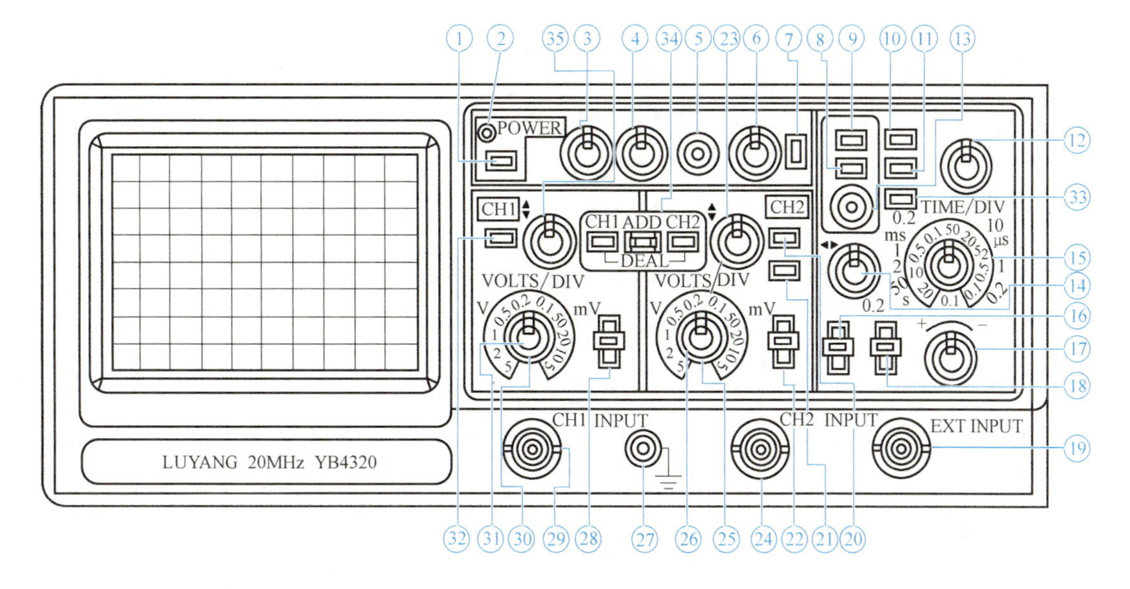

图 3-1　YB4320 双踪示波器的面板

表 3-1　控制键的功能和使用方法

控制键	功能和使用方法
①—电源开关（POWER）	将电源开关按键弹出即为关断，按下电源开关，电源接通
②—电源指示灯	电源接通时指示灯亮
③—辉度旋钮	顺时针方向旋转旋钮，亮度增强
④—聚焦旋钮	先调节辉度旋钮使亮度适中，然后调节聚焦旋钮直至轨迹达到最清晰程度
⑤—光迹旋转旋钮	由于磁场的作用，当光迹在水平方向轻微倾斜时，该旋钮用于调节光迹与水平刻度线平行
⑥—刻度照明控制旋钮	该旋钮用于调节屏幕亮度。顺时针方向旋转该旋钮，亮度将增加。该功能用于黑暗环境或拍照时的操作
⑦—校准信号	电压幅度为 0.5V，频率为 1kHz 的方波信号
⑧—ALT 扩展按钮（ALT-MAG） ⑬—光迹分离控制键	按下此键，扫描因数×1、×5 同时显示。此时要把放大部分移到屏幕中心，按下 ALT-MAG 键。扩展后的光迹可由光迹分离控制键⑬调节。同时使用垂直双踪方式和水平 ALT-MAG 可在屏幕上同时显示 4 条光迹
⑨—扩展控制键（MAG×5）	按下此键，扫描因数×5 扩展。扫描时间是 TIME/DIV 开关指示数值的 1/5
⑩—触发极性按钮	触发极性选择，用于选择信号的上升和下降沿触发
⑪—X-Y 控制键	在 X-Y 工作方式时，垂直偏转信号接入 CH2 输入端，水平偏转信号接入 CH1 输入端
⑫—扫描微调控制旋钮	此旋钮以顺时针方向旋转到底为校准位置；该旋钮逆时针方向旋转到底，扫描减慢 2.5 倍以上。正常时该旋钮应位于校准位置，以便对时间、周期和频率等参数进行定量测量
⑭—水平位移	用于调节轨迹在水平方向移动。顺时针方向旋转该旋钮向右移动光迹，逆时针方向旋转向左移动光迹
⑮—扫描时间因数选择开关（TIME/DIV）	共 20 挡，在 0.1μs/DIV～0.2s/DIV 范围选择扫描速率

（续）

控制键	功能和使用方法
⑯—触发方式选择	自动：采取自动扫描方式时，扫描电路自动进行扫描。在没有信号输入或输入信号没有被触发同步时，屏幕上仍然可以显示扫描基线 常态：有触发信号才能扫描，否则屏幕上无扫描线显示。当输入信号频率低于20Hz时，请用常态触发方式 TV-H：用于观察电视信号中行信号波形 TV-V：用于观察电视信号中场信号波形
⑰—触发电平旋钮	用于调节被测信号在某一电平触发同步
⑱—触发源选择开关	选择触发信号源 内触发（IN1）：CH1或CH2通道的输入信号是触发信号 通道2触发（CH2）：CH2通道的输入信号是触发信号 电源触发（LINE）：电源频率为触发信号 外触发（EXT）：触发输入为外部触发信号，用于特殊信号的触发
⑲—外触发输入插座（EXT INPUT）	用于外部触发信号的输入
⑳、㉜—CH1×5扩展、CH2×5扩展	按下×5扩展按钮，垂直方向的信号扩大5倍，最高灵敏度变为1mV/DIV
㉑—CH2极性开关	按此开关时，CH2显示反向电压值
㉒、㉘—垂直输入耦合选择开关（AC-GND-DC）	选择垂直放大器的耦合方式 交流（AC）：垂直输入端由电容器来耦合 接地（GND）：放大器的输入端接地 直流（DC）：垂直放大器输入端与信号直接耦合
㉓—垂直移位	调节光迹在屏幕中的垂直位置
㉔—通道2输入端（CH2 INPUT）	和通道1一样，但采取X-Y方式时输入端的信号仍为Y轴信号
㉕、㉛—垂直微调旋钮	用于连续改变电压偏转灵敏度。此旋钮在正常情况下应位于顺时针方向旋转到底的位置，以便于对电压的定性测量。将旋钮逆时针方向旋到底，垂直方向的灵敏度下降到2.5倍以上
㉖、㉚—衰减器开关（VOLTS/DIV）	用于选择垂直偏转灵敏度的调节。如果使用的是10∶1的探头，计算时将幅度×10
㉗—接地（⏚）	接地端
㉙—通道1输入端（CH1 INPUT）	该输入端用于垂直方向的输入。采取X-Y方式时，输入端的信号成为X轴信号
㉝—交替触发	在双踪交替显示时，触发信号交替来自于两个Y通道，此方式可用于同时观察两路不相关的信号
㉞—垂直工作方式选择	按下CH1时，屏幕上仅显示CH1通道的信号；按下CH2时，屏幕上仅显示CH2通道的信号；同时按下CH1和CH2按钮，屏幕上会出现双踪并自动以断续或交替方式同时显示CH1和CH2通道的信号；按下ADD时，显示CH1和CH2输入电压的代数和
㉟—示波器的垂直偏转因数选择	用以微调每挡垂直偏转因数，将它沿顺时针方向旋到底，处于“校准”位置，此时垂直偏转因数值与波段开关所指示的值一致。逆时针旋转此旋钮，能够微调垂直偏转因数

2. 主要技术指标

YB4320 双踪示波器的主要技术指标见表 3-2。

表 3-2 YB4320 双踪示波器的主要技术指标

名称		技术指标
垂直偏转系统	频带宽度	DC：0~9MHz—3dB，AC：10Hz~20MHz—3dB
	输入灵敏度	5mV/DIV~5V/DIV，按 1-2-5 步进，共分 10 挡。“×1”精度为±5%，“×5”精度为±10%
	可微调的垂直灵敏度	大于所标明的灵敏度值的 2.5 倍
	上升时间	≤17.5ns
	输入阻抗	1MΩ（1±2%）
	最大输入电压	300V（DC+AC 峰值）
水平偏转系统	扫描时间因数	0.1~0.2μs/DIV（误差±5%），按 1-2-5 步进，共分 20 挡
	触发方式	自动、正常、TV-V、TV-H
	触发信号源	INT、CH2、电源、外
	灵敏度	常态方式下，频率为 10Hz~20MHz 时灵敏度为 2DIV（内触发）、0.3V（外触发） 自动方式下，频率为 20Hz~20MHz 时灵敏度为 2DIV（内触发）、0.3V（外触发）
电源		电压为交流 220（1±10%）V，频率为 50（1±5%）Hz，功耗为 35W

操作指导

1. YB4320 双踪示波器的操作

YB4320 双踪示波器的操作见表 3-3。

表 3-3 YB4320 双踪示波器的操作

项目	说明
使用前准备	① 打开电源开关前先检查输入的电压，将电源线插入后面板上的交流插孔 ② 打开电源，按如下步骤设定功能键： 电源开关：开关键弹出；辉度旋钮：顺时针旋转；聚焦旋钮：中间；AC-GND-DC：AC；垂直移位：中间（×5）扩展键弹出；触发方式选择：自动；触发电平旋钮：中间；触发源选择开关：内；TIME/DIV：0.5ms/DIV；水平位置：×1(×5)MAG、ALT-MAG 均弹出；垂直工作方式选择：CH1；一般将下列微调旋钮设定到“校准”位置 VOLTS/DIV：顺时针方向旋转到底，以便读取电压选择旋钮指示的 VOLTS/DIV 上的数值；TIME/DIV：顺时针方向旋转到底，以便读取扫描选择旋钮指示的 TIME/DIV 上的数值
信号参数测量	① 直流电压的测量：设定 AC-GND-DC 开关至 GND，将零电平定位在屏幕最佳位置。将 VOLTS/DIV 设定到合适位置，然后将 AC-GND-DC 开关拨到 DC，直流信号将会使光迹产生上下偏移，直流电压可以通过光迹偏移的刻度乘以 VOLTS/DIV 开关挡位值得到 ② 交流电压的测量：将零电平定位在屏幕合适位置，通过信号幅度在屏幕上所占的格数（DIV）乘以 VOLTS/DIV 挡位值得到交流信号的幅值。如果交流信号叠加在直流信号上，将 AC-GND-DC 开关设置在 AC，可隔开直流。如果探头为 10：1，实际值是测量值的 10 倍 ③ 频率和时间的测量：如果一个信号的周期在屏幕上占 2 DIV，假设扫描时间为 1ms/DIV，则信号的周期为 1ms/DIV×2DIV＝2ms，频率为 1/（2ms）＝500Hz。如运用×5 扩展，那么 TIME/DIV 则为指示值的 1/5

2. 测量方法举例

（1）幅度的测量方法　幅度的测量方法包括峰-峰值（V_{p-p}）的测量、最大值的测量

(V_{MAX})、有效值的测量(V),其中峰-峰值的测量结果是基础,后几种值都是由该值推算出来的。

1)正弦波的测量。正弦波的测量是最基本的测量。按正常的操作步骤使用示波器显示了稳定的、大小适合的波形后,就可以进行测量了。

峰-峰值(V_{p-p})的含义是波形的最高电压与最低电压之差,因此应调整示波器使之容易读数,方法是调节 X 轴和 Y 轴的位移,使正弦波的下端置于某条水平刻度线上,波形的某个上端位于垂直中轴线上,就可以读数了,如图 3-2 所示。

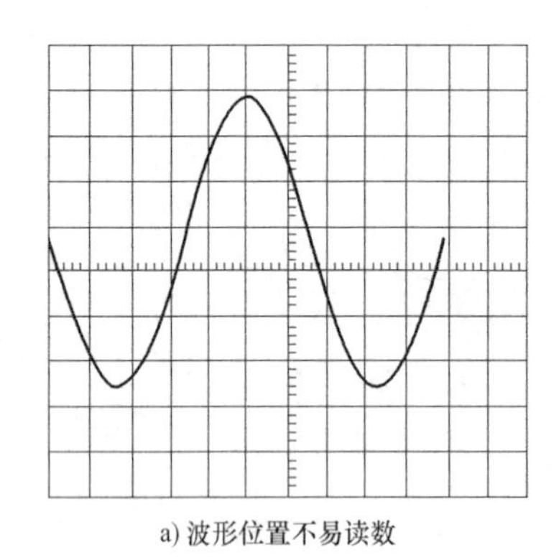

a) 波形位置不易读数

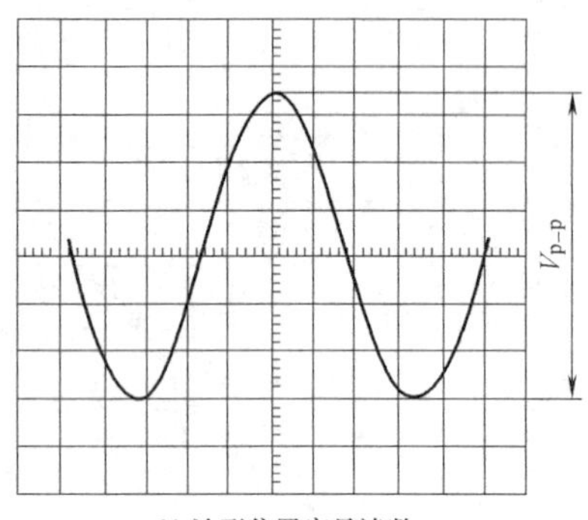

b) 波形位置容易读数

图 3-2 示波器上正弦波峰-峰值幅度的读数方法

由图 3-2b 可以很容易读出,波形的峰-峰值占了 6. 3 格(DIV),如果 Y 轴增益旋钮被拨到 2V/DIV,并且微调已拨到校准,则正弦波的峰-峰值 $V_{p-p}=6.3\text{DIV}\times2\text{V/DIV}=12.6\text{V}$。

测出了峰-峰值,就可以计算出最大值和有效值了。对于正弦波,这 3 个值有以下关系:

$$V_{MAX}=\frac{1}{2}V_{p-p}$$

$$V=\frac{1}{\sqrt{2}}V_{MAX}\approx0.707V_{MAX}$$

由此计算出,$V_{MAX}=6.3\text{V}$,$V\approx4.45\text{V}$。

2)矩形波的测量。矩形波幅度的测量与正弦波相似,通过合适的方法找到其最大值与最小值之间的差值,就是峰-峰值(V_{p-p}),如图 3-3 所示。

示波器是通过扫描的方式进行显示,因此矩形波的上升沿和下降沿由于速度太快,往往显示不出来,但高电平与低电平仍能清晰看到。矩形波的峰-峰值占 4. 6 格(DIV),若 Y 轴增益旋钮被拨到 2V/DIV,则矩形波的峰-峰值 $V_{p-p}=4.6\text{DIV}\times2\text{V/DIV}=9.2\text{V}$,最大值 $V_{MAX}=4.6\text{V}$。

(2)周期和频率的测量方法

1)正弦波的测量。周期 T 的测量是通过屏幕上的 X 轴来进行的。当适当大小的波形出现在屏幕上后,应调整其位置,使其容易对周期 T 进行测量,最好的办法是利用其过零点,将正弦波的过零点放在 X 轴上,并使左边的一个点位于某垂直刻度线上,如图 3-4 所示。

图 3-4 中所示正弦波周期占了 6. 5 格(DIV),如果扫描旋钮已被拨到的刻度为 5ms/

DIV，可以推算出其周期 $T=6.5\text{DIV}\times5\text{ms/DIV}=32.5\text{ms}$。同时，根据周期与频率的关系：

$$f=\frac{1}{T}$$

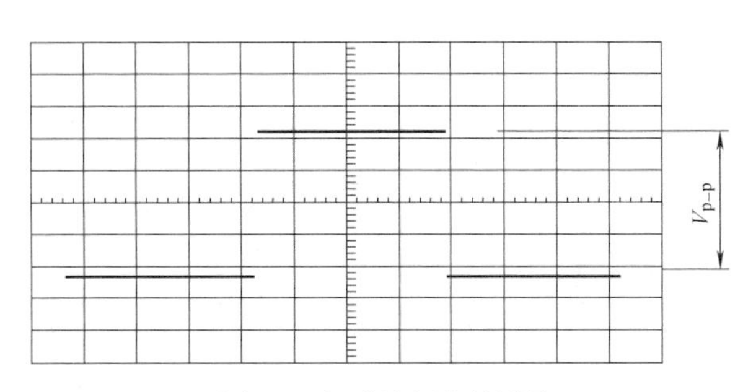

图 3-3　矩形波幅度的测量

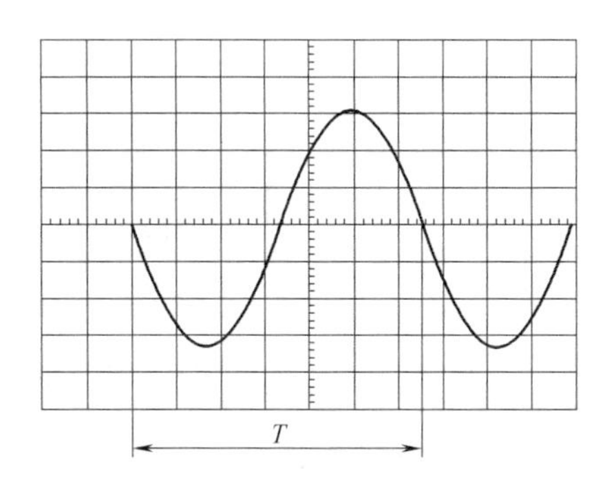

图 3-4　正弦波周期的测量

可推算出，正弦波的频率 $f\approx30.77\text{Hz}$。为了使周期的测量更为准确，可以用如图 3-5 所示的多个周期的波形来进行测量。

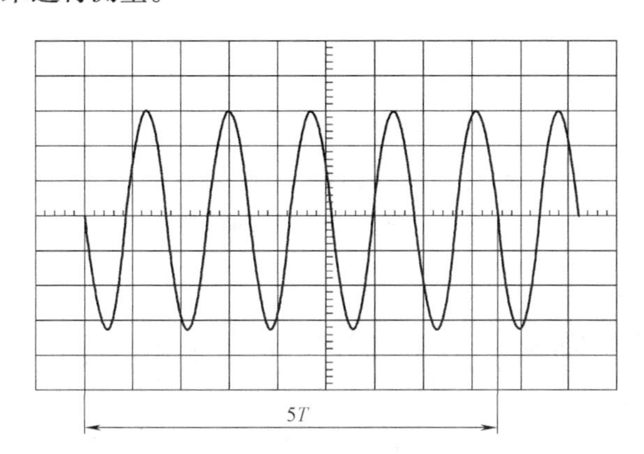

图 3-5　用多个周期的波形进行测量

2）矩形波的测量。矩形波周期的测量与正弦波相似，但由于矩形波的上升沿或下降沿在屏幕上往往看不清，因此一般要将它的上平顶或下平顶移到中间的水平线上，再进行测量，如图 3-6 所示。图中一个周期占用了 7.25 格（DIV），如果扫描旋钮已被拨到的刻度为 2ms/DIV，可以推算出其周期 $T=7.25\text{DIV}\times2\text{ms/DIV}=14.5\text{ms}$，频率 $f\approx68.97\text{Hz}$。

（3）上升时间和下降时间的测量方法　在数字电路中，脉冲信号的上升时间 t_r 和下降时间 t_f 十分重要。上升时间和下降时间的定义：以低电平为 0%，高电平为 100%，上升时间是电平由 10%上升到 90%时所使用的时间，而下降时间则是电平由 90%下降到 10%时使用的时间。测量上升时间和下降时间时，应将信号波形展开使上升沿呈现并达到一个有利于测量的形状，再进行测量，如图3-7所示。

图中波形的上升时间占了 1.78 格（DIV），如果扫描旋钮已被拨到的刻度为 20μs/DIV，可以推算出上升时间 $t_r=1.78\text{DIV}\times20\mu\text{s/DIV}=35.6\mu\text{s}$。脉冲信号在上升沿的两头往往会有冒头，称为“过冲”，在测量时，不应将过冲的最高电压作为 100%高电平。

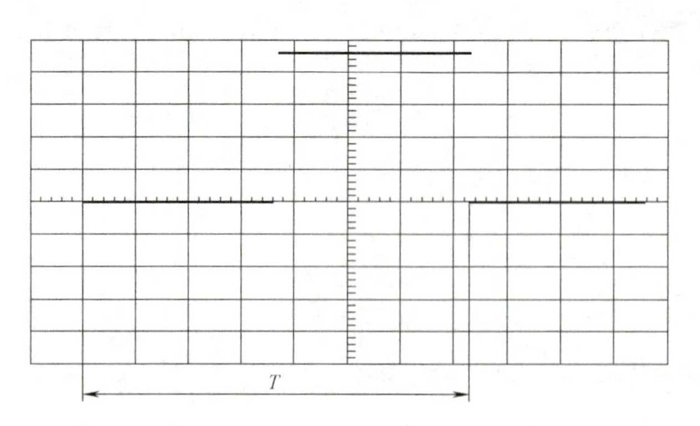

图 3-6 矩形波周期的测量

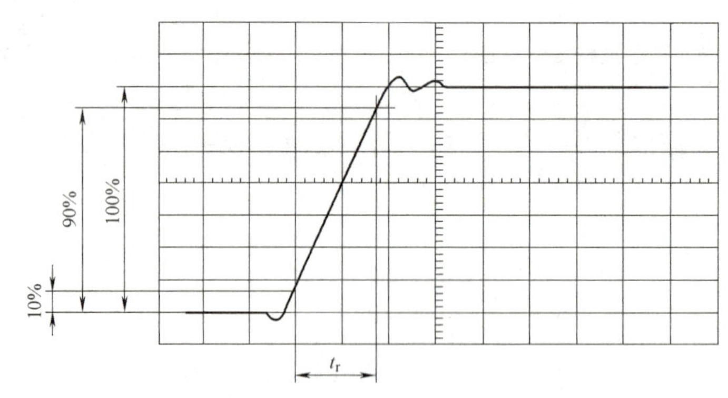

图 3-7 脉冲上升时间的测量

（4）测量正弦信号的相位差

1）双踪示波法。利用示波器的双踪显示原理，同时输入两个同频率的正弦信号。如图 3-8a所示，相位差为

$$\Delta\varphi=\frac{ab}{ac}\times360°=\frac{ab}{ac}\times2\pi\text{rad}$$

2）椭圆法。又称为李沙育图形法。将两个正弦信号分别送入示波器的 X 通道和 Y 通道，使示波器工作在 X-Y 显示方式，这时示波器的荧光屏上会显示出一个椭圆波形，如图 3-8b所示，相位差为

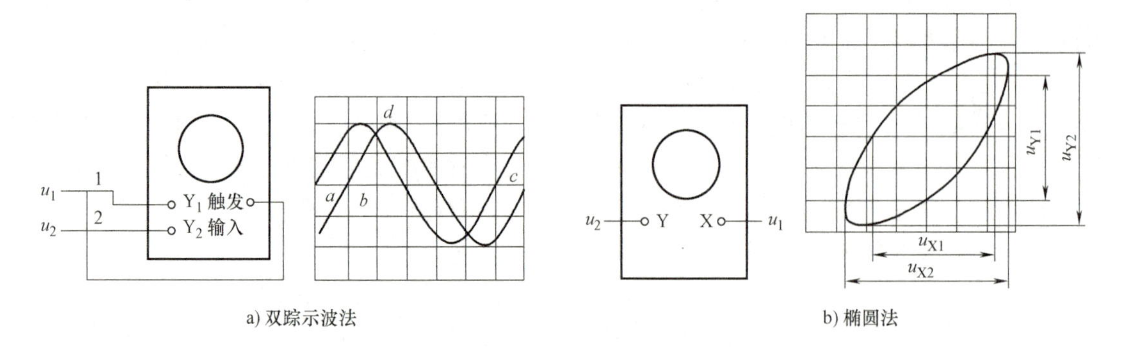

a) 双踪示波法　　b) 椭圆法

图 3-8 双踪示波法和椭圆法测相位

$$\Delta\varphi = \arcsin\frac{u_{X1}}{u_{X2}} = \arcsin\frac{u_{Y1}}{u_{Y2}}$$

使用注意事项

YB4320 双踪示波器的使用注意事项如下：

1）使用前必须检查电网电压是否与示波器要求的电源电压一致。

2）通电后需预热几分钟再调整各旋钮。注意各旋钮不要马上旋至极限位置，应先大致旋在中间位置，以便找到被测信号波形。

3）注意示波器的亮度不宜调得过亮，且亮点不宜长期停留在固定位置，特别是暂时不观测波形时，更应调暗，以免缩短示波管的使用寿命。

4）输入信号电压的幅度应控制在示波器的最大允许输入电压范围内。

5）示波器的探头有的带有衰减器，读数时需注意。

6）示波器进行定量测量时，一定要注意校准。由于示波器放大器的输入阻抗不够高，用它去测试电路时，会对被测电路造成影响，所以示波器一般使用探头输入。常见的为低电容、高电阻探头，它带有金属屏蔽层的塑料外壳，内装一个 *RC* 并联电路，其一端接探针，另一端通过屏蔽电缆接到示波器的输入端。

知识拓展

YB43020 双踪示波器的实物和面板如图 3-9 所示，控制键功能见表 3-4。

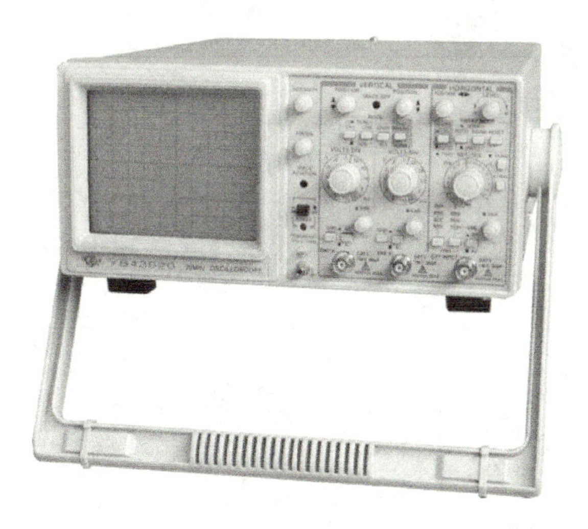

a) YB43020 双踪示波器实物

图 3-9　YB43020 双踪示波器的实物和面板

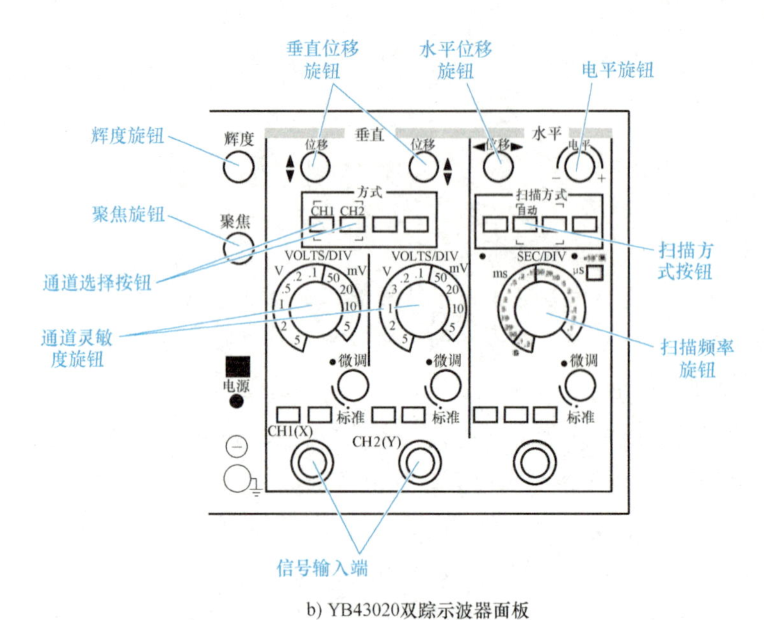

b) YB43020双踪示波器面板

图 3-9 YB43020 双踪示波器的实物和面板（续）

表 3-4 YB43020 双踪示波器控制键功能

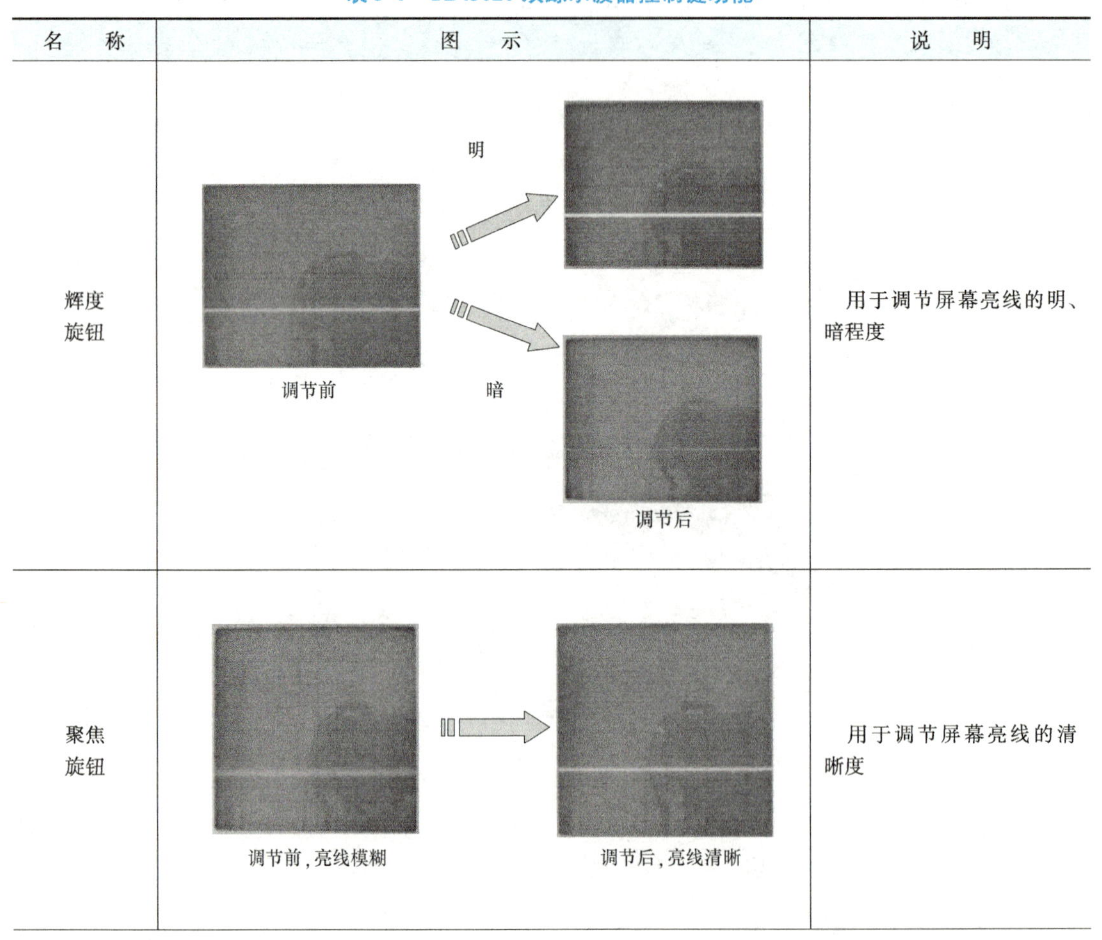

名　称	图　示	说　明
辉度旋钮	调节前 → 明 / 暗 → 调节后	用于调节屏幕亮线的明、暗程度
聚焦旋钮	调节前，亮线模糊 → 调节后，亮线清晰	用于调节屏幕亮线的清晰度

（续）

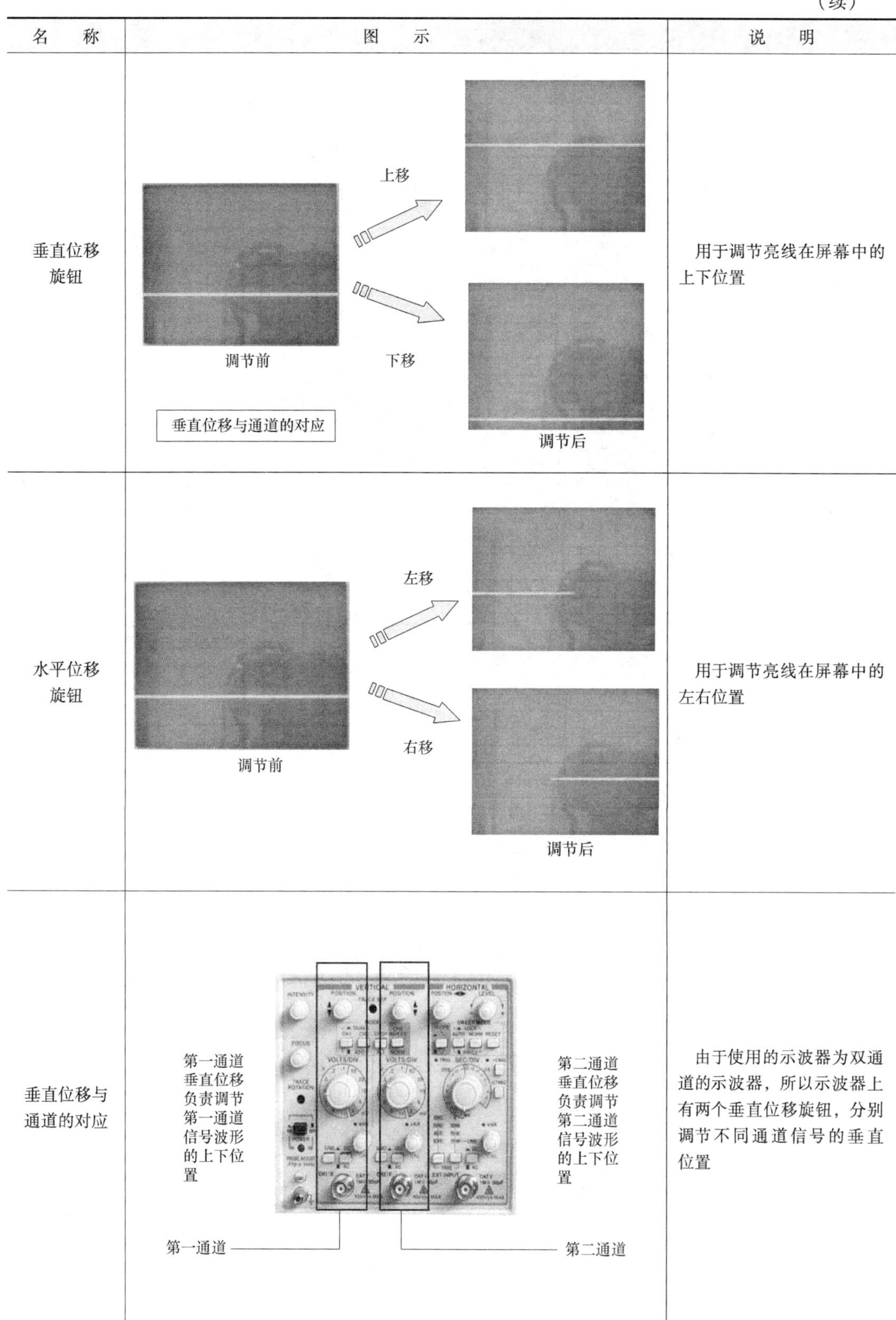

名　称	图　示	说　明
垂直位移旋钮	调节前；上移；下移；调节后；垂直位移与通道的对应	用于调节亮线在屏幕中的上下位置
水平位移旋钮	调节前；左移；右移；调节后	用于调节亮线在屏幕中的左右位置
垂直位移与通道的对应	第一通道垂直位移负责调节第一通道信号波形的上下位置；第二通道垂直位移负责调节第二通道信号波形的上下位置；第一通道；第二通道	由于使用的示波器为双通道的示波器，所以示波器上有两个垂直位移旋钮，分别调节不同通道信号的垂直位置

（续）

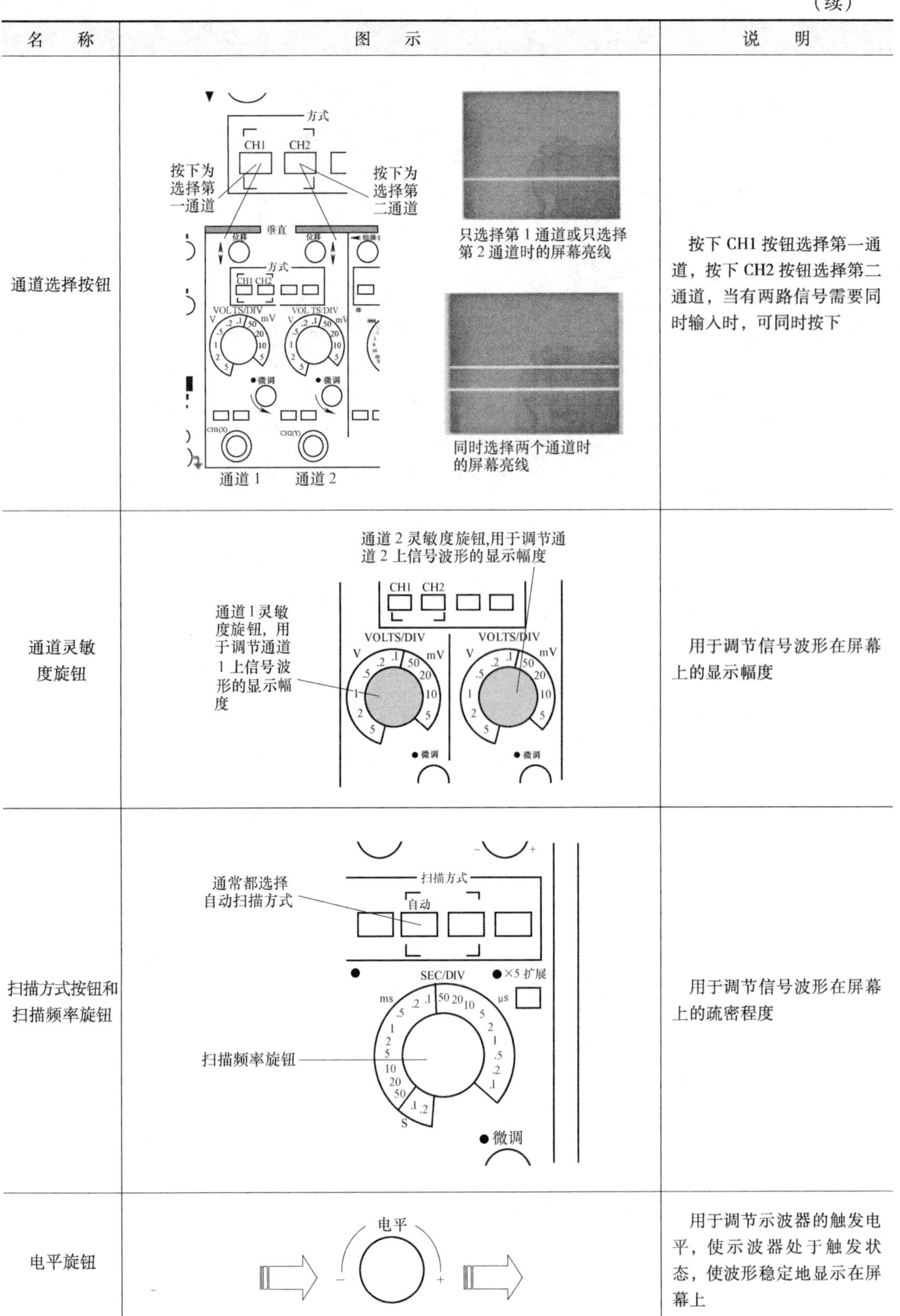

名　称	图　示	说　明
通道选择按钮	方式 CH1 CH2 按下为选择第一通道 按下为选择第二通道 垂直 位移 VOLTS/DIV 微调 通道1 通道2 只选择第1通道或只选择第2通道时的屏幕亮线 同时选择两个通道时的屏幕亮线	按下CH1按钮选择第一通道，按下CH2按钮选择第二通道，当有两路信号需要同时输入时，可同时按下
通道灵敏度旋钮	通道2灵敏度旋钮,用于调节通道2上信号波形的显示幅度 通道1灵敏度旋钮，用于调节通道1上信号波形的显示幅度 CH1 CH2 VOLTS/DIV 微调	用于调节信号波形在屏幕上的显示幅度
扫描方式按钮和扫描频率旋钮	扫描方式 自动 通常都选择自动扫描方式 SEC/DIV ×5扩展 扫描频率旋钮 微调	用于调节信号波形在屏幕上的疏密程度
电平旋钮	电平	用于调节示波器的触发电平，使示波器处于触发状态，使波形稳定地显示在屏幕上

（续）

名　称	图　示	说　明
信号输入端	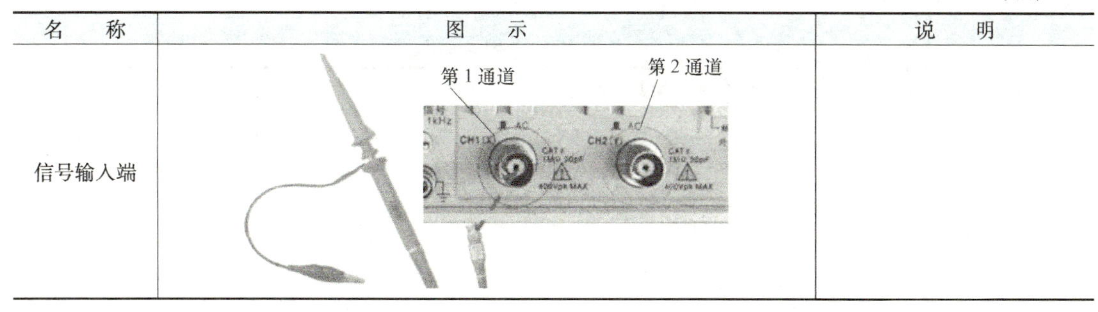	

任务二　数字存储示波器的使用

任务分析

具有波形存储功能的示波器称为存储示波器，而将信号以数字形式存储于半导体存储器中的示波器，称为数字存储示波器。

数字存储示波器的主要特点是具有良好的信号存储和数据处理能力，可以进行模拟示波器达不到的测量，例如捕捉尖峰干扰信号，测量被测信号的平均值、频谱，测量和处理高速数字系统的暂态信号等。数字存储示波器的主要技术指标包括取样速率、存储带宽、分辨率、存储容量和读出速度等。

控制系统由微型计算机组成的数字存储示波器称为智能化数字存储示波器，它是模拟示波器技术、数字化测量技术、计算机控制技术的综合产物，其内部采用了大规模集成电路和微处理器，整个仪器在控制程序的统一指挥下工作，效率得到了提高。

下面以 TDS3012B 数字存储示波器为例，介绍相关知识。

知识链接

1. TDS3012B 数字存储示波器的面板

TDS3012B 数字存储示波器的面板如图 3-10 所示。

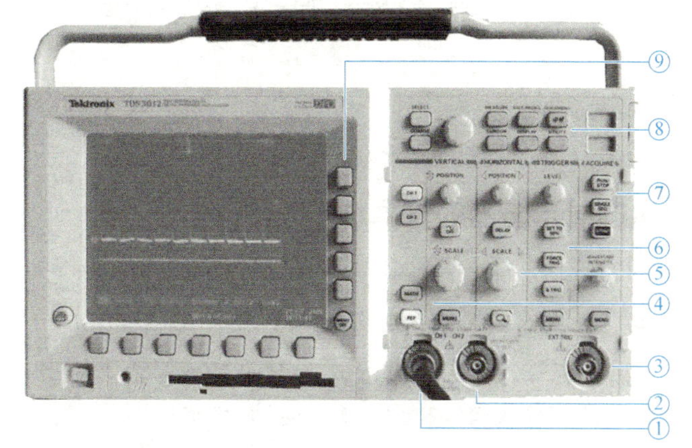

图 3-10　TDS3012B 数字存储示波器的面板

TDS3012B 数字存储示波器面板名称见表 3-5。

表 3-5 TDS3012B 数字存储示波器的面板名称

①—(CH1) 输入端	②—(CH2) 输入端	③—(EXT TRIG) 外触发输入端
④—VERTICAL（垂直系统控制区）	POSITION（垂直位移旋钮）；SCALE（调整刻度旋钮）；OFF（关闭操作菜单）；MENU（显示操作菜单）；通道操作菜单：CH1（通道 1）、CH2（通道 2）、MATH（数学运算）、REF（参考波形）	
⑤—HORIZONTAL（水平系统控制区）	POSITION（水平位移旋钮）；SCALE（调整刻度旋钮）；DELAY（延时旋钮）	
⑥—TRIGGER（触发系统控制区）	LEVEL；MENU；SET TO 50%；FORCE TRIG；B TRIG	
⑦—ACQUIRE（立即执行键区）	AUTO SET（自动设置）；RUN/STOP（运行/停止）；SINGLE SEQ（抓取一个波形）；WAVE FORM INTENSITY（调整波光强度）；MENU（显示操作菜单）	
⑧—功能键区	MEASURE；SAVE/RECALL；QUICK MENU；CURSOR；DISPLAY；UTILITY	
⑨—菜单操作键区	5 个灰色按钮，可以设置当前菜单的不同选项，不同的功能菜单不同	

2. 显示界面

TDS3012B 数字存储示波器的显示界面如图 3-11 所示。

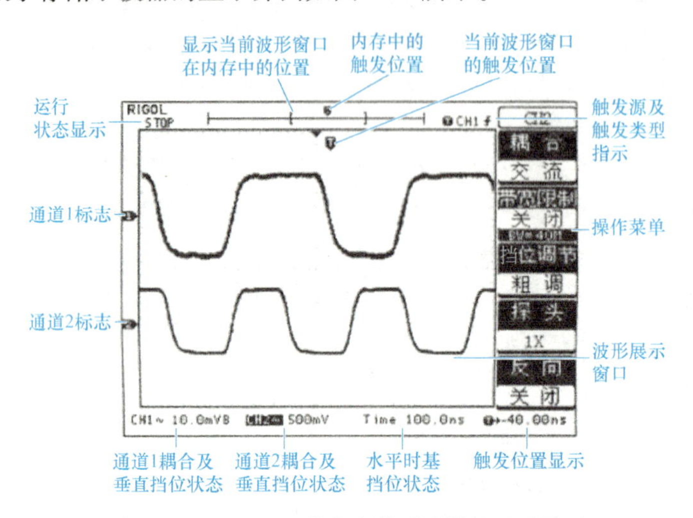

图 3-11 TDS3012B 数字存储示波器的显示界面

一、TDS3012B 数字存储示波器的基本操作

1. 设置通道耦合

[例 3-1] 被测信号是一含直流偏置的正弦信号，操作步骤如下：

1）按 CH1 耦合交流，设置为交流耦合方式，波形显示如图 3-12 所示。

2）按 CH1 耦合直流，设置为直流耦合方式，波形显示如图 3-13 所示。

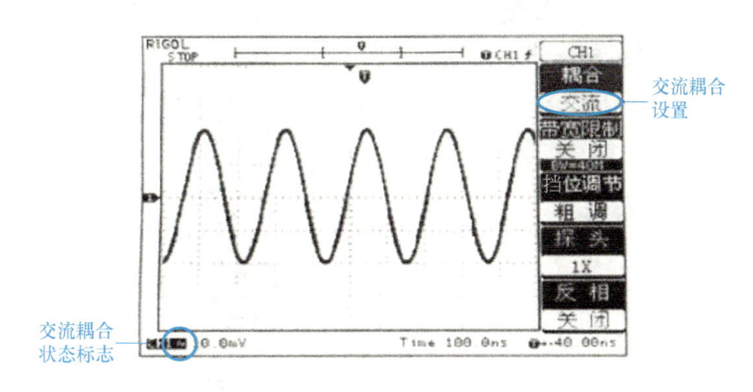

图 3-12　交流耦合方式波形显示

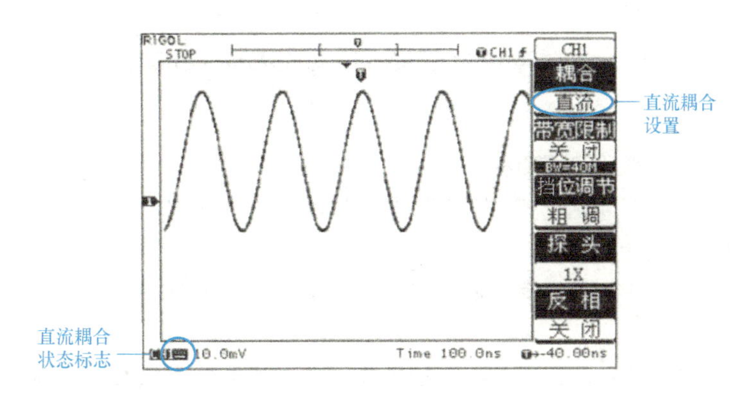

图 3-13　直流耦合方式波形显示

3）按 CH1 耦合接地，设置为耦合接地方式，在屏幕中心可显示一条水平线。

2. 设置通道带宽限制

［例 3-2］　被测信号是一含有高频振荡的脉冲信号，操作步骤如下：

1）按 CH1 带宽限制关闭，设置带宽限制为关闭状态。被测信号含有的高频分量可以通过，波形显示如图 3-14 所示。

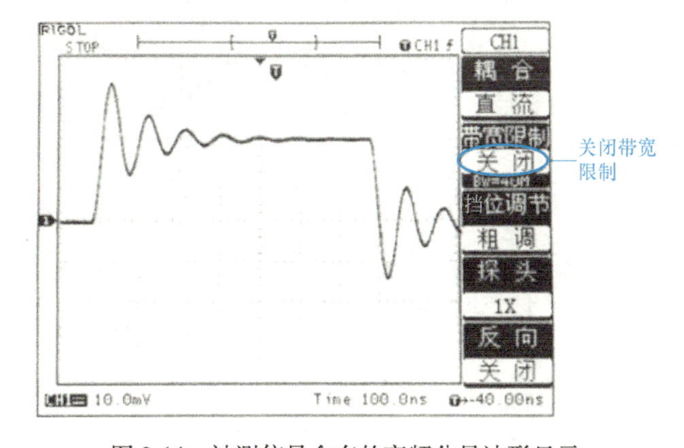

图 3-14　被测信号含有的高频分量波形显示

2）按 CH1 带宽限制打开，设置带宽限制为打开状态。被测信号含有的大于 20MHz 的高频分量被阻隔，波形显示如图 3-15 所示。

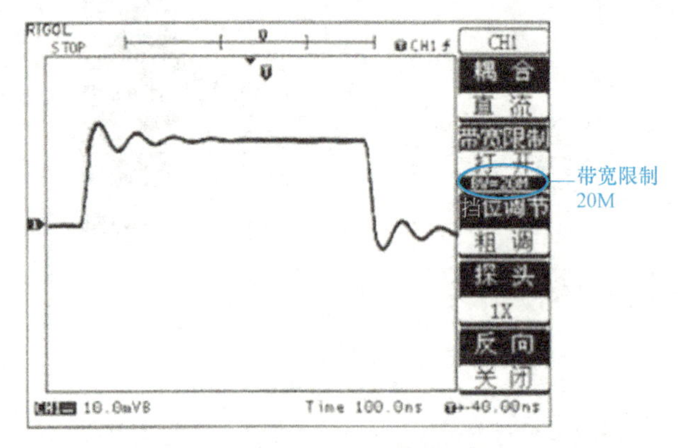

图 3-15　被测信号含有的大于 20MHz 的高频分量被阻隔波形显示

3. 挡位调节设置

垂直挡位调节分粗调和细调两种。

1）按 CH1 挡位调节粗调，设置垂直挡位为粗调，即按 1、2、5 进制在 2mV/DIV ~ 5V/DIV范围内设定垂直灵敏度。

2）按 CH1 挡位调节细调，设置垂直挡位为细调，可以观测信号细节。

4. 调节探头比例

为了配合探头的衰减系数，需要在通道操作菜单相应调整探头衰减比例系数。

［例 3-3］　使用 1000∶1 探头时的设置及垂直挡位的显示。操作步骤如下：

按 CH1 探头 1000×，设置探头的衰减系数为 1000∶1，被测信号垂直挡位显示如图 3-16 所示。

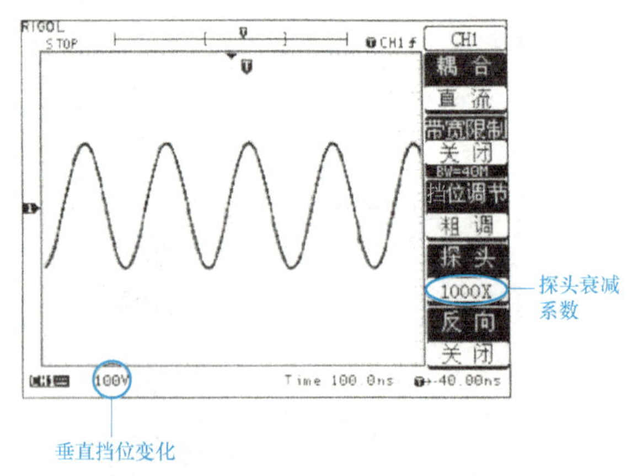

图 3-16　设置探头的衰减系数为 1000∶1 时，
被测信号垂直挡位显示

5. 波形反相的设置

波形反相显示的信号相对地电位翻转 180°，操作步骤如下：

按 CH1 反向关闭，被测信号波形不反相；按 CH1 反向打开，被测信号波形反相。

二、TDS3012B 数字存储示波器的应用实例

1. 测量简单信号

［例 3-4］　观测电路中一个未知信号，迅速显示和测量信号频率和峰-峰值。操作步骤如下：

1）将探头菜单衰减系数设定为 10×，并将探头上的开关设定为 10×。

2）将通道 1 的探头连接到电路被测点。

3）按下 AUTO SET（自动设置）按钮。

示波器将自动设置使波形显示达到最佳，再进一步调节垂直、水平挡位，直至波形的显示符合要求。

2. 进行自动测量

（1）测量峰-峰值　按如下步骤操作可以出现图 3-17 所示菜单。

1）按下 MEASURE 按钮以显示自动测量菜单。

2）按下 1 号菜单操作键以选择信源 CH1。

3）按下 2 号菜单操作键选择测量类型为电压 1-3。

4）按下 3 号菜单操作键选择类型为峰-峰值。

此时，可以在屏幕左下角发现峰-峰值的显示。

（2）测量频率　按如下步骤操作可以出现图 3-18 所示菜单。

图 3-17　测量峰-峰值菜单

图 3-18　测量频率菜单

1）按下 MEASURE 按钮以显示自动测量菜单。

2）按下 2 号菜单操作键选择测量类型为时间 3-3。

3）按下 3 号菜单操作键选择类型为频率。

此时，可以在屏幕下方发现频率的显示。

注意

显示在屏幕上的测量结果会因为被测信号的变化而改变。

［例 3-5］ 观察正弦波信号通过电路产生的延迟和畸变。

将示波器通道的探头衰减系数设置为 10×，将示波器 CH1 通道与电路信号输入端相接，CH2 通道则与输出端相接。

操作一：显示 CH1 通道和 CH2 通道的信号。

1）按下 AUTO SET（自动设置）按钮。

2）继续调整水平、垂直挡位直至波形显示满足的测试要求。

3）按 CH1 按键选择通道 1，旋转垂直系统控制区（VERTICAL）的 POSITION 旋钮，调整通道 1 波形的垂直位置。

4）按 CH2 按键选择通道 2，如前操作，调整通道 2 波形的垂直位置。使通道 1、2 的波形既不重叠在一起，又有利于观察比较。

操作二：测量正弦信号通过电路后产生的延时，并观察波形的变化。

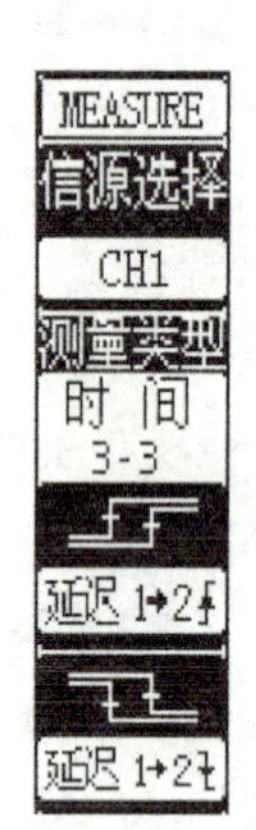

图 3-19 自动测量菜单

自动测量通道延时按如下步骤操作可以出现图 3-19 所示菜单。

1）按下 MEASURE 按钮以显示自动测量菜单。

2）按下 1 号菜单操作键以选择信源 CH1。

3）按下 2 号菜单操作键选择测量类型为时间 3-3。

4）按下 3 号菜单操作键选择类型，此时可以在屏幕的左下角发现通道 1、2 在上升沿的延时数值显示，如图 3-20 所示。屏幕左下角显示 Dly_A = 40.0μs，说明通道 1、2 在第一个上升沿的延时时间为 40.0μs。

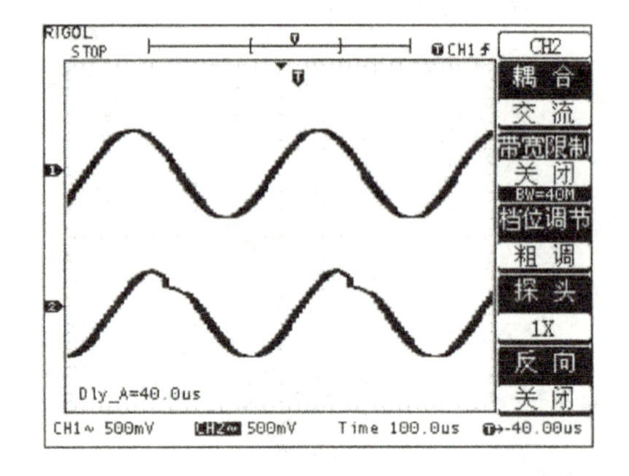

图 3-20 正弦波信号通过电路后产生的延时波形的变化

［例 3-6］ 应用光标测量。

示波器可以自动测量 15 种波形参数。所有自动测量参数都可以通过光标进行测量。使用光标可迅速地对波形进行时间和电压测量。

操作一：测量脉冲上升沿振铃（RING）的频率。

1）按下 CURSOR 按钮以显示光标测量菜单。

2）按下 1 号菜单操作键设置光标模式为手动。

3）按下 2 号菜单操作键设置光标类型为时间。

4）旋转垂直 POSITION 旋钮将光标 1 置于 RING 的第一个峰值处。

5）旋转水平 POSITION 旋钮将光标 2 置于 RING 的第二个峰值处。

图 3-21 所示光标菜单中显示出增量时间 ΔX = 98.0μs，频率（$1/\Delta X$）= 10.2kHz（测得的 RING 频率）。

操作二：测量脉冲上升沿振铃（RING）的幅值。

1）按下 CURSOR 按钮以显示光标测量菜单。

2）按下 1 号菜单操作键设置光标模式为手动。

3）按下 2 号菜单操作键设置光标类型为电压。

4）旋转垂直 POSITION 旋钮将光标 1 置于 RING 的峰值处。

5）旋转水平 POSITION 旋钮将光标 2 置于 RING 的波谷处。

图 3-22 所示菜单中显示以下测量值：

① 增量电压 $\Delta V = 222.0\mathrm{mV}$（RING 的峰-峰值）；② 光标 1 处的电压为 240.0mV；③ 光标 2 处的电压为 18.0mV。

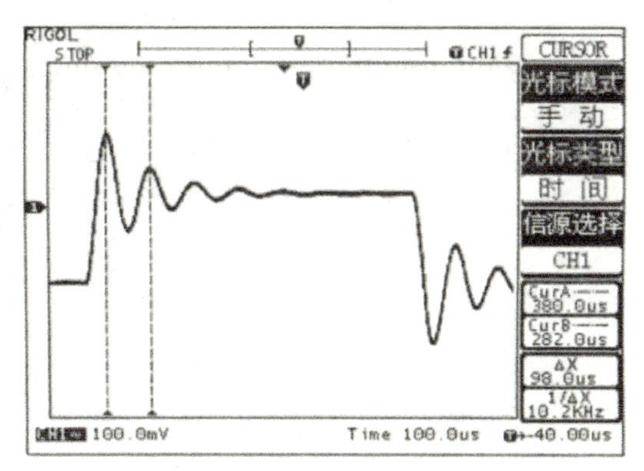

图 3-21　测量脉冲上升沿振铃（RING）的频率

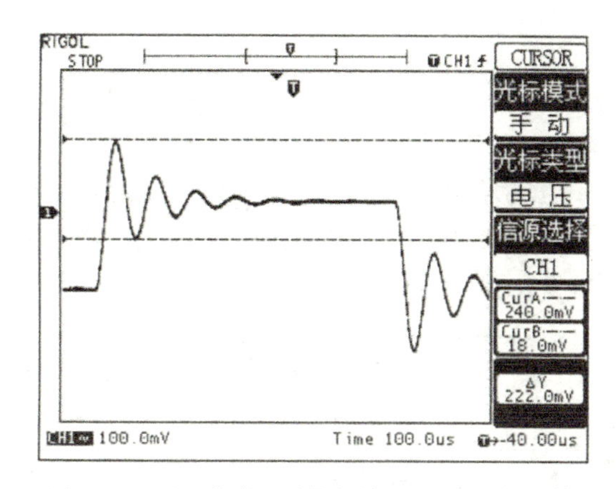

图 3-22　测量脉冲上升沿振铃（RING）的幅值

知识拓展

1. 示波器探头的作用

示波器探头的作用是直接探测被测信号，提供示波器的高输入阻抗，减小波形失真及展宽示波器的工作频带等，它必须在信号源和示波器输入之间提供足够方便优质的连接。连接的充分程度有物理连接、对电路操作的影响和信号传输三个关键的问题。

2. 示波器探头的结构形式

示波器探头由探头头部、探头电缆、补偿设备或其他信号调节网络和探针连接头组成，如图 3-23 所示。其中探头地线要接在示波器的接地位置。

3. 示波器探头的主要技术指标

探头原理电路如图 3-24 所示。

探头头部电容是指探头探针上的电容，是探头等效在被测电路测试点或被测设备上的电容。探头对示波器一端也等效成一个电容，这个电容值应该与示波器电容相匹配。对于 10× 和 100× 探针，这一电容称为补偿电容，它不同于探头头部电容。

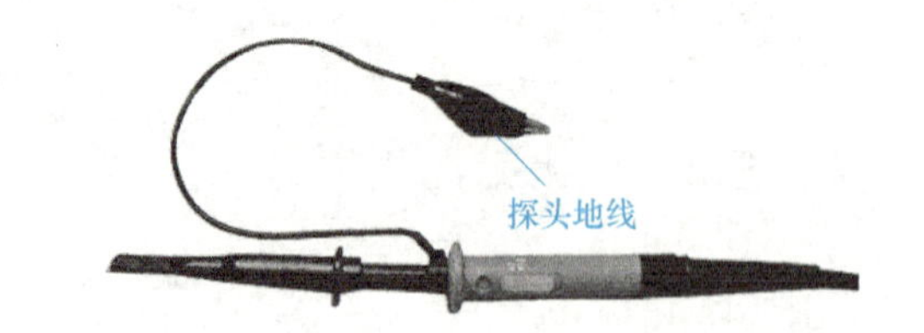

图 3-23 示波器探头的结构

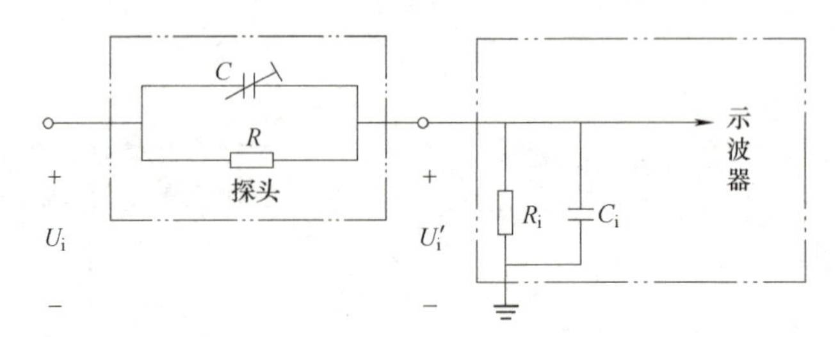

图 3-24 探头原理电路

4. 探头的使用

（1）探头阻容匹配 示波器的输入电阻虽然只有 1MΩ，但是与其并联的输入电容却根据机器种类的不同而有差异。即使是同一机种，每个通道上的输入电容也不相同，所以，改变了示波器和探针的组合，相应地也要改变探头的相位补偿，如图 3-25 所示。

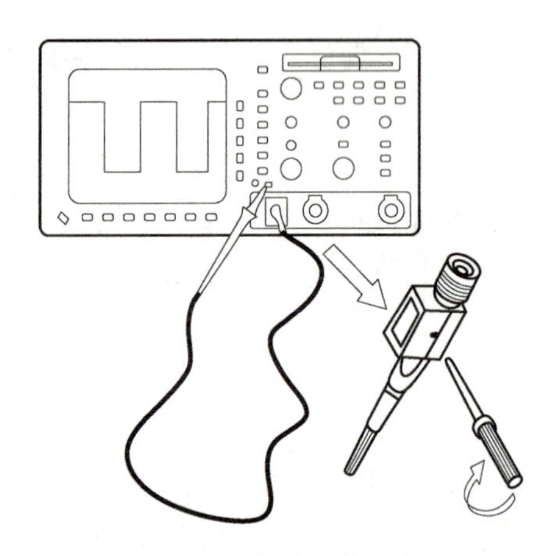

图 3-25 探头阻容匹配

（2）探头补偿方法 探头校准的方法是将探头与探头校准的方波信号输出端子相连，如必要可用非金属质地的螺钉旋具调整探头上的可变电容，直到屏幕显示的波形为“补偿正确”，如图 3-26 所示。

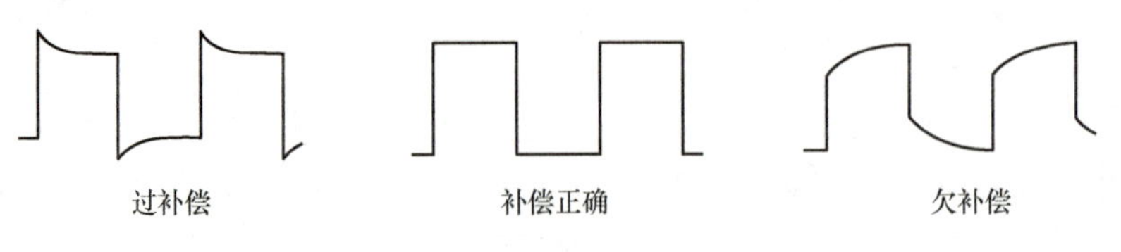

图 3-26 探头补偿

（3）探头衰减开关的选择　用探头测量大信号时，必须将探头衰减开关拨到×10 挡，此时输入信号缩小为原信号的 1/10，所以实际值要在读数的基础上扩大 10 倍，一般测量时，拨到×1 挡即可。数字示波器还要在操作界面更改设置，如图 3-27 所示。

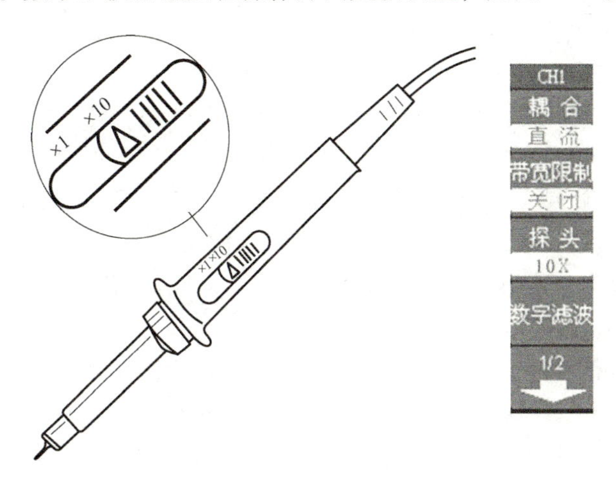

图 3-27　探头衰减开关的选择

项目评价

本项目评价表见表 3-6。

表 3-6　项目评价表

项目	模拟示波器、数字示波器的使用与测试						
班级		姓名		日期			
评价项目	评价标准	评价依据	评价方式			权重	得分小计
			学生自评（20%）	小组互评（30%）	教师评价（50%）		
职业素养	1. 遵守规章制度与劳动纪律 2. 按时完成任务 3. 人身安全与设备安全 4. 工作岗位 6S 完成情况	1. 出勤 2. 工作态度 3. 劳动纪律 4. 团队协作精神				0. 3	
专业能力	1. 仪器使用熟练 2. 测量方法正确 3. 读数准确无误	1. 操作的准确性和规范性 2. 工作页或项目技术总结完成情况 3. 专业技能完成情况				0. 5	
创新能力	1. 在任务完成过程中提出有自己见解的方案 2. 在教学或生产管理上提出建议，具有创新性	1. 方案的可行性及意义 2. 建议的可行性				0. 2	

思考与练习

1. 示波器有哪些主要特点？

2. 按用途及特点来分，示波器有哪些类型？

3. 在用 YB4320 型示波器观察波形时，应调节哪些开关或旋钮才能达到以下要求？

1）波形清晰，亮度适中；2）波形稳定；3）波形在荧光屏中央且大小适中；4）显示两周期的波形（设被测信号 $f=1\text{kHz}$）；5）显示校准信号的两路波形。

4. 设示波器的偏转因数开关置于 1V/DIV，时间因数开关置于 0.5ms/DIV，被测正弦波信号经×10 探头接入，波形峰-峰值点之间的距离为 4 格，周期占据 5 格，试求被测信号的峰值、有效值及频率。

5. 示波器上的信号测试线（同轴电缆）黑夹子和红夹子在测试信号时能否互换使用？如何正确使用黑夹子？

6. 当用示波器测“CAL”的波形时，试说明 Y 轴输入耦合方式选“DC”挡与“AC”挡有什么不同？

7. 示波器主要用于测量哪些参数？试简述用示波器测量正弦波信号的频率、周期、幅度的基本方法。

8. 简述 YB4320 型示波器 FOCUS、SCALE ILLUM、MAG×5、SLOPE 键的名称和功能。

9. 数字示波器有什么特点？

10. 简述使用 TDS3012B 数字存储示波器测量信号频率和峰值的操作方法。

11. 示波器显示的正弦电压如图 3-28 所示，$h=8\text{cm}$，$D_y=1\text{V/cm}$，若 $k=1:1$，求被测正弦信号的峰-峰值和有效值。

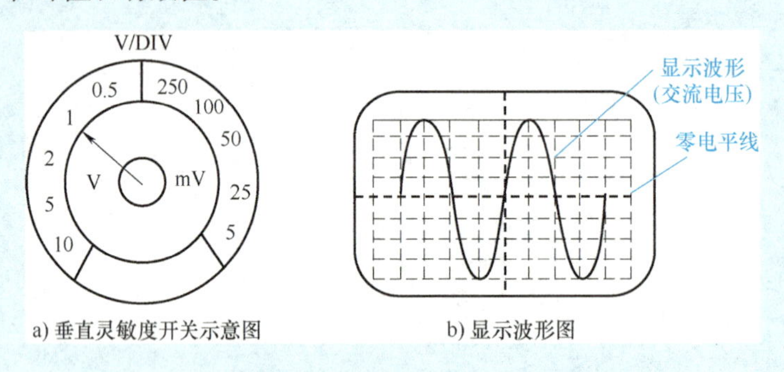

图 3-28　示波器显示的正弦电压

项目四 频率和时间测量

项目简述

在电子测量技术中，经常涉及对信号的频率、相位和时间等参数的测量。频率是最基本的参数，所以对频率的测量显得尤为重要。相位测量和时间测量是密切相关的，相互之间可以转化。

电子计数器及频率计是测量频率的常用仪器，同时亦可测量与频率相关的其他参量。

标准频率源

任务一 通用电子计数器的使用

任务分析

电子计数器是一种多功能的电子测量仪器。它利用电子学的方法测出一定时间内输入的脉冲数目，并将结果以数字形式显示出来。

电子计数器能够测量信号的频率、频率比、周期、时间间隔和累加计数等。分为通用电子计数器（又称频率-时间计数器）和频率计数器（又称为数字式频率计）。

频率——周期信号在单位时间内的变化次数，用 f 表示，单位是赫兹（Hz）。

周期——信号重复变化一次所需要的时间，用 T 表示，单位是秒（s），频率和周期的关系：$f=1/T$ 或 $T=1/f$。

电子计数器的型号不少，它们的基本使用方法是相同的。下面以 E-312A 型通用电子计数器为例，介绍相关知识。

知识链接

一、频段的划分及常用的测频方法

1. 频段的划分

国际上规定 30kHz 以下为甚低频、超低频段，30kHz 以上每 10 倍频程依次划分为低、中、高、甚高、特高、超高等频段。音频频段为 20Hz～20kHz，视频频段为 20Hz～10MHz，射频频段为 30kHz 至几十吉赫兹。

在电子测量技术中，常以 30kHz 为界，其下称为低频测量，其上称为高频测量；还有一种划分方法是以100kHz（或1MHz）为界，其下称为低频测量，其上称为高频测量。通常正弦波信号发生器是以第二种方法划分的。

2. 测量频率的方法

（1）无源测频法　无源测频法是利用电路的频率响应特性来测量频率的方法。无源测频法又分为谐振法和电桥法两种。谐振法用LC谐振回路，调节电容使其谐振频率与被测信号频率相同，此时回路电流最大，通过电表指示其频率值，这种方法多用于高频频段的测量。电桥法因调节不便，误差较大，已很少使用。

（2）有源比较测频法　有源比较测频法是将被测频率与一个标准有源信号相比较的测量方法。常用的有源比较测频法有拍频法、差频法和示波器测量法。

示波器测量法有李萨育图形法和测周期法两种测频方法。前者当频率比较高时，示波器显示的波形难以稳定，所以该方法适用于低频测量，但由于调节不便，已很少使用。用宽频带示波器通过测量周期的方法获得被测信号的频率值，虽然误差较大，但对于要求不太高的场合是比较方便的。

（3）计数法　计数法是利用电子计数器测量频率的方法。实质上，这种方法仍然属于有源比较测频法，计数法中最常用的测频方法是电子计数器测频法。

电子计数器测频法是利用电子计数器显示单位时间内通过被测信号的周期数来实现频率的测量，这是目前最好的测频方法。

本任务重点介绍电子计数器测量频率和周期的方法。

二、E-312A型通用电子计数器

E-312A型通用电子计数器是采用大规模集成电路的数字式仪器，采用LED显示，具有读数直观、测量快速准确和使用方便等优点。

1. 主要技术性能

E-312A型通用电子计数器的频率测量范围为10Hz～10MHz，闸门时间分为10ms、0.1s、1s和10s四种；周期测量范围为0.4μs～10s；脉冲时间间隔测量范围为0.25～(10^7-1)μs；具有A、B两个输入通道，频率比测量时A通道输入频率范围为10Hz～10MHz，B通道输入频率范围为1Hz～2.5MHz；计数时最大计数值为(10^8-1)。A、B两个输入端输入阻抗相同，输入电阻≥500kΩ，输入电容≤30pF；使用8位LED显示，十进制读数，单位为kHz，小数点可自动定位。

E-312A型通用电子计数器的工作方式有自动复原、人工复原和保持三种。自动复原为0.2s+测量时间，人工复原需按人工复原键后测量才能重新开始，在保持位置则保持显示的读数不变。晶振标准频率为5MHz，频率准确度为$\pm5\times10^{-8}$，频率稳定度为1×10^{-8}/日。

2. 控制面板

E-312A型通用电子计数器的控制面板布局如图4-1所示，各部分的名称和功能见表4-1。

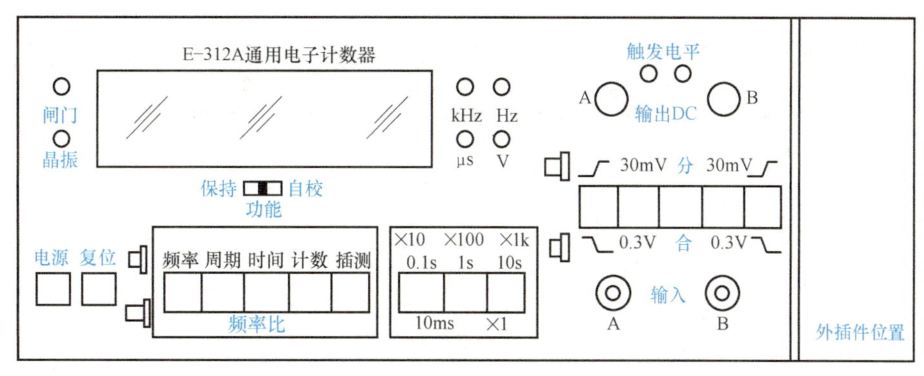

a) 前面板

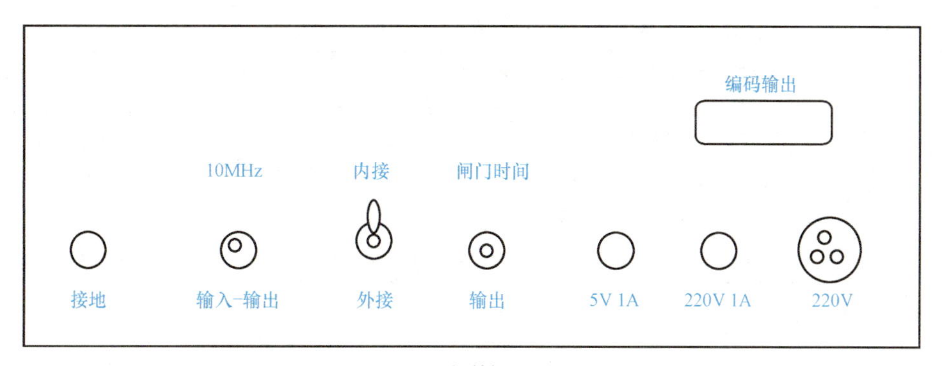

b) 后面板

图 4-1　E-312A 型通用电子计数器的控制面板布局

表 4-1　E-312A 型通用电子计数器各部分的名称和功能

名　　称	功　　能
电源开关	按下开关即为机内电源接通，仪器可正常工作
复位键	每按一次，产生一次人工复位信号
功能选择模块	由一个三位拨动开关和五个按键组成，当拨动开关处于右边位置时，整机执行自诊断功能，显示 10MHz 钟频，位数随闸门时间不同而不同；拨动开关处于左边位置时，拨动前测得的数据保持显示不变（拨动开关处于上述二位置时，5 个按键失去作用）；当拨动开关处于中间位置时，整机功能由 5 个按键的位置决定，5 个按键完成 6 种功能的选择，按下“频率”键时，仪器进行频率测量；按下“周期”键时，仪器进行周期测量；按下“时间”键时，仪器进行时间间隔测量；按下“计数”键时，仪器进行计数测量；按下“插测”键时，仪器进行功能扩展测量。5 个按键之间为互锁关系，5 个键中只能按下其中之一，当 5 个全部弹出时，仪器进行频率比测量
闸门选择模块	由三个按键组成，可选择 4 挡闸门和相应的 4 种倍乘率。按下“0. 1s（×10）”键时，仪器选通 0. 1s 闸门或 10 倍乘；按下“1s（×100）”键，仪器选通 1s 闸门或 100 倍乘；按下“10s（×1k）”键，仪器选通 10s 闸门或 1000 倍乘；3 个键都弹出时，仪器选通 10ms 闸门或×1。至于是闸门还是倍乘，应同时结合功能选择而定，进行频率、自校测量时，选择的为闸门；进行周期、时间测量时选择的是倍乘率
闸门指示	闸门开启，发光二极管亮（红色）
晶振指示	发光二极管亮（绿色），表示晶体振荡器电源接通
显示器	8 位七段 LED 显示，小数点自动定位

（续）

名　称	功　能
单位指示	4种单位指示：频率测量用kHz或Hz（Hz单位供功能扩展插件用）；时间测量用μs；电压测量用V（供扩展插件用）
A输入插座	频率、周期测量时的被测信号，时间间隔测量时的启动信号以及A/B测量时的A输入，均由此处输入
B输入插座	时间间隔测量时的停止信号，A/B测量时的B信号，均由此处输入
分-合键	按下时为“合”，B输入通道断开，A、B通道相连，被测信号从A输入端输入；弹出时为“分”，A、B为独立的通道
输入信号衰减键	弹出时，输入不衰减地进入通道，按下时，输入信号衰减为十分之一后进入通道
斜率选择键	选择输入波形的上升或下降沿。按下时，选择下降沿，弹出时，选择上升沿
触发电平调节器	由带开关的推拉电位器组成，通过电位器阻值的调整完成触发电平的调节作用，调节电位器可使触发电平在-1.5~1.5V（不衰减）或-15~15V（衰减时）连续调节，开关推入为AC耦合，拉出为DC耦合
触发电平指示灯	表征触发电平的调节状态，发光二极管均匀闪烁表示触发电平调节正常，常亮表示触发电平偏高，不亮表示触发电平偏低
内插件位置	当插入功能扩展单元时，就能完成插测功能的扩展作用

3. 测量功能与使用说明

E-312A型通用电子计数器可进行自校、频率、周期、时间、计数、插测、A/B等七种功能。其中插测挡可作为E-312A仪器的功能扩展之用。

测量频率或周期时的被测信号、测频率比时的A信号（频率较高信号）、测时间间隔时的启动信号，都由A输入口输入；测频率比时的B信号、测时间间隔时的停止信号，都由B输入口输入。在面板上有频率选择器，可根据需要选择触发信号的上升沿或下降沿。触发电平旋钮可连续调节触发电平到最佳值。

测量频率时，若被测频率f_x高，可选择短闸门时间；反之，若f_x低则应选择长闸门时间。测量周期时，若周期长应选小倍乘率，否则测量时间会很长。

在计数器面板上设有“分-合”键。用于A、B两输入口的分、合控制。当按下“合”键时，B输入通道的插口被断开，只有A输入口可输入信号，这时A、B输入通道在内部相连。当为单线输入、测量时间间隔时需按下此键。A、B通道选用相同的频率触发，可用来测量被测脉冲信号的重复周期；选用不同的频率触发，可用来测量脉冲宽度或静止期。“合”键弹出时，A、B则为独立的输入通道。

功能选择和闸门时间选择通过在输入端接入不同的扫描位驱动脉冲来实现。在面板上按下某一功能按键后，集成电路内部则依照该按键的要求连接好内部电路，使测量逻辑功能发生相应变化。

1. 自校检查

在使用E-312A型通用计数器进行测量之前，可对仪器进行自校，以判断仪器工作是否

正常。

将前面板的三位拨动开关拨至“自校”挡，在闸门选择模块选择不同闸门，时标信号设为10MHz，显示的测量结果应符合表4-2所示的正确值。

表4-2　显示的测量结果

时标信号	闸门时间			
	10ms	0.1s	1s	10s
10MHz	10000.0	10000.00	10000.000	0000.0000

注：最低位上允许偶尔出现±1，单位为kHz

注意

10s挡测量数据的左上角光点亮，表示测量结果由于显示位数的限制而产生了溢出。

2. 频率测量

将前面板的功能选择模块中的三位拨动开关置于中间位置，意味着下面方块中的五种功能选择起作用，继而按下“频率”键，表示仪器已进入频率测量功能。闸门模块中的四挡闸门的选择通常可根据被测频率的数值而定，频率高时可选择取样率较高的短闸门时间，频率低时一般选择长闸门时间。

通道部分的“分-合”键弹出，由A输入端送入适当幅度（当输入幅度大时，可通过衰减器按键予以衰减）的被测信号。若被测信号为正弦波，则送入后即可正常显示；若被测信号是脉冲波、三角波、锯齿波，则需将触发电平调节推拉电位器拉出，调节触发电平，此时即可正常显示被测信号的频率。

3. 周期测量

将前面板的功能选择模块中的三位拨动开关置于中间位置，按下“周期”键，此时闸门选择模块的按键为倍乘率的选择，可根据被测周期的长短来选择倍乘率。被测周期短时，可选择适当倍乘以提高测量精度；被测周期较长可选择“10^0”键直接进行测量，这时若倍乘率选得太大就会等待很长时间才能显示测量结果或超出测量正常范围，甚至误认为机器工作不正常。

注意

由于该仪器输入灵敏度较高，当被测信号的信噪比较低时，一般应在输入端加接低通滤波器并适当选择倍乘率来提高测量的准确性。

周期测量时通道部分的按键操作：被测周期信号从A输入端输入，“分-合”键弹出，选择“分”的工作状态，当被测周期信号为正弦波、幅度小于0.3V、脉冲波幅度小于$1V_{p-p}$时，将衰减键弹出，被测信号不经衰减直接进入A通道。当被测信号幅度超出上述范围时，按下衰减键，被测信号衰减为十分之一后进入A通道。当被测信号为≥1Hz的正弦波时，可直接显示测量结果。当被测信号为脉冲波、三角波、锯齿波或低于1Hz的正弦波时，应将触发电平调节推拉电位器拉出，进行电平调节。电位器旋钮上的红点标志一般应选择指示在使触发灯闪跳区间的中心位置为宜。

4. 脉冲时间间隔测量

将前面板功能选择模块中的三位拨动开关置于中间位置，按下“时间”键，此时闸门选择模块的按键为取样次数的选择，可根据被测时间间隔的长短来选择取样次数。间隔较长时，应选择较小的取样次数或选择“10^0”键，直接测量时间间隔，这时如取样次数太大，同样会等待很长时间才能显示，或者超出正常测量范围。

触发电平调节——推拉电位器在本测量功能时始终可调，在适当幅度的作用下（单线时公用A路衰减器，双线时使用各自衰减器），调节电位器，使得触发电平指示灯闪跳，电位器旋钮上的红点标志一般应选择指示在使触发灯闪跳区间的中心位置为宜。

当整机用于单线输入时，“分-合”键置于“合”的位置，信号由A通道输入，两路斜率选择相同时可测量被测信号的周期，使用方法与周期测量相同，还可通过斜率选择开关选择上升沿或下降沿，从而测出被测信号的脉冲持续时间和休止时间。

当整机用于双线输入时，启动信号由A输入端输入，停止信号由B输入端输入，“分-合”键置于“分”的位置。此时动态范围为（0.1~3）$V_{p\text{-}p}$。

5. 频率比测量

将前面板的功能选择模块中的三位拨动开关置于中间位置，功能选择按键全部弹出，此时闸门选择模块的按键用来选择倍乘率。

“分-合”键置于“分”的位置，A路“斜率选择”键置于“┌”的位置，两路被测信号分别由A、B输入端输入。此时A通道频率范围为1Hz~10MHz；而B通道则为1Hz~2.5MHz。动态范围均为正弦波30mV~1V，脉冲波范围在（0.1~3）$V_{p\text{-}p}$。

6. 计数

将前面板的功能选择模块中的三位拨动开关置于中间位置，按下“计数”键，“分-合”键置于“分”位置，衰减器位置和触发电平调节——推拉电位器的位置均与频率测量时相同，信号由A输入端输入后，即可正常累计。计数过程中，若观察瞬间测量结果，可将三位拨动开关置于保持位置，显示即为被测值，若需要重新开始计数，只需按一次“复位”键就可。

7. 插测

E-312A直接测频的范围不宽，最高测量频率为10MHz。当需要测量更高频率时，要使用配套件中的内插件，对被测信号预定标（分频），以扩展测频范围。

将前面板的功能选择模块中的三位拨动开关置于中间位置，按下“插测”键，此时输入信号由内插件的输入插孔输入，根据不同的内插件，配合功能选择模块和闸门选择模块的各个按键，即可测量并显示10MHz以上频率值。

8. 应用实例

（1）行同步范围的测量　行同步范围是指电视机能维持同步状态的行频可调范围，测量过程如下：

将仪器置于频率测量方式，闸门时间为10s，把行振荡输出信号接入A输入端口，调节行振荡线圈，使仪器显示标准行频（15625Hz），同时电视机上出现稳定的图像。先调节行振荡线圈，使行频缓慢升高，直至屏幕上的图像出现失步，记下此时的频率读数。再调节行振荡线圈，使行频缓慢降低，直至屏幕上的图像又出现失步，记下此时的频率读数，则可得到行同步范围。一般要求行同步范围大于500Hz。

（2）行振荡脉宽的测量　将仪器置于时间测量方式，使A输入信号为上升沿触发，触发选择置于“+”，使B输入信号为下降沿触发，触发选择置于“-”，把行振荡输出信号同接入A端口和B端口，此时显示的读数即为行振荡脉冲宽度，正常脉冲宽度应为18～20μs。

（3）场振荡周期的测量　将仪器置于周期测量方式，选择周期倍率100，把场振荡输出信号接入A输入端口，调节A通道的触发电平，使其指示灯均匀闪烁，此时显示的读数即为场振荡周期，标准场振荡周期为20ms。

使用注意事项

E-312A型通用计数器使用注意事项如下：

1）当给该仪器通电后，应预热一定的时间，使晶振频率的稳定度达到规定的指标，一般预热约30min。如果不要求精确的测量，预热时间可适当缩短。

2）被测信号送入时，应注意电压的大小不得超过规定的范围，否则容易损坏仪器。

3）使用计数器时要注意周围环境的影响，附近不应有强磁场、电场干扰，仪器不应受到强烈的振动。

4）计数器在测量的过程中，由于闸门的打开时刻与送入的第一个计数脉冲在时间的对应关系上是随机的，所以测量结果中不可避免地存在着±1个字的测量误差，现象是显示的最末一位数字有跳动。为使它的影响相对减小，对于各种测量功能，都应力争使测量数据有较多的有效数字位数。适当地选择闸门时间或周期倍乘率即可达到此目的。

5）在进行各种测量前，应先进行仪器自校检查，以检查仪器是否正常。但自校检查只能检查部分电路的工作情况，并不能说明仪器没有任何故障。例如，无法给予A、B两输入电路是否正常的提示。另外，自校测量无法反映晶体振荡器频率的准确度。

6）使用时，应注意触发电平的调节，在测量脉冲时间间隔时尤为重要，否则会带来很大的测量误差。

7）使用时，应按要求正确选用输入耦合方式。

8）测量时，应尽量降低被测信号的干扰分量，以保证测量的准确度。

任务二　数字频率计的使用

任务分析

数字频率计是测量频率和周期最常用的仪器，由于它具有精度高、使用方便、测量速度快、可靠性高、测量范围宽、便于实现测量过程自动化等一系列优点，因此，在电子和无线电技术中，数字频率计已成为测量频率、时间和相关参数的主要仪器。

知识链接

下面以 DF3380 型频率计为例，介绍数字频率计的使用方法。

1. DF3380 型频率计面板

DF3380 型频率计面板如图 4-2 所示。

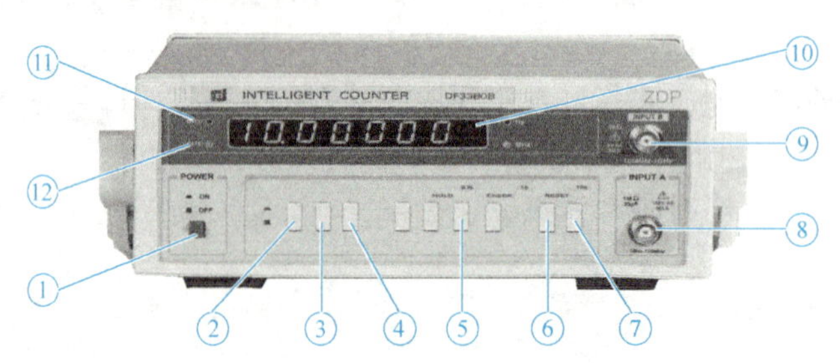

图 4-2　DF3380 型频率计面板

DF3380 型频率计面板各部分的名称和作用见表 4-3。

表 4-3　DF3380 型频率计面板各部分的名称和作用

名　　称	作　　用
①—电源开关（POWER）	按下时电源接通，弹起时电源断开
②—复位键（RESET）	按一下 RESET 键，所有显示数据清除、归零
③—保持键（HOLD）	按下时能记忆所显示数据
④—显示器测试键（DISPLAY TEST）	按下该键检查显示器是否完好，正常时 8 位七段 LED 和所有小数点及溢出指示 OVER灯全亮（除最高位小数点外）
⑤—分辨力选择键（RESOLUTION）	根据测量需要选择合适的分辨力
⑥—高频通道和超高频通道测量选择键（HF/UHF）	测量频率在 10Hz～60MHz 范围时选择 HF 键，测量频率超过 60MHz 时应选择UHF 键
⑦—测量范围选择键（10MHz/60MHz）	当测量频率在 10Hz～10MHz 时选择 10MHz，当测量频率在 10～60MHz 时选择 60MHz
⑧—HF 通道输入端口	
⑨—UHF 通道输入端口	
⑩—8 位 LED 显示窗	
⑪—溢出指示灯（VOER）	当计算器溢出时 VOER 灯亮
⑫—闸门指示灯（GATE）	当计数器处于测量状态时 GATE 灯亮，在数据撤换时该灯熄灭

2. DF3380 型频率计主要技术参数

DF3380 型频率计主要技术参数见表 4-4。

表 4-4　DF3380 型频率计主要技术参数

项目	性能指标	项目	性能指标
频率测量	① HF：10Hz～60MHz ② UHF：60～1200MHz ③ 测量灵敏度：优于 25mVrms	分辨力	① HF（10Hz～10MHz）：100Hz、10Hz、1Hz、0.1Hz；HF（10～60MHz）：1kHz、100Hz、10Hz、1Hz ② UHF：10kHz、1kHz、100Hz、10Hz

（续）

项目	性能指标	项目	性能指标
触发灵敏度	① HF：10Hz ~ 10MHz，不大于30mV；10~60MHz，不大于100mV ② UHF：60~700MHz，不大于50mV；700MHz~1GHz，不大于100mV	输入阻抗	HF：不小于1MΩ/50pF；UHF：50Ω

一、DF3380型频率计操作方法

频率计操作步骤

1）后面板输入220V±10%、50Hz电源，按下POWER键通电预热15min，可稳定工作。

2）将HOLD键置于释放状态，RESOLUTION选择HF—10Hz（UHF—1kHz）挡。

3）测量信号在10Hz~10MHz频段内时信号输入HF端，按下选择键HF及10MHz，这时候GATE灯熄灭，即告测量完毕，可从显示窗读出测量值。

4）测量信号在10~60MHz频段内时信号输入HF端，按下选择键HF及60MHz，这时候GATE灯熄灭即告测量完毕，可从显示窗读出测量值。

5）测量信号在60~1200MHz频段内时信号输入UHF端，按下选择键UHF，这样便可完成UHF频率测量。

6）在测量速度要求较高的情况下，RESOLUTION可选择HF—100Hz（UHF—10kHz）挡；反之，在测量较低频率时为得到足够的测量精度可选择HF—1Hz（UHF—100Hz）挡或更大。

7）当不需要前次测量所显示数据时，可按一次RESET键予以复位。

8）若对显示数据需要记忆时，可按下HOLD键锁住，需要新测量时再释放该键。

二、测量实例

例如用DF3380频率计测量电视机行扫描电路的行同步保持范围（行同步保持范围是指能使电视机维持同步状态的行频可调节范围）。测量连线如图4-3所示。

将电视信号发生器RF信号接至电视机的输入端，DF3380频率计选用HF通道，测试探头接至行振荡管VT304的射极R_{313}后。测量过程如下：

1）调节行振荡线圈L，使频率计DF3380显示正确的行频15625Hz，同时电视机屏幕上显示稳定的方格图像（或阶梯灰度图像）。

2）调节行振荡线圈L，使行频缓慢升高，直到屏幕上的图像出现失步，记下这时的频率值f_H。

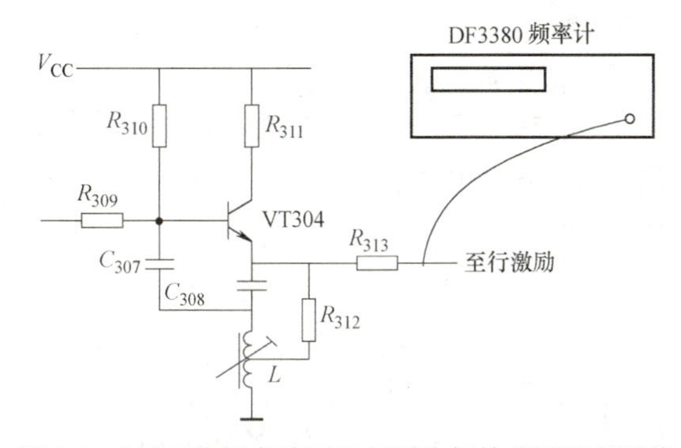

图4-3 DF3380频率计测量行同步保持范围测量连线

3）调节行振荡线圈 L，使行频缓慢降低，直到屏幕上的图像再次失步，记下此时频率计的读数 f_L。

4）f_H-f_L 值即为行同步保持范围，一般要求 $f_H-f_L>500\text{Hz}$。

一、SG1005J 直接数字合成信号发生器/计数器简介

SG1005J 直接数字合成信号发生器/计数器由大规模 CMOS 集成电路、超高速 ECL 电路、TTL 电路、高速微处理器等部分组成；内部电路采取表面贴片工艺，大大提高了仪器的抗干扰性和使用寿命；操作界面采用全中文、交互式菜单，并有效地利用按键资源，避免了用户频繁地按键操作，大大地增强了可操作性。功能方面，该仪器具有 TTL 波、正弦波、方波、三角波、调频、调幅、调相、FSK、ASK、PSK、线性频率扫描、对数频率扫描等信号发生功能，并且可以实现函数信号任意个数发生功能。主波信号频率最高 20MHz（SG1020），频率分辨力可达 10MHz。此外，仪器还具有频率测量、周期测量、正脉宽和负脉宽测量和计数的功能。

1. SG1005J 直接数字合成信号发生器/计数器外形结构

SG1005J 直接数字合成信号发生器/计数器外形结构如图 4-4 所示。

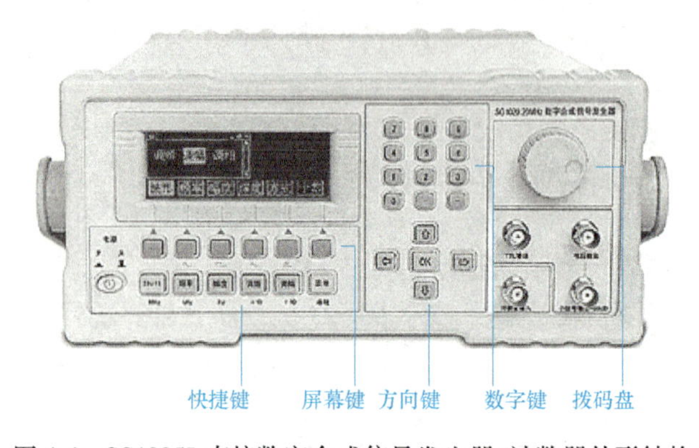

图 4-4 SG1005J 直接数字合成信号发生器/计数器外形结构

2. SG1005J 直接数字合成信号发生器/计数器面板功能简介

快捷键区包含“Shift”“频率”“幅度”“调频”“调幅”“菜单”6 个键，它们的主要功能是方便用户快速进入某项功能设定或者是常用的波形快速输出，主要可以分为以下两类：① 当显示菜单为主菜单时，可以通过单次按下“频率”“幅度”“调频”“调幅”键进入相应的频率设置功能、幅度设置功能、调频波和调幅波的输出。任何情况下都可以通过按下菜单键来强迫从各种设置状态进入主菜单。还可以通过按下“shift”键配合“频率”“幅度”“调频”“调幅”“菜单”键来进入相应的“正弦波”“方波”“三角波”“脉冲波”的输出，即为按键上面字符串所示；② 当显示菜单为频率相关的设置时，快捷键所对应的功能为所设置的单位，即为按键下面字符串所示。例如在频率设置时，可以按下数字键“8”，再按下“幅度”来输入 8MHz 的频率值。

注意

快捷键上所标字符的作用并不是在任何菜单下都有效，除了以上两种情况，快捷键均是无效的（不包括“菜单”键）。

屏幕键区是对应特定的屏幕显示而产生特定功能的按键，分别是“F1”“F2”“F3”“F4”“F5”和“F6”，它们是与屏幕一一对应的“虚拟”按键。例如通道1的设置中它们的功能分别对应屏幕的“波形”“频率”“幅度”“偏置”和“返回”功能。

数字键区是专门为了快速地输入一些数字量而设计的。它们由0~9的数字键、“·”和“-”12个键组成。在数字量的设置状态下，按下任意一个数字键的时候，屏幕会打开一个对话框，保存所按下的键，然后可以通过按下“OK”键输入默认单位的量或者根据相应的单位键来输入相应单位的数字量。

方向键区分为“⇧”“⇩”“⇦”“⇨”“OK”5个键，它们的主要功能是移动设置状态的光标和选择功能。例如设置“波形”的时候可以通过移动方向键来选择相应的波形，被选择的波形以反白的方式呈现。当作为计数器时，“OK”键为暂停/继续计数键，按下奇数次为暂停，偶数次为继续，“⇦”为清零键。

拨码盘又称旋转脉冲开关，当显示区的光标位于某个数值时，可调节该旋钮改变相应频率值。顺时针旋转递增，逆时针旋转递减。

注意

方向键是不可以移动菜单项的，菜单项是通过屏幕键来选择的。

（1）开机　正常加电或者执行“软复位”操作时，看到欢迎界面并伴随一声蜂鸣器的响声。欢迎界面大约停留1s，欢迎界面出现之后是仪器自检状态，如图4-5所示。当仪器自检通过后进入主菜单，如图4-6所示。

图4-5　开机自检

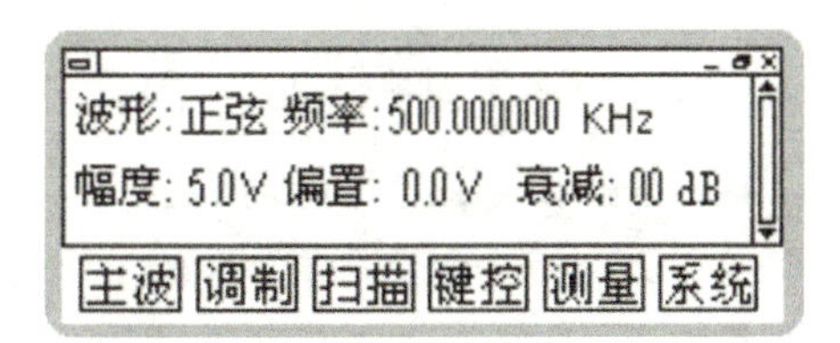

图4-6　主菜单

（2）操作范例

［例4-1］　产生一个20MHz、峰值5V、直流偏置-2V的正弦波。

主波设置：先开机，待自检结束后进入主菜单界面，在该界面按下“主波”菜单对应的屏幕键“F1”，进入“主波输出”二级子菜单，此时“波形”菜单被激活，如图4-7所示。

默认波形已经指向正弦，所以不需要移动（如果要产生方波，只需要按下右方向键即可）。

频率设置：按下“频率”菜单对应的屏幕键“F2”，“频率”菜单被激活，进入频率设置，如图 4-8 所示。系统默认频率为 10MHz，这时可以通过按下“调幅”“调频”“幅度”快捷键来选择显示的单位为 Hz、kHz、MHz。可以用三种方法来输入频率：①通过按方向键“⇦”“⇨”来移动选择光标，再通过“⇧”“⇩”来增加、减少频率值；②通过按方向键“⇦”“⇨”来移动光标，再通过“拨码盘”的逆时针、顺时针旋转来增加、减少频率值；③通过数字键输入，即进入频率设置状态后，当按下数字键区任意一个按键后，屏幕会打开一个小窗口来等待输入，键入相应的数字后，按“OK”键可以按照当前的单位输入频率值，也可以按快捷键的单位功能来输入以 Hz、kHz、MHz 为单位的频率值。

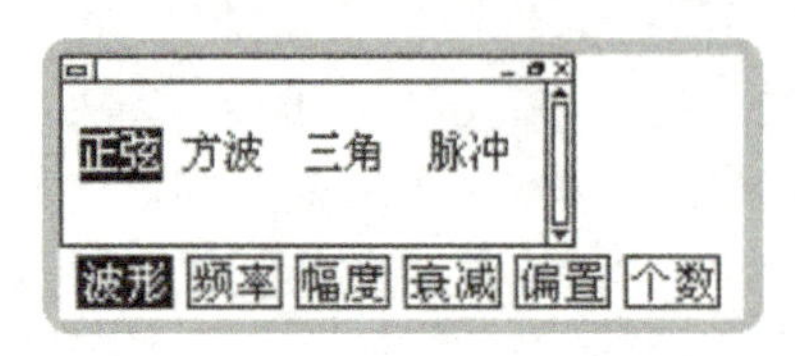

图 4-7 主波设置

图 4-8 频率设置

用同样的方法选择“幅度”“偏置”菜单，并输入幅度为 5V，偏置为-2V，这样，要求的波形就输出了。

[例 4-2] 测频/计数。

进入主菜单或者通过按“菜单”键进入主菜单后，按“测量”菜单对应的屏幕键“F6”即可进入测量二级子菜单，如图 4-9 所示。

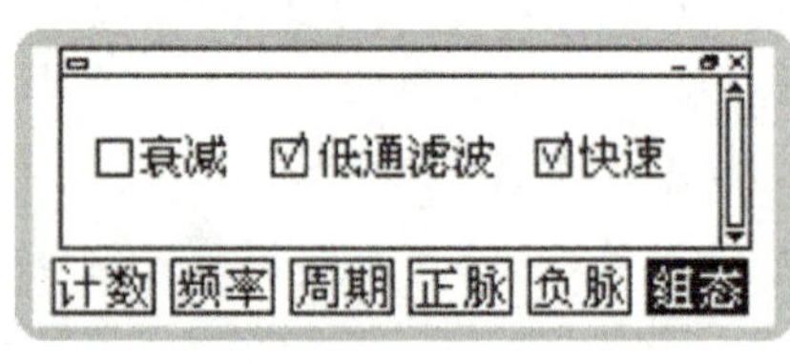

图 4-9 测频/计数

通过按“频率”所对应的屏幕键“F2”来实现测频。

注意

频率测量量的表示是仪器自动刷新显示的，并且显示单位也是自动完成的，只需要设置好测量闸门时间和组态状态即可。

二、相位计（相位频率计）简介

相位的测量又称相位差的测量，是指对两个正弦波之间相位差和频率的测量。它广泛应用于研究多项系统中各路信号之间的相位和频率关系。

相位测量的方法主要有示波器法、比较法和只读法等。示波器法是运用示波器来测量相位差，其直观性强，但精确度较低。

1. 比较法测量相位差

比较法测量相位差的原理是将一路直通信号和一路经移相的信号分别送入相位平衡指示器，根据比较结果直接读出两路信号的相位差。比较法测量相位差的原理框图如图 4-10 所示。

为了保证测量的准确性，对可调移相器的要求是等幅移相并且刻度有足够的准确度；相位平衡指示器要求有较高的灵敏度。在音频时，可用耳机作指示器；在高频时，可用电子电压表作指示器。

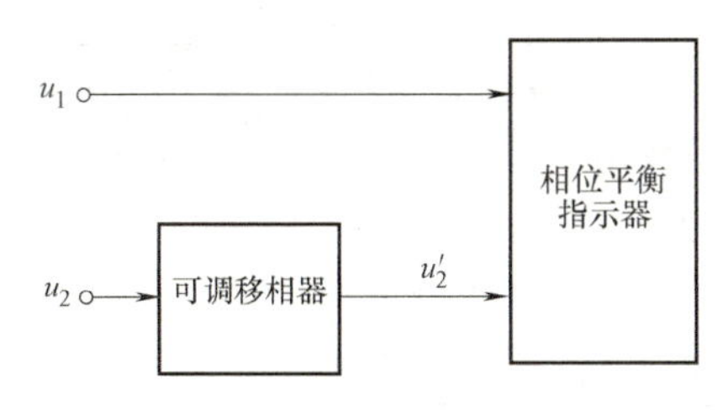

图 4-10　比较法测量相位差的原理框图

2. 直读法测量相位差

直读法测量相位差就是将被测相位差转换为与之成比例的电压、电流或时间，再测量出变换后的电压、电流或时间。下面介绍的平均值数字相位计就是使用直读法测量相位差的一种仪器。

平均值数字相位计是一种直读法测量相位的仪器。其基本原理是先将被测相位差转换为与之成正比例的时间差，然后通过数字频率计测量出该时间差，根据时间差与相位差的关系，最后获得相位差的大小。平均值数字相位计的原理框图如图 4-11 所示，主要由脉冲形成电路、门控电路、闸门电路、计数器、显示器、晶体振荡器和分频器等部分组成。

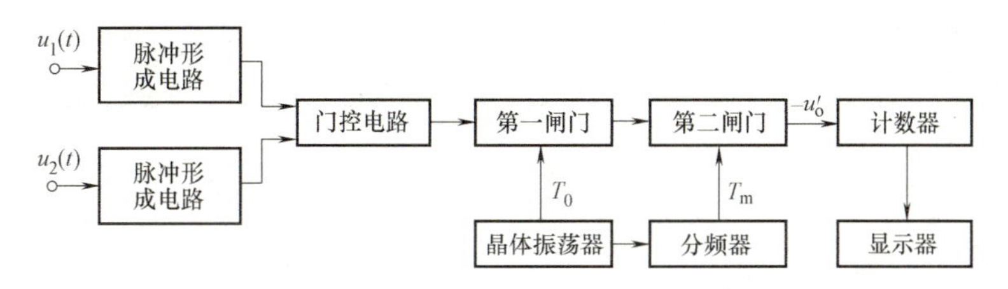

图 4-11　平均值数字相位计的原理框图

3. 常用数字式频率计、相位计的主要参数。

常用数字式频率计、相位计的主要参数见表 4-5。

表 4-5　常用数字式频率计、相位计的主要参数

型号与名称	测量范围	输入灵敏度	精　度	备　注
PW-2 型外差式频率计	50kHz ~ 30MHz	2mV	$\pm1\times10^{-4}$	
E-312A 型电子计数器	10Hz ~ 10MHz	100mV ~ 3V	2×10^{-7}/日	有 A、B、C 输入通道
DF3360A 型数字频率计	10Hz ~ 500MHz	50mV		
BX-21 型平均值数字相位计	0° ~ 360° -180° ~ +180° 10Hz ~ 1MHz	10mV	±0. 1±1 个字 ±0. 3±1 个字	

本项目评价表见表 4-6。

表 4-6 项目评价表

项目	通用电子计数器、数字频率计的使用							
班级		姓名		日期				
评价项目	评价标准	评价依据	评价方式				权重	得分小计
			学生自评（20%）	小组互评（30%）	教师评价（50%）			
职业素养	1. 遵守规章制度与劳动纪律 2. 按时完成任务 3. 人身安全与设备安全 4. 工作岗位 6S 完成情况	1. 出勤 2. 工作态度 3. 劳动纪律 4. 团队协作精神					0.3	
专业能力	1. 仪器使用熟练 2. 测量方法正确 3. 读数准确无误	1. 操作的准确性和规范性 2. 工作页或项目技术总结完成情况 3. 专业技能完成情况					0.5	
创新能力	1. 在任务完成过程中提出有自己见解的方案 2. 在教学或生产管理上提出建议，具有创新性	1. 方案的可行性及意义 2. 建议的可行性					0.2	

思考与练习

1. 数字式频率计具有什么优点？
2. E-312A 通用计数器触发电平调节器功能是什么？
3. 简述 E-312A 通用计数器周期测量方法。
4. 写出 DF3380 频率计 RESET、HOLD、DISPLAY TEST 键的名称和功能。
5. SG1005J 直接数字合成信号发生器有哪些特点？
6. 简述 SG1005J 直接数字合成信号发生器产生一个 20MHz、峰值 5V、直流偏置-2V 的正弦波的操作步骤。
7. 试简述平均值数字相位计的工作原理。

项目五　信号频域测量

示波器是一种测量信号幅度随时间变化的仪器，这种测量称为时域测量。一个信号中含有很多不同频率的分量，就像我们听到的音乐中含有低音（低频）到高音（高频）分量一样。要想测量一个信号中不同频率分量的幅度（频域测量），必须利用频域测量仪器。频谱分析仪、失真度测量仪、调制度测量仪、扫频仪等仪器都是常见的频域测量仪器，本项目将分别介绍这些仪器的基本特性和使用方法。

任务一　自动失真仪的使用

DF4121A 型自动失真仪主要用来测量音频信号及各种音频设备的非线性失真，还可作为音频电压表使用，并能对放大器及各种音频设备进行信噪比和频率特性等的测试。该仪器具有测试精度高、体积小、质量轻、操作方便、性能可靠等特点。

由于该仪器具有电平自动校准和频率自动跟踪装置，因而适用于科研、生产、通信、教育、维修等场合的失真度测量。

图 5-1 所示为 DF4121A 型自动失真仪面板。

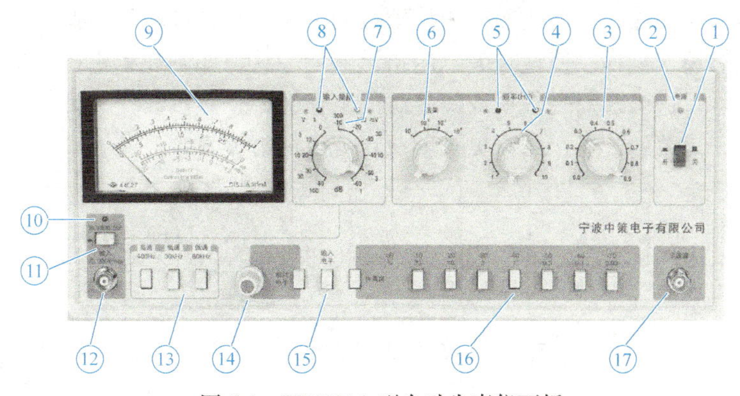

图 5-1　DF4121A 型自动失真仪面板

DF4121A 型自动失真仪面板各部分的名称和作用见表 5-1。

表 5-1　DF4121A 型自动失真仪面板各部分的名称和作用

名　称	作　用	名　称	作　用
①—电源开关	按钮按下表示开，弹出表示关	⑩—300V 衰减指示	灯亮时，表示 300V 衰减器已接入，此时实际输入量程比面板输入量程指示值大 10dB
②—电源指示灯	指示主机电源的通断	⑪—300V 衰减开关	当测量信号在 100~300V 时按下该开关；小于 100V 时弹出该开关
③、④—频率数值开关	③—改变失真度测量工作频率的后面一位数；④—改变失真度测量工作频率的前面一位数	⑫—测量输入端	送入被测信号
⑤—频率调谐指示	当被测信号频率低于失真仪工作频率时，左边指示灯亮；当被测量信号频率高于失真仪工作频率时，右边指示灯亮；频率调谐正确时，两指示灯均熄灭	⑬—滤波器	测量小失真度时，根据被测信号的工作频率接入相应的滤波器，按键按下为接入，按键弹出为断开
⑥—频段开关	改变失真度测量的频段	⑭—相对调节	功能开关在“相对电平”位置时使用。当需要测量放大器的信噪比或频率特性，而被测信号表头指示不满刻度时，可通过调节它使表头指示满刻度，以便读出电平的相对值
⑦—输入量程	以 10dB 步级衰减输入信号	⑮—功能开关	用于选择失真仪的工作种类
⑧—过、欠电压指示	输入电压过大时，左边指示灯亮；输入电压过小时，右边指示灯亮	⑯—失真度量程	失真度大小量程控制
⑨—测量表头	与测量量程配合，可读出失真度和电压等电量的大小	⑰—示波器插座	当需要观察被测信号的谐波波形时，可以从这里接至示波器

操作指导

接通电源，预热 10~15min，将输入量程开关置于最左边位置，失真度量程和滤波器按键全部弹出。

1. 失真度测量

将失真仪的功能开关置于“失真度”位置。图 5-2a、b 所示分别为测量信号源和被测电路的非线性失真系数的连接图。按照待测量信号的工作频率选择频率，按照被测信号的幅度大小改变失真仪的输入量程，使过、欠电压指示灯均熄灭。如发现频率调谐指示灯亮及表针指示不能变小，可以适当改变失真仪或信号源的工作频率，逐步改变失真仪输入量程，使测量表头处于最便于读数的位置，结合失真度量程就可测得失真度。

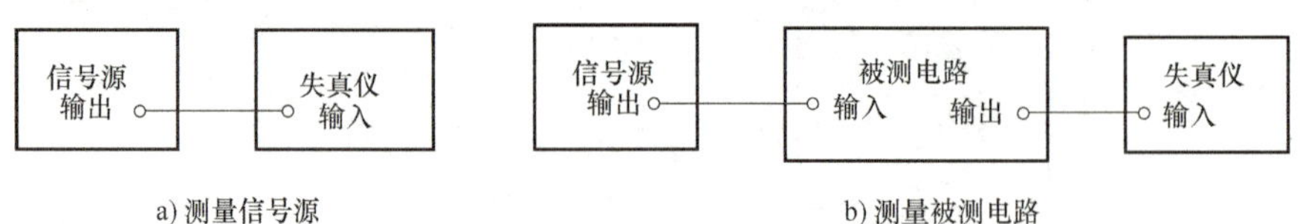

图 5-2　非线性失真系数的连接图

为了提高小失真度测量下限及测试精度，根据工作频率接入相应的滤波器。当输入信号大于100V时，须按下300V衰减开关。

2. 电压测量

将失真度的功能开关置于“输入电平”位置，滤波器按键全部处于弹出位置。将被测信号接至失真仪测量输入端，改变失真仪输入量程，使测量表头处于最便于读数的位置，结合输入量程和测量表头指示值就可读出被测电压的大小。在测量大于100V的电压时，须按下300V衰减开关。

3. 信噪比的测量

将失真度的功能开关置于“相对电平”位置，按图5-2b所示接线。调节信号源输出一定频率（如为1kHz）的正弦波信号，根据被测电路增益大小设置信号源输出衰减器，调整信号源输出电平，调节失真仪输入量程，使测量表头指针不超过满度值。设被测电路输出1~3V电压，失真度输入量程（设为*A*dB）置于“3V（10dB）”，调节“相对调节”旋钮，使测量表头指针满度，然后断开信号源，将被测电路输入端短路，保持“相对调节”旋钮不变，改变失真仪输入量程（设为*B*dB），使测量表头指针处于最便于读数的位置，读出测量表头指示dB值（设为*C*dB），则被测电路的信噪比（S/N）为*A*-*B*-*C*-(dB)。

如果在按下300V衰减开关时测量被测电路信号电平，而在弹起300V衰减开关时测量噪声电平，那么上述求得的信噪比还应加上10dB。

使用注意事项

DF4121A型自动失真仪使用注意事项如下：

1）在测量失真度时，有时可能测量表头指针不往下降，可以改变频段开关，然后再调回原测量频段，即可消除不调谐现象。

2）失真度量程按键全部弹出时，测量表头指针下降较慢，为了使它下降得快一些，可以置于30%以下更灵敏的量程，可能会出现打表针现象，但不会损坏测量表头。

知识拓展

1. KH4136A型全自动数字低失真度测量仪

KH4136A型全自动数字低失真度测量仪是一种全自动数字化的仪器，是根据当前不同领域科研、生产等用户群需要快速精确测量而设计的。最小失真测量达到0.01%，被测信号的电压、失真、频率全部由LED自动显示，采用真有效值检波。电压测量可在输入电压范围为300μVrms~300Vrms、频率范围为10Hz~550kHz内实现全自动测量；失真度测量可在输入电压范围为30mVrms~300Vrms、频率范围为20Hz~110kHz内实现全自动测量，失真测量范围为0.01%~30%。该仪器具有不平衡输入电压和失真测量的功能，同时还具有测量S/N（信噪比）、SINAD（信杂比）的功能。幅度显示单位可为V、mV、dB，失真度显示单位可选择%或dB，S/N、SINAD显示单位为dB。该仪器内设400Hz高通、30kHz和80kHz低通滤波器，方便用户使用。

2. 控制面板描述

（1）控制面板　KH4136A型低失真度测量仪控制面板如图5-3所示。

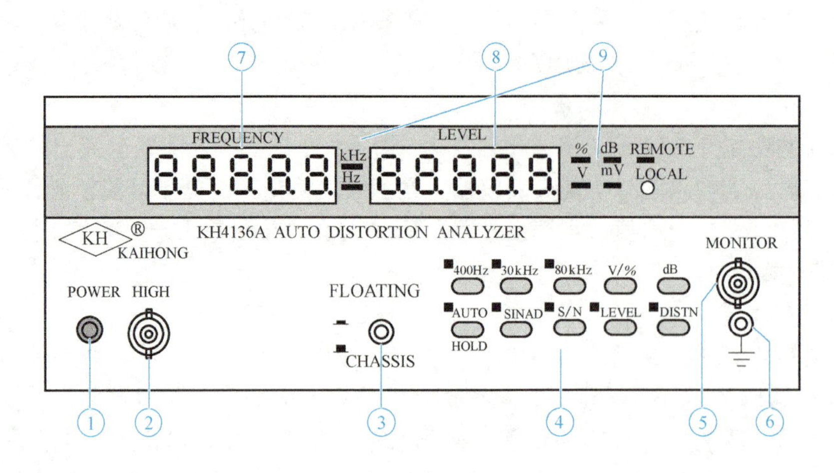

图 5-3　KH4136A 型低失真度测量仪控制面板

（2）各部分功能和作用

① 电源开关：将仪器电源线插入仪器后面板插座中，另一端接 220V 交流电源，再按下此键即接通电源。

② 被测信号输入端“HIGH”插座：不平衡信号接入端。

③ 浮地、接地“FLOATING/CHASSIS”选择按键：它是专为环境干扰大时而设置的。按下此键，机箱与内部电路断开，机箱通过接地端子接大地起到了屏蔽作用，一般情况下不使用浮地键。

④ 按键控制区：

◆ 400Hz（HP）键：400Hz 的高通滤波器。当被测信号大于 400Hz 时，按下此键可基本消除 50Hz 电源干扰，特别是在测量小信号失真时按下此键，可提高小失真的测量准确度。

◆ 30kHz、80kHz（LP）键：低通滤波器，可根据需要选择。当测量信号谐波失真时，10kHz 以下的信号可按下 30kHz 低通以消除高频噪声，20kHz 以下的信号可按下 80kHz 低通以消除高频噪声。

◆ V/%、dB 键：选择电平的显示方式。电压测量时，可选择 V、dB 显示；失真测量时，可选择%、dB 显示。S/N 和 SINAD 测量只用 dB 指示。

◆ AUTO 键：专门用于锁定滤谐网络。当对复杂信号进行失真测量时，频率测量准确度可能降低，为防止网络误动，可按下此键，锁定网络，以便准确滤谐。如果锁定的不是要测量的信号频率，需送入一个失真小的同频率信号，按该键锁定该频率，再进行测量。自动跟踪频率时，对应该键指示灯亮，锁定频率时，指示灯灭。在程控状态下，可发命令“N2X”来锁定频率到 X 上。

◆ SINAD 键：信杂比测量。按下该键，对应指示灯亮，即进入 SINAD（信杂比）测量，显示单位为 dB。

◆ S/N 键：信噪比测量。在电压测量状态下，按下此键，对应指示灯亮，再按动信号源上的 OFF 键（如果所用的信号源无此功能，也可将被测设备输入端短路），即可进行 S/N（信噪比）测量，显示单位为 dB。

◆ LEVEL 键：电平测量。按下此键，对应指示灯亮，进入电压自动测量状态。

◆ DISTN 键：失真度测量。按下此键，对应指示灯亮，进入失真度测量状态，首次进入失真测试状态测试时间一般大于 6s，此后再测试，则可较快得出准确结果。一般被测信号频率低、滤谐时间长，频率高、滤谐时间短。当电平显示“LOW”时，表示输入信号低于测量幅度要求，增大输入信号幅度即可，**注意测量信号的输入范围。**

◆ LOCAL 键：此按键是专门为远程控制设计的，在远程工作下“REMOTE”灯亮。在这种情况下，如果本机未收到本地封锁命令（LLO），则除 LOCAL 键外，其他按键无效，此时按 LOCAL 键则可回到本地工作状态（此时 REMOTE 灯灭），面板上的按键设置有效；如果本机收到“LLO”命令，则面板上所有按键无效，只有收到回本地命令“GTL”，才可回到本地操作状态。

⑤ 示波器 BNC 插孔：将示波器输入接到该插孔可直接观看被测信号的波形或滤谐后的谐波波形，该输出端输出阻抗为 600Ω。

⑥ 接地端子：控制面板上的接地端子是机壳接地用的，在使用本仪器前，应首先将该接地端子与被测设备接地端子连接，再可靠地接入大地。

⑦ FREQUENCY 显示窗 ：被测信号的频率显示窗。

⑧ LEVEL 显示窗：显示被测信号的幅度、失真度、S/N 和 SINAD。

⑨ 单位指示灯：用于指示当前显示数值的单位量纲。

3. 操作指南

按下面板上的电源开关，仪器自动进入电压测量状态。

（1）电压测量　当测量不平衡电压信号时，只需将信号电缆接入本仪器的“INPUT”端，则被测的信号电压和频率就会自动显示出来。电压显示单位可通过按 V/% 或 dB 键设置。

（2）失真度测量　对不平衡信号的接入法同电压测量。被测信号电压应大于或等于 50mV，否则将显示“LOW”，按下 DISTN 键则进入失真测量，系统自动跟踪被测信号的电平和频率，无需任何操作，显示稳定后则可记录数据。失真度显示可选择 dB 或%显示，按失真键时，仪器自动选择%显示。

（3）SINAD 测量　对不平衡信号接入法同电压测量。按下 SINAD 键则进入信杂比测量，测量方法原理同失真度测量，显示单位为 dB。

（4）S/N 测量　对不平衡信号的接入法同电压测量。在电压测量状态下按下 S/N 键，本仪器首先显示被测设备输出端的电平，一般用 dB 显示。然后关闭信号源的输出或将被测设备输入端短路，此时仪器显示的 dB 数，即为被测系统的信噪比。

4. 失真度测试仪应用范例

本项测试可对放大电路的电压、频率、失真度三项指标进行测试，所用仪器包括 KH1653C 信号源、KH4136A 全自动失真度测试仪和双踪示波器，连接图如图 5-4 所示。

测试放大电路的输出失真度并通过示波器监视输出，可直接观察被测信号的波形，特别是在失真测量状态，使用者可直接观察到被测信号的失真主要是由哪次谐波形成的及滤谐状态，在小失真信号测量时，可以直接观察到整机的滤谐状态。

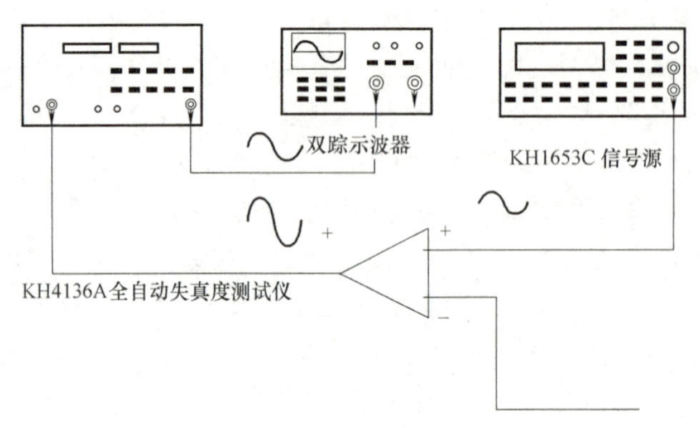

图 5-4 失真度测试仪连接图

任务二 调制度测量仪的使用

调制度是高频调制波的一个重要参数，如调幅波的调幅度（调幅系数）、调频波的调频指数、最大频偏等。这些参数的测量都需要用到调制度测量仪。

知识链接

QF4131 型调制度测量仪采用自动调谐和自动电平控制技术，能自动跟踪被测信号，测试快速、方便，适合在野外使用。

1. 主要技术性能

QF4131 型调制度测量仪的主要技术性能见表 5-2。

表 5-2 QF4131 型调制度测量仪的主要技术性能

射频输入	频率范围	9～12.5MHz，18～1000MHz
	输入抗阻	50Ω
	输入灵敏度	小于 600MHz 时优于 50mV；600～1000MHz 时优于 100mV
	最大允许输入	使用机内-6dB 衰减时，为 3V（有效值）
频偏测量	频率范围	1.5～15kHz，有 1.5kHz、5kHz、15kHz 三挡，经×1、×2、×10 三种倍率组成 9 个量程，由开关选择正（+）、负（-）频偏读数
	解调频率范围及误差	在 1.5kHz（及×2，×10）频偏量程位置上，解调频率范围为 50Hz～3kHz；其测量误差为满度值的+6%，其余量程解调频范围为 50Hz～9kHz，其测量误差为相应满度值的+6%
调幅度测量	量程范围	10%、30%、100%3 个量程，峰（+）、谷（-）条幅深度由开关选择读数
	解调频率范围及误差	在 10%量程，解调频率范围为 50Hz～3kHz，其测量误差为满度值的+10%；在 30%和 100%量程，解调频率范围为 50Hz～9kHz，其测量误差为满度值的+6%
中频输出电平		100mV

（续）

解调输出	频率范围	为 50Hz~9kHz，输出幅度≥1000mV，输出通带为 3kHz 和 15kHz，由开关选择
	调幅解调失真	当解调频率为 1kHz，调幅深度为 30%~80%，解调输出通带为 3kHz 时，失真≤1%
	去加重	750μs 由开关选择

2. 工作原理

QF4131 型调制度测量仪的原理框图如图 5-5 所示。整个仪器可分为高频、中频、解调和低频几个部分。其工作过程为：被测高频调制信号输入后，经机内 0dB/6dB 衰减器，送至混频器与本机振荡混频，产生 800kHz 的中频信号，经自动电平增益控制电路和中放选频放大，中频信号输出控制在 100mV 的恒定电平上，然后分 3 路：一路中频信号经放大电路，作为观察和扩展功能之用；另外两路分别被送到鉴频调幅检波进行解调。若被测信号是调频信号，由脉冲计数式鉴频器恢复其调制信号；若被测信号是调幅信号，由平均值检波器恢复其调制信号。解调后的调制信号经峰值检波后，直接驱动直流电表，指示被测调频信号的最大频偏或调幅信号的调幅度。

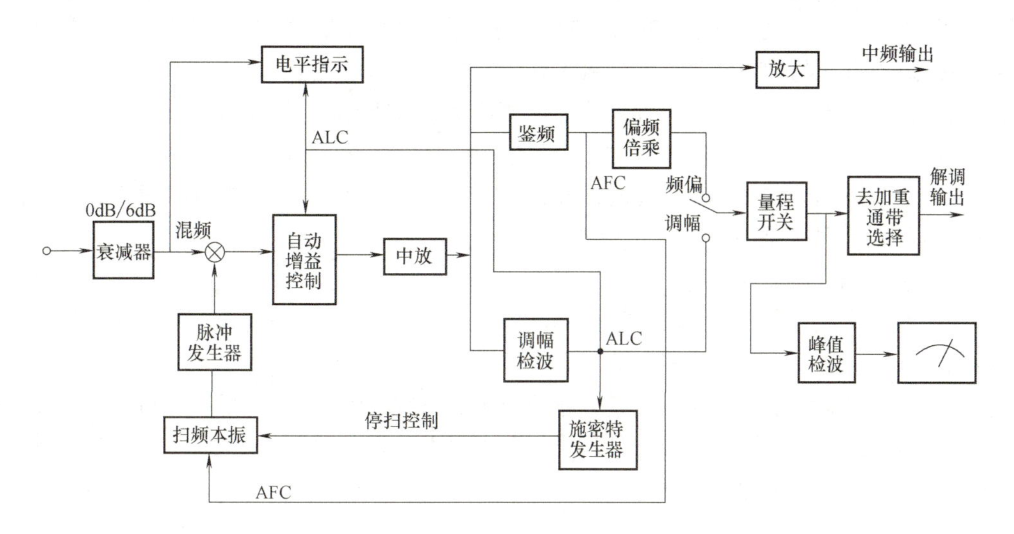

图 5-5　QF4131 型调制度测量仪的原理框图

3. 控制面板

QF4131 型调制度测量仪的控制面板如图 5-6 所示。

1. 工作准备

仪器接入交流电网后，电源开关接通，预热 30min 后，可正常工作。仪器的安全输入电压不允许大于 3V（使用机内衰减器时），若被测信号大于 3V，则应外加衰减，直至“高电平”指示灯不亮。

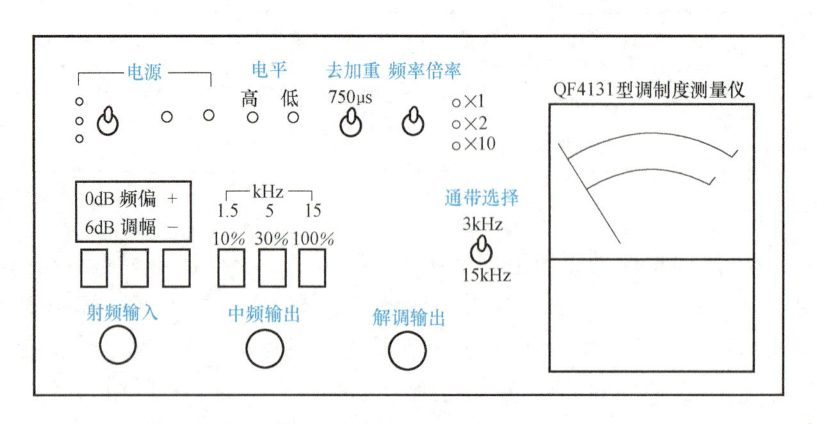

图 5-6 QF4131 型调制度测量仪的控制面板

2. 频偏测量

仪器能测量频偏信号的载频范围为 9~12. 5MHz 和 18~1000MHz，适用的输入电平范围为 50~300mV。将“频偏/调幅”功能键置于“频偏”测量状态，射频信号接入射频输入插座后，仪器便进入自动调谐和自动电平控制状态。当搜索到被测信号时，即锁定，“低电平”指示灯熄灭。这个过程一般不超过 10s。选择适当的频偏量程和频率倍率，即可在表头上读出频偏数值。通过“+/-”开关，可选择正、负频偏读数。若“低电平”指示灯不灭，则有可能信号未能正常输入或仪器未锁定及误锁。若偶尔出现误锁，可按动“去加重”开关，在红灯位置停留数秒，触发重扫，使仪器重新锁定。

3. 调幅度测量

仪器能测量调幅信号的载频范围为 9~12. 5MHz 和 18~520MHz，适用的输入电平范围为 50~300mV。

按下“频偏/调幅”功能键，使其处于“调幅”测量状态。信号输入、仪器锁定、“低电平”指示灯熄灭等过程与频偏测量相同。选择适当的调幅度量程，即可从表头读出调幅度。若出现误锁，也可通过“去加重”开关，使仪器触发重扫。

常见的几种调制度测量仪的主要性能见表 5-3。

表 5-3 常见的几种调制度测量仪的主要性能

型号与名称	频偏测量			调制度测量		
	载频范围	频偏范围	测量误差	载频范围	调制度范围	测量误差
TF-2 型调制度测量仪	0. 08~180MHz	1~50kHz	±5%	0. 08~180MHz	10%~100%	±3%
BE4 型调制度测量仪	4~1000MHz	0~500kHz	±3%(±10%)	4~510MHz	0~90%	±3%(±10%)
BD5 型调制度测量仪	4~1000MHz	0~500kHz	±3%(±10%)	4~510MHz	10%、30%、100%	3%~6%

任务三　频谱分析仪的使用

任务分析

对于电信号的分析，可以采用示波器来观察，其显示波形是以时间为水平轴，即是在时域内观察信号，称为信号的时域分析。一个电信号也可由它所包含的频率来描述，其显示波形是以频率为水平轴，这种方式称为信号的频域分析。

示波器是重要的时域分析仪器，而频谱仪则是重要的频域分析仪器。两种分析方法是从不同的角度去分析电信号的特性，它们之间存在一定的内在联系。图 5-7a 为信号在幅度（u）-时间（t）-频率（f）三维坐标系上的波形。

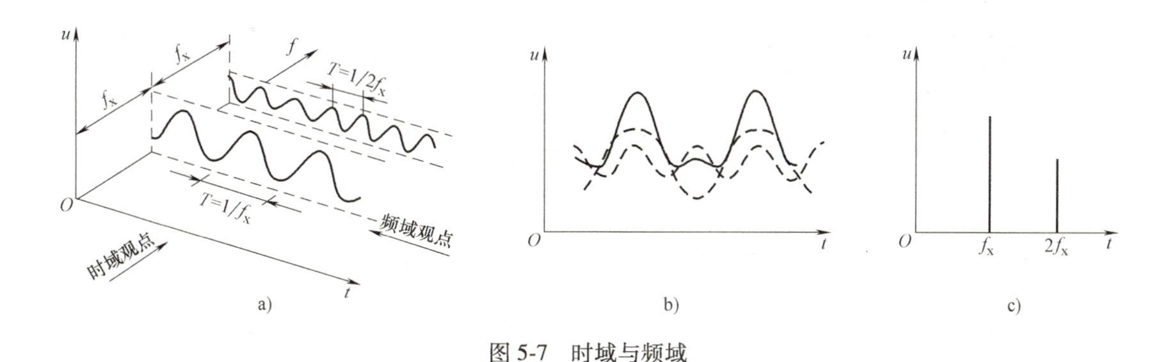

图 5-7　时域与频域

图 5-7b、c 分别是信号在示波器和频谱仪上观察到的波形。当波形中存在谐波成分时，示波器看到的是多个波形叠加的波形，而分辨不出各谐波频率分量的幅度和频率。而在频谱仪中，可清晰地观察到各谐波分量的幅度和频率的信息。

因此，频谱仪是一种重要的频域分析仪器，它能显示出信号各频率分量的幅度和频率之间的关系，随着频谱仪制造技术的发展，现代频谱分析仪所能分析的频率范围最低可至 1Hz 以下，最高可达微波波段。目前，频谱仪的应用范围日益扩大，它已从定性分析发展到准确的定量分析，从窄频带测量发展到全景测量；测量的参数涉及电平、频率、幅频特性、谐波失真、频率稳定度、频谱纯度、调制指数、最大频偏、调幅度等多种参数的测量。

频谱仪分为数字式和模拟式两大类，应用比较普遍的是模拟式频谱仪。模拟式频谱仪分为顺序滤波式、扫频外差式等，主要用于射频段和微波段。数字式频谱仪主要用于低频段和超低频段。频谱仪主要性能指标有频率范围、扫频宽度、频率分辨率、动态范围、灵敏度等。

知识链接

通常我们知道的频谱分析仪有安捷伦、马可尼、惠美以及安泰信等。下面以安泰信

AT6011 频谱分析仪为例进行介绍。

AT6011 频谱分析仪具有测量幅度范围宽、频率范围广、灵敏度高、使用方便、操作灵活等特点，并带有跟踪信号发生器。

1. 性能指标

AT6011 性能指标见表 5-4。

表 5-4 AT6011 性能指标

类别	项目	指标
频率性能指标	频率范围	0.15～1050MHz
	频率分辨力	10kHz
	中心频率调节范围	0.15～1050MHz
	扫频宽度范围	零挡，1～1000MHz（1-2-5 分挡）
	分辨力带宽	4000kHz，20kHz
	视频滤波器带宽	4kHz
输入/输出	连接器	输入/输出连接器均为 N 系列射频同轴连接器
	输入、输出阻抗	50Ω
	最大持续射频输入电平	10～40dB 衰减时为 20dBm（0.1W），0dB 衰减时为 10dBm
	最大直流输入电压	±25V
	音频输出端	插孔孔径为 ϕ3.5mm，经扬声器连接插头输出
	输出频率范围	0.15～1050MHz
	输出电平	-50～0dBm（10dB 步进和连续调节）
幅度性能指标	显示	CRT 荧光屏，宽、高尺寸分别为 10div、8div
	参考电平范围	-27～13dBm（每级 10dBm）
	幅度范围	100～13dB

2. 控制面板功能介绍

AT6011 频谱分析仪控制面板功能示意图如图 5-8 所示。

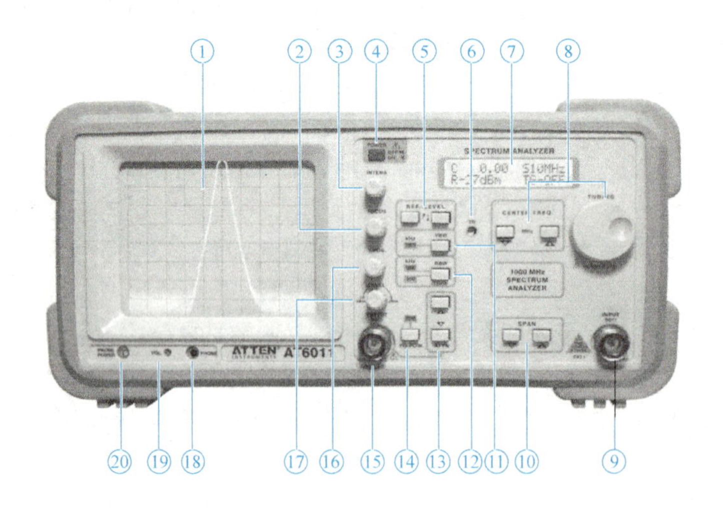

图 5-8 AT6011 频谱分析仪控制面板功能示意图

AT6011 频谱分析仪各开关旋钮的名称和作用见表 5-5。

表 5-5　AT6011 频谱分析仪各开关旋钮的名称和作用

名　称	作　用
①—显示荧光屏	阴极射线示波器显示器，用于显示频谱图
②—聚焦旋钮（FOCUS）	用于亮点聚焦调节
③—辉度旋钮（INTENS）	用于亮点辉度调节
④—电源开关（POWER）	电源开关被按下后，频谱仪开始工作
⑤—参考电平（REF-LEVEL）	用于改变顶格水平线的参考电平，共有-27dBm，-17dBm，-17dBm，3dBm，13dBm 五种可供选择。按动右边的按键，参考电平变小
⑥—光迹旋转旋钮（TR）	调节光迹旋转旋钮可以使水平扫描线与水平刻度线基本对齐
⑦—LCD 数码显示	2 行 16 个字 LCD 显示，用于显示单位为 MHz 的中心频率和扫频宽度，以及单位为 dBm 的顶格参考电平
⑧—中心频率粗调旋钮（CENTER FREQ）和细调旋钮（TUNING）	用于调整中心频率，中心频率是指显示在荧光屏水平方向中心位置的频率。有按 50MHz 使中心频率递增和递减的两个按键，以及右边用于连续改变中心频率的频率细调旋钮。当频率细调旋钮被按下时，中心频率变为零赫兹。中心频率的调节应根据扫频宽度的不同而改变
⑨—测量输入端（INPUT）	被测信号输入端，输入阻抗为 50Ω，该频谱仪允许的最大输入电平为 10dBm 或直流 25V，若超过最大电平，将损坏输入级
⑩—扫频宽度（SPAN）	用于调节频谱仪水平方向总的扫频宽度，扫频宽度在荧光屏上的显示以 MHz 为单位。扫频宽度调节键分按 1-2-5 步挡进行变换的递增和递减左右两个按键，变换范围为 1~1000MHz，即水平方向 0.1~100MHz/DIV。例如，扫频宽度设为 1000MHz（100MHz/DIV），中心频率设为 500MHz 时，显示频率以 100MHz/DIV 扩展至右边，最右边的刻度线是 1000MHz（500MHz+5×100MHz），最左边的为 0。如果中心频率相对于扫频宽度较低时，在荧光屏最左边看到的一条谱线为“0 频率”谱线。该谱线是由于第一本振（扫频振荡器）频率通过第一中频而产生的。“0 频率”谱线的幅度对每台频谱仪是不一样的，故不能做参考电平使用。显示在“0 频率”谱线左边的谱线被称为镜频
⑪—视频滤波器（VBW）	用于降低荧光屏上的噪声以利于观察，它的宽带为 4kHz
⑫—分辨率带宽（RBW）	有 400kHz 和 20kHz 两种带宽可供选择。分辨率带宽选择的越窄，频谱的清晰度越好，但当扫频宽度过宽时，由于所需扫描时间的延长会造成信号的幅度降低，故应根据扫频宽度选择合适的分辨率带宽。一般情况下，选择 20kHz 带宽时，噪声电平降低，选择性提高，谱线清晰度较好
⑬—输出衰减器（ATTN）	输出衰减器由 10dB 衰减器组成，用于改变跟踪信号发生器输出信号的大小。输出衰减器分上下两个按键，分别使输出信号增大和减小
⑭—跟踪信号发生器工作控制按键（TG-POW）	按下按键，上部指示灯点亮，跟踪信号发生器开始工作，从输出端输出正弦信号
⑮—Y 轴移位旋钮（Y-POS）	调节 Y 轴移位旋钮使频谱线在荧光屏上产生垂直方向的移动
⑯—输出端（OUTPUT）	跟踪信号发生器由该输出端输出在-50~0dBm 范围内可调节的正弦信号，其大小由输出衰减器调节
⑰—输出电平调节旋钮（LEVEL）	输出电平调节旋钮用于连接调节跟踪信号发生器输出电平的大小。输出衰减器为 0 时的调节范围为-10~0dBm
⑱—耳机插孔（PHONE）	当频谱仪调节好某一频谱时，通过此插孔接入的耳机或扬声器可听到解调输出的音频信号。该插孔直径为 3.5mm
⑲—耳机音量（VOL）	调节耳机输出音量的高低
⑳—探头电源（PROBE POWER）	AZ530-H 等高阻抗探头所需的 6V 直流电源由此端经专用电源线提供

用频谱分析仪测量手机的射频信号比较方便，下面举例说明。

［例 5-1］ 测量某手机第二中频信号（6MHz）。

1）打开频谱分析仪，调节辉度和聚焦旋钮，使屏幕上显示的光迹清晰。

2）调节扫频宽度选择按键，使 1MHz 指示灯亮，表示每格所占频率为 1MHz。

3）调节中心频率粗/细调旋钮，使频标位于屏幕中心位置，所指频率为 6MHz。

4）将频谱仪探头外壳与手机电路主板接地点相连，探针插到第二中频滤波器的输出端，在电流表指针摆动时观察频谱仪屏幕上是否有脉冲式图像，正常情况下，当电流表指针摆动时，有脉冲图像出现在 6MHz 频标位置。

［例 5-2］ 用频谱分析仪测量某手机功放输出信号的频谱。

1）打开频谱分析仪，调节辉度和聚焦旋钮，使屏幕上显示清晰的图像。

2）调节中心频率粗/细调旋钮，使频标位于屏幕中心位置，显示屏显示频率值为 900MHz。

3）调节扫频宽度选择按键，使 10MHz 指示灯亮，表示每格所占频率为 10MHz。

4）将频谱仪外壳与手机主板接地点相连，探针插到功放模块的输出端，并拨打“112”，在观察电流表摆动的同时，注意频谱仪屏幕上有无脉冲图像，正常情况下，在 900MHz 频标附近会出现脉冲图像，但幅度会超出屏幕范围，可以按衰减按键，使图像最高点在屏幕范围内。

进行测量时，应根据被测信号频谱的特性和参数，调节频谱仪面板上“扫频宽度”“中心频率”“分辨率带宽”等按键和旋钮，以便得到合理的扫频速度和准确的测量结果。

1. 扫频宽度的选择

扫频宽度应根据被测信号的频谱宽度进行选择。例如，分析一个条幅波的扫频宽度应大于 $2f_m$（f_m 为最大音频调制频率）；而要观测是否存在二次谐波的调制频带，扫频宽度应大于 $4f_m$。

2. 带宽的选择

静态分辨力 B_q 越高（数值越小），要求扫频宽度越窄；反之，变宽。为了使 B_q 与扫频宽度相适应，可参考表 5-6 进行选择。一般情况下，宽带扫频可选 $B_q=150\text{Hz}$，而窄带扫频可选 $B_q=6\text{Hz}$。

表 5-6　频谱仪静态分辨力的参考范围

扫频宽度	5~30kHz	1.5~10kHz	<2kHz
静态分辨力	150Hz	30Hz	6Hz

3. 扫频速度的选择

当扫频宽度与静态分辨力选定后，扫频速度的选择以获得较高的动态分辨力为准则。同时还应合理地处理动态分辨力与分析时间之间的矛盾，因为在扫频宽度一定时，扫频

速度的选择实际上就是分析时间的选择。分析时间越长，即扫频速度越慢，则动态分辨力越接近静态分辨力。当动、静分辨力相等时，动态分辨力最高，但分析时间长。一般可按下列经验式选择

$$v_s \leqslant B_q/t$$

式中，v_s为扫频速度，单位为Hz/s；B_q为静态分辨力，单位为Hz；t为时间，单位为s。

现代频谱仪通常装有微处理器，可根据输入信号，自动设置最佳分析带宽、分析时间等参数，无须人工调节，实现自动操作，具有较高的准确度和分辨力。

R3131A频谱仪

1. R3131A频谱仪功能简介

R3131A频谱仪是日本ADVANTEST公司的产品，用于测量高频信号，可测量的频率范围为9kHz~3GHz。对于手机的维修，通过频谱仪可测量射频电路中的以下电路信号（维修人员可以通过对所测出信号的幅度、频率偏移、干扰程度等参数的分析，判断出故障点，进行快速有效的维修）：

1）手机参考基准时钟（13MHz，26MHz等）；

2）射频本振（RFVCO）的输出频率信号（视手机型号而异）；

3）发射本振（TXVCO）的输出频率信号（GSM：890~915MHz；DCS：1710~1785MHz）；

4）由天线至中频芯片间接收和发射通路的高频信号；

5）接收中频和发射中频信号（视手机型号而异）。

2. 控制面板

面板上各按键（如图5-9所示）的功能如下：

A区：此区按键是其他区功能按键对应的详细功能选择按键，例如按下B区的FREQ键后，会在屏幕的右边弹出一列功能菜单，要选择其中的START功能就可通过按下其对应位置的键来实现。

B区：此区按键是主要设置参数的功能按键区，包括：FREQ—中心频率；SPAN—扫描频率宽度；LEVEL—参考电平。此区按键只需直接按下对应键输入数值及单位即可。

C区：此区是数字数值及标点符号选择输入区，其中“1”键的另一个功能是“CAL（校准）”，此功能要先按下“SHIFT（蓝色键）”后再按下“1”键进行相应选择才起作用；“-”是退格删除键，可删除错误输入。

D区：参数单位选择区，包括幅度、电平、频率、时间的单位，其中“Hz”键还有“ENTER（确认）”的作用。

E区：系统功能按键控制区，较常使用的有“SHIFT”第二功能选择键，“SHIFT+CONFIG（PRESET）”选择系统复位功能，“RECALL”调用存储的设置信息键，“SHIFT+RECALL（SAVE）”选择将设置信息保存功能。

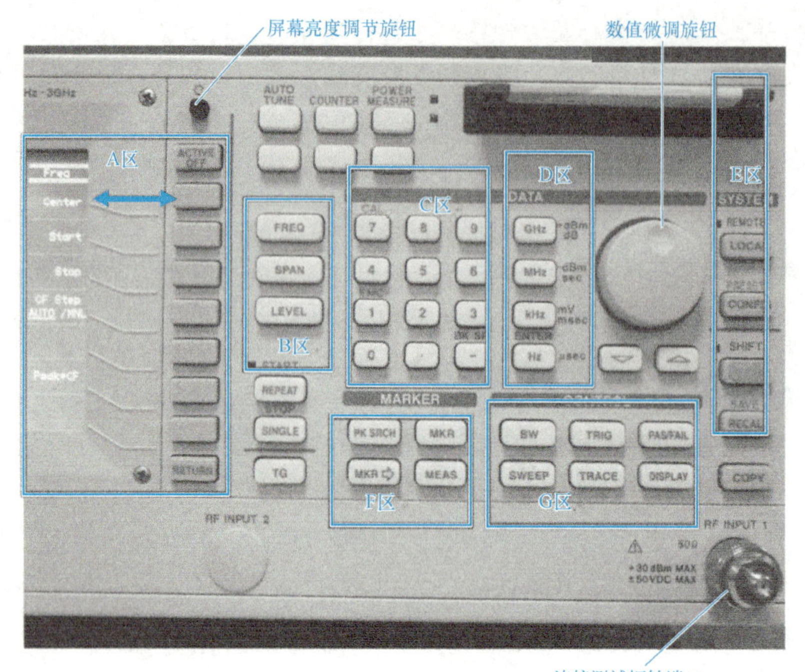

图 5-9　R3131A 频谱仪面板

F 区：信号波形峰值检测功能选择区。

G 区：其他参数功能选择控制区，常用的有“BW”信号带宽选择及“SWEEP”扫描时间选择，“SWEEP”是指显示屏幕从左边到右边扫描一次的时间。

显示屏幕上的信息如图 5-10 所示。

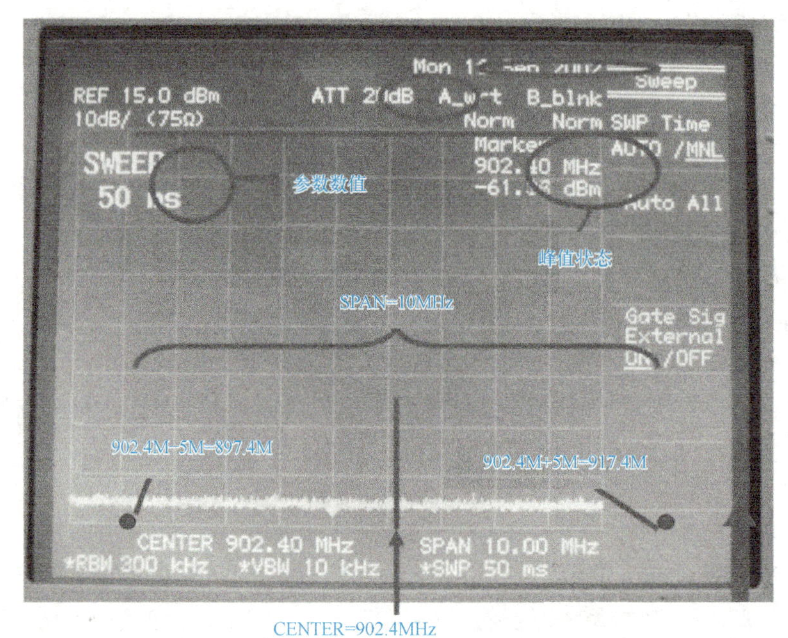

图 5-10　显示屏幕上的信息

3. 一般操作步骤

在下面的描述中，( )表示的是菜单面板上直接功能按键，[ ]表示单个菜单键的详细功能按键（在显示屏幕的右边）。

1）按 POWER 键开机。

2）每次开始使用时，开机 30min 后进行自动校准，先按(SHIFT+7 (CAL))，再选择[CAL ALL]键，校准过程中出现“Calibrating”字样，校准结束后如通过则恢复校准前状态。校准过程约 3min。

3）校准完成后首先按(FREQ)键，设置中心频率数值，例如需测中心频率为 902. 4MHz 的信号，按下该键后，在“DATA”区输入对应数值及数值的单位即可。

4）按(SPAN)键，输入扫描的频率宽度（可以估计）数值，然后键入单位（MHz，kHz 等）。

5）按(LEVEL)键，输入功率参考电平[REF]（参考线）的数值，然后键入单位（+dBm 或-dBm）。

6）在(LEVEL)键下，按[REF offset on]，将接头损耗、线损耗和仪器之间的误差值进行输入（单位为 dB）。如有 3dB 的损耗时，直接设置 3dB。

7）按(BW)键，分别设置[RBW]和[VBW]。RBW 为分辨带宽，指所测信号波形峰值下降 3dB 处信号波形的频率宽度；VBW 为视频宽度，主要用于消除信号的干扰波形。此两参数可在设置中心频率、扫描频宽、参考电平测出信号波形后再进行调整，此两参数单位为 GHz、MHz 或 kHz。

8）按(SWEEP)键，再按[SWP Time AUTO/MNL]输入扫描时间周期，键入单位（s 或 ms）。

9）按(SHIFT+RECALL)键，在[Save Item]选择[Setup on/off]状态下将以上设置好的信息进行保存，先选择保存位置（可选 1～10）按[ENTER]键。同时可选择保存于本机或软盘（RAM/FD）。保存下来的设置信息可在下次使用时直接调用，而不必重新设置。

10）按(RECALL)键，选择需调用信息的位置按(ENTER)，将需要的设置信息调出来（可从 U 盘或本机）。

11）按(PK SRCH)键，通过(MARK)键可读出峰值数值，判断峰值是否合格。

4. 设置操作实例

测试功放输出的 62 信道发射频率（902. 4MHz）：

1）设置中心频率 FREQ 为 902. 4MHz；

2）设置扫描频率宽度 SPAN，因 GSM 系统中信道间隔是 200kHz，选择的 SPAN 应是此间隔频率的 10 倍以上，一般选择 10MHz，这里选择 4MHz；

3）设置参考电平值 LEVEL，因系统中发射功率一般不会超过 30dBm，故一般将此参数设置为 30dBm；

4）设置了以上三个参数后，即可测出 902. 4MHz 频率波形，但此时测出的信号波形可能不满足直观性的要求，还应对带宽参数 BW（包括 RBW 和 VBW）及扫描时间周期 SWEEP 进行调节，一般设置 RBW 为 300kHz，VBW 为 10kHz，SWP Time 为 1s；本例中设置参数 RBW = 100kHz，VBW = 10kHz，SWP Time = 2s。设置了以上参数所测的波形图如图5-11所示。

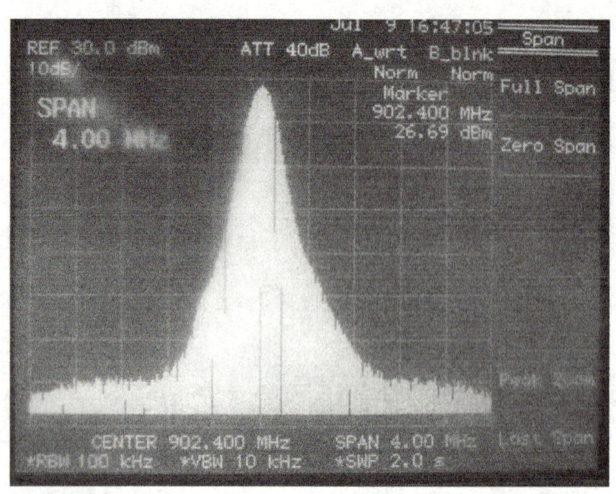

图 5-11　波形图

任务四　频率特性测试仪的使用

任务分析

频率特性测试仪又称为扫频仪，该仪器主要用于测定无线电设备（如宽带放大器，雷达接收机的中频、高频放大器，电视机的公共通道、伴音通道、视频通道以及滤波器等有源和无源四端网络等）的频率特性。若配用驻波电桥，还可以测量器件的驻波特性。下面以BT-3GⅢ型频率特性测试仪为例来介绍此类仪器的性能和使用方法。

知识链接

BT-3GⅢ型频率特性测试仪为便携卧式通用扫频仪，它利用内刻度矩形示波管作为显示器，直接显示被测设备的频率特性曲线。

应用该仪器可以快速测量或调整甚高频段的各种有源、无源网络的幅频特性和驻波特性，适用于广大科研院校、工厂、企业、广播电视等单位的教学、科研和生产活动。

1. 主要性能指标

BT-3GⅢ型频率特性测试仪的主要性能指标见表 5-7。

表 5-7　BT-3GⅢ型频率特性测试仪的主要性能指标

项　目	性能指标	项　目	性能指标
中心频率	1~300MHz 内连续可调	输出扫频信号电压	0.5V（3.33mW）±10%
输出平坦度	1~300MHz 范围内，0dB 衰减时全频段优于±0.25dB	频率标记信号	50MHz、10MHz、1MHz 复合及外接三种，外接频标灵敏度优于 300mV
扫频非线性	不大于 1∶1.2		
扫频频偏范围	最大≥100MHz，最小≤1MHz	扫频信号输出阻抗	75Ω
扫频频偏	在±15MHz 以内	输出衰减器	0~70dB，1dB 步进
全扫频率范围	1~650MHz	垂直输入灵敏度	优于 10mVp-p/Cm

2. 控制面板及其功能

BT-3GⅢ型频率特性测试仪的控制面板图如图5-12所示。

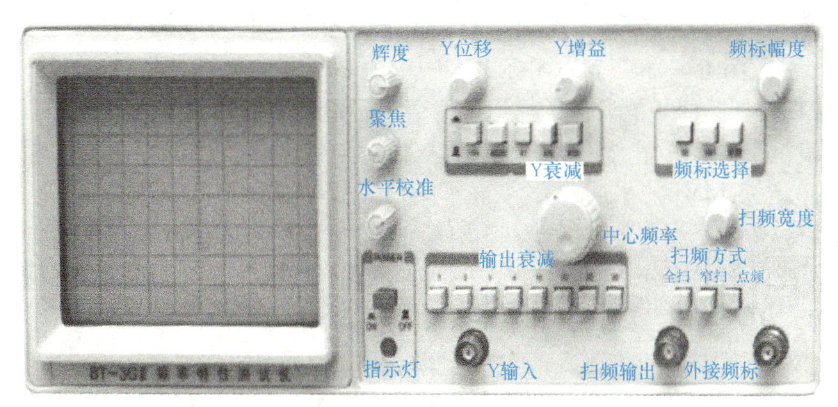

图5-12 BT-3GⅢ型频率特性测试仪的控制面板图

BT-3GⅢ型频率特性测试仪控制面板各部件名称和功能见表5-8。

表5-8 BT-3GⅢ型频率特性测试仪控制面板各部件名称和功能

名称		功能说明
显示器的旋钮与作用	辉度	用来调节扫描线的辉度，顺时针调整，辉度最大，反之则扫描线最暗
	聚焦	调整该旋钮可使扫描线光滑清晰
	水平校准	当扫描线不能和水平刻度线重合时，可通过此旋钮加以调整
	Y输入	通常接检波探头的输出端，对于含有内检波的四端网络，该网络的输出可直接加到Y输入
	Y增益	用于调节输入信号的大小，以使得被测信号能直观地显示在屏幕上
	Y位移	通过旋钮的来回调节，可使整个扫描曲线上下移动
	Y衰减	共分为×1、×10、×100三挡，通常和Y增益配合使用，通过不同挡的选择，可改变整个Y轴的增益与扫描曲线的高度
扫频信号源的旋钮与作用	中心频率	调节该旋钮，可使需要的中心频率置于屏幕的中心位置
	扫频宽度	调节该旋钮，可得到合适的扫频带宽
	输出衰减	输出衰减共分七挡，通过不同的组合，可得到不同的衰减量，它的设置可以改变扫频信号的输出幅度
	扫频输出	扫频信号的输出端，通常接到被测四端网络的输入端
频标信号发生器的旋钮与作用	频标选择	50MHz、10/1MHz和外标三种方式
	频标幅度	调节频标高度
	外接频标	外频标输入端口

操作指导

频率特性测试仪的检查、校正

1. 频率特性测试仪的检查、校正

（1）检查显示系统 接通电源，预热5~10min，调节“辉度”和“聚焦”旋钮，使扫描线细而清晰，亮度适中。

（2）检查仪器内部频标 将“频标选择”开关置于“10/1MHz”处，此时扫描基线上呈现相应的频标信号。调节“频标幅度”旋钮，使频标幅度适中。

（3）零频（起始频标）的确定　将“频标选择”开关置于“ 10/1MHz ”处，“频标幅度”旋钮位置适中，“全扫-窄扫-点频”开关置于“窄扫”位置。调节“中心频率”，使中心频率在起始位置附近，在众多的频标中有一个顶端凹陷的频标；将“频标选择”开关置于“外接”，其他频标信号消失，此标记仍然存在，则此标记为“零频”频标。

（4）频偏检查　将“中心频率”旋钮调至最大与最小，荧光屏上呈现的频标数应满足技术要求（±0.5~±15MHz）。

（5）输出扫频信号频率范围的检查　将检波探测器插入仪器的“扫频输出”端，并接好地线，每一波段都应在荧光屏上出现方框。将“频标幅度”旋钮置于适当位置，“频标选择”开关置于“10/1MHz”处，调节“中心频率”旋钮，应满足技术要求（1~300MHz 连续可调）。

（6）寄生调幅系数和扫频信号的非线性系数的检查　具体内容请查阅有关资料。

（7）检查仪器输出电压　在输出插座上接 75Ω 输出电缆，用超高频毫伏表（如 DA22）测量其电压值，扫频调节放在点频处，其有效值应大于 0.5V。

（8）“0dB ”校正及测量　在进行增益测量前，先要进行“0dB”校正，即将扫频仪的输出电缆直接与检波电缆对接，“输出衰减”按钮置于 0dB 挡，调节“Y 增益”旋钮，使屏幕上显示的两条水平线占有一定的格数。这个格数为“0dB”校正线，然后接入被测电路，保持“Y 增益”旋钮位置不变，改变“输出衰减”按钮部位，使显示的幅频曲线高度处于 0dB 校正线高度，此时“输出衰减”旋钮所标 0dB 数即为被测电路的增益。

频率特性测试仪附有输入探头（检波头）、输入电缆（75Ω）、开路头、输出探头（匹配头）4 种探头或电缆。其各自功用如下：

输入探头：当被测网络输出信号未经过检波电路时，应采用检波输入探头与 Y 轴输入端连接；当被测网络输出信号已经过检波电路时，0dB 校正好后用输入电缆与 Y 轴输入端连接。输出探头：当被测网络输入端已经具有 75Ω 特性阻抗时，应采用开路头将扫频电压输出端与被测网络连接；当被测网络输入端为高阻抗时，为减小误差，则应采用输出探头（探头内对地接有 75Ω 匹配电阻）将扫频电压输出端与其连接。

2. 频率特性测试仪的应用

（1）检波探头的连接　将检波探头推入自校准插座，并将自校准插头接扫频输出插座，检波输出插头接 Y 输入，如图 5-13 所示。

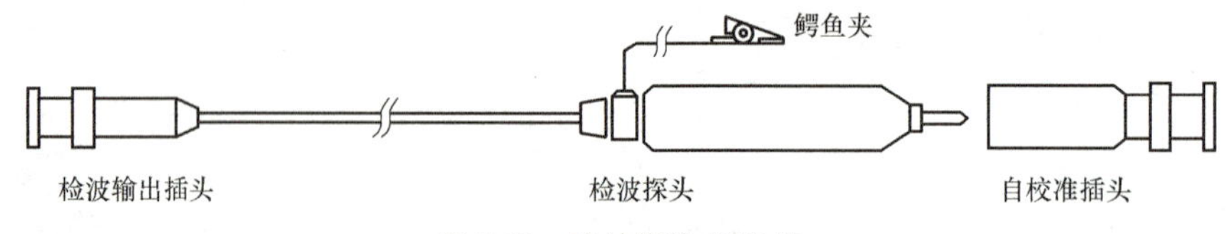

图 5-13　检波探头的连接

（2）频标识别　将频标选择开关置于 10/1MHz 位置，中心频率置于起始处，此时屏幕中出现不同于菱形频标的特殊标识，称作零拍。

顺时针转动中心频率旋钮，会发现零拍及右面的大小频标逐渐左移。其中幅度大的为 10MHz 频标，幅度小的为 1MHz 频标，如图 5-14 所示。

将频标选择开关置于50位置，在零拍右面的第一个频标为50MHz，第二个频标为100MHz，其余依次类推。

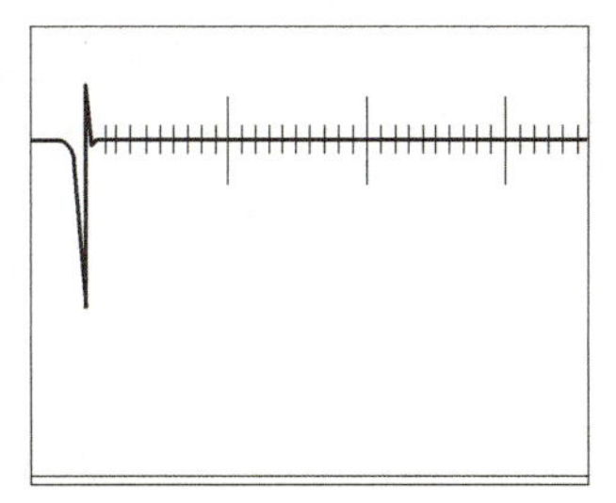
图 5-14 10/1MHz 组合频率标识

（3）扫频宽度 不同的四端网络有着不同的频带，预置扫频宽度太窄，被测曲线在水平方向会很小；预置扫频宽度太宽，被测曲线在水平方向会很大。因此调节扫频宽度旋钮会得到合适的扫频宽度。

（4）中心频率读取 不同的四端网络除了有不同的频带之外，还有不同的中心频率，预置中心频率过高，被测曲线会在右面，预置中心频率过低，被测曲线会在左面。

3. 测试实例

（1）单调谐回路的扫频测量

1）单调谐回路的电路原理图如图5-15所示。

2）扫频仪各旋钮预置状态：

将-/+置于+，AC/DC置于DC，Y衰减置于×1；

扫频输出衰减旋钮置于0dB；

频标选择旋钮置于10/1MHz；

扫频宽度旋钮置于>5MHz；

将低阻检波器和自校准插座分别接Y输入和扫频输出插座，调整Y增益使得扫描曲线为5大格，并记下此值。

3）扫频仪与单调谐回路的连接方法如图5-16所示。

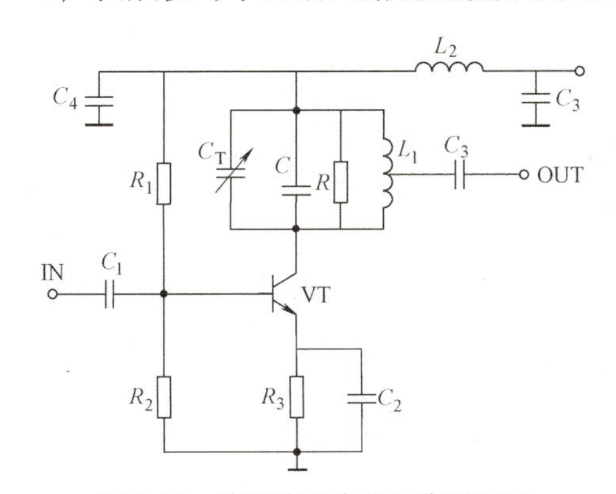

图 5-15 单调谐回路的电路原理图

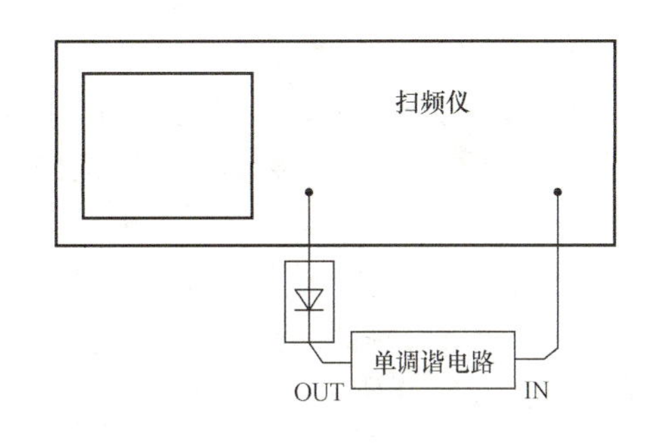

图 5-16 扫频仪与单调谐回路的连接方法

注意

检波器为高阻检波器，扫频输出为带鳄鱼夹的高频电缆。

4）调节输出衰减为47dB，单调谐回路的幅频特性曲线如图5-17所示。

该单调谐回路的增益为47dB，即放大量为100余倍。

（2）双调谐回路的扫频测量 双调谐回路原理图如图5-18所示。

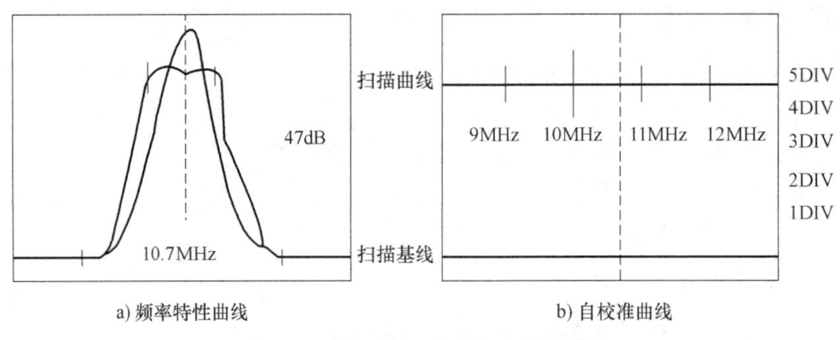

图 5-17 单调谐回路的幅频特性曲线

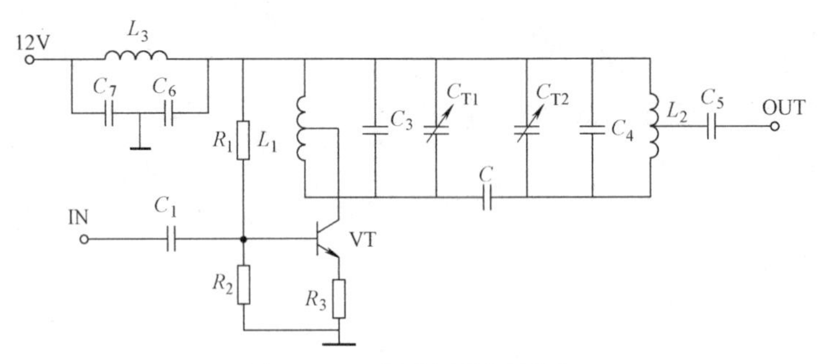

图 5-18 双调谐回路原理图

扫频仪各旋钮预置如实例（1）；扫频仪与双调谐回路的连接方法与实例（1）相同；调整输出衰减为50dB，被测双调谐回路的幅频特性曲线如图 5-19 所示。

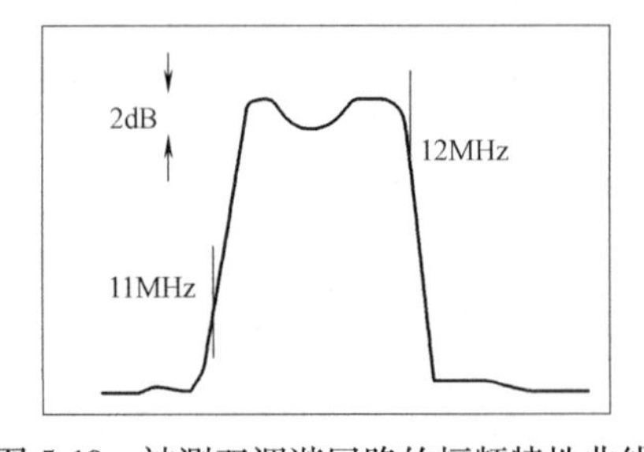

图 5-19 被测双调谐回路的幅频特性曲线

（3）相位鉴频器的扫频测量 相位鉴频器的原理图如图 5-20 所示，相位鉴频器的特性曲线如图 5-21 所示。

（4）用频率特性测试仪测量无源的高通滤波器 高通滤波器电路原理图如图 5-22 所示，高通滤波器的特性曲线如图 5-23 所示。

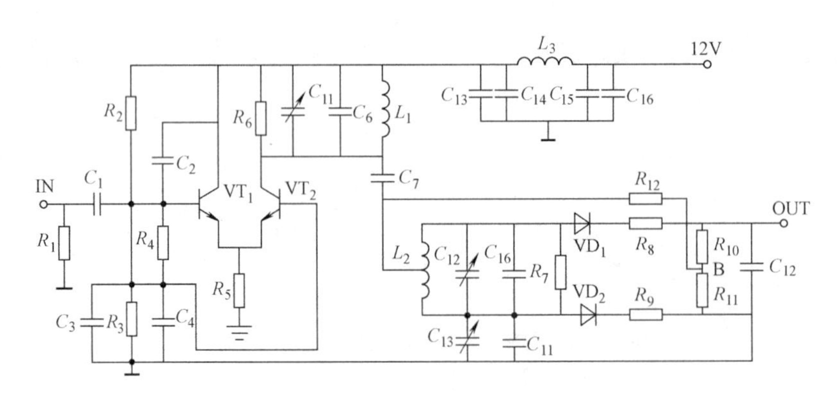

图 5-20 相位鉴频器的原理图

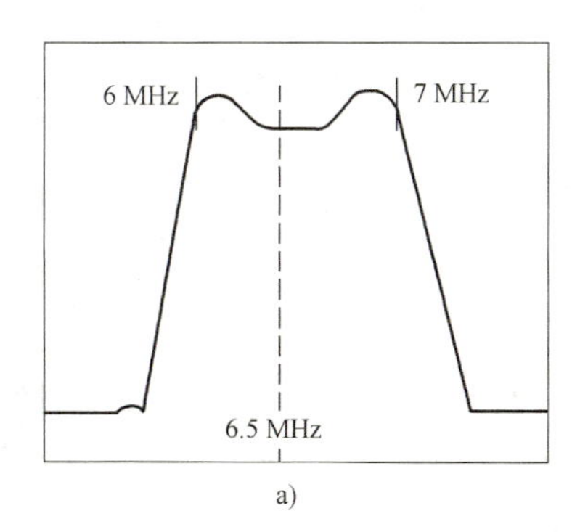

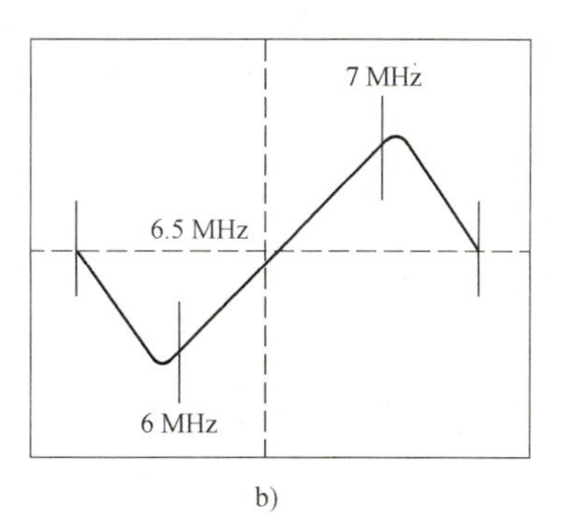

a)　　　　b)

图 5-21　相位鉴频器的特性曲线

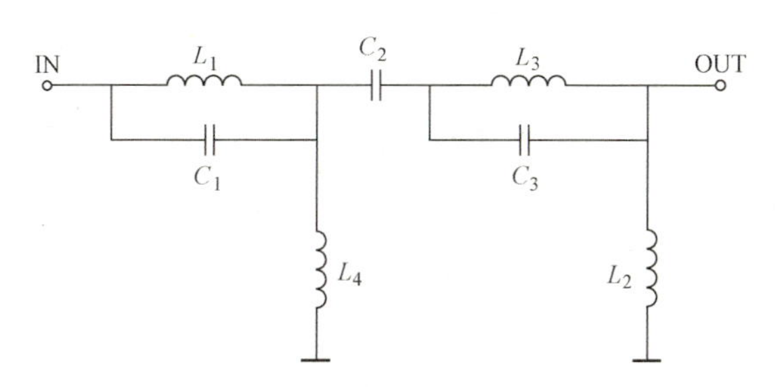

图 5-22　高通滤波器电路原理图

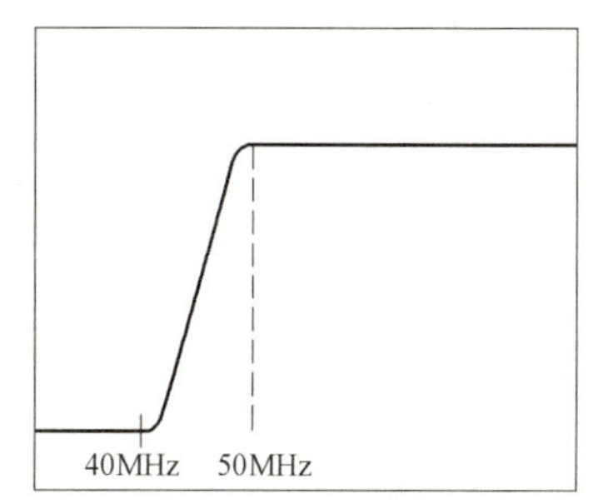

图 5-23　高通滤波器特性曲线

使用注意事项

BT-3GⅢ型频率特性测试仪使用注意事项如下：

1）检查完仪器的电气性能正常后，再使用。

2）测试时，操作面板上的按键和旋钮，应着力均匀，不得过猛或过快。各连接电缆应尽可能短，并保证良好的接地，各输入、输出插座应清洁、无污垢。

3）如被测设备输出带有直流电位时，显示输入端应选择 AC 输入显示方式。

4）被测设备自身带有检波输出时，可按测试图去掉仪器配备的 75Ω 低阻抗检波器，直接用输入电缆馈入垂直输入。

5）测试有源放大器时，为避免本机低阻检波器的损坏，在检波器的输入端的高频信号功率≤100mW，直流电压≤3V。

6）本仪器应避免在高温、高湿和有振动的环境中使用，也应避免在强磁场中使用。

知识拓展

1. TD1262C 数字化扫频仪简介

TD1262C 数字化扫频仪是一种高智能化 RF 幅频特性分析仪。整机由数据通道、频率控制、显示及 RF 舱等组成，外接检波器和电桥，构成完整的幅频特性分析系统，可在 5～1000MHz 范围内快速准确地测量 RF 器件的传输特性和反射特性。

TD1262C 数字化扫频仪的测量按人机对话方式进行，结果既可以在屏幕上数字读出，还可打印出测量曲线和数据。该仪器具有自检、自校准、保持数据和存储调用测量曲线等强大功能。

TD1262C 数字化扫频仪可广泛应用于广播电视、通信等领域。测量对象包括同轴电缆，放大器、放大模块、隔离器、滤波器、衰减器、负载、天线、分支分配器、功分器、高频头等 RF 器件。

TD1262C 数字化扫频仪内部采用微波集成电路和数字集成技术，由高性能的 CPU 和软件组成仪器的核心，操作简单、可靠实用，是电视器材生产厂家、电视台、科研院所、工厂等进行 RF 测量的最佳选择。

2. 显示

屏幕显示区域示意图如图 5-24 所示。

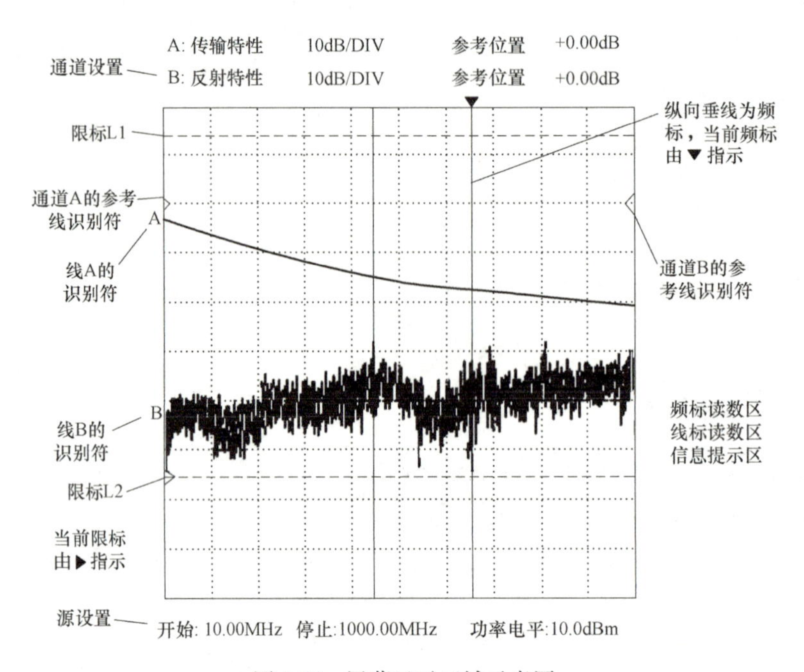

图 5-24　屏幕显示区域示意图

3. 测量简述

（1）校准仪器　按“校准”键一次，再按“确认”键，校准结束。反射校准连接示意图如图 5-25 所示。

注意

如有转换电缆和接头，请接入电桥测试口，但要保证另一端为开路。开通 B 通道，关闭 A 通道。按“校准”键一次，再按“确认”键，校准结束。

（2）无源器件测量简述　无源器件是指那些无需电源即可工作的 RF 器件，如同轴电缆、分支分配器、功分器、RF 接头、天线、天馈避雷器、滤波器、衰减器和隔离器等。

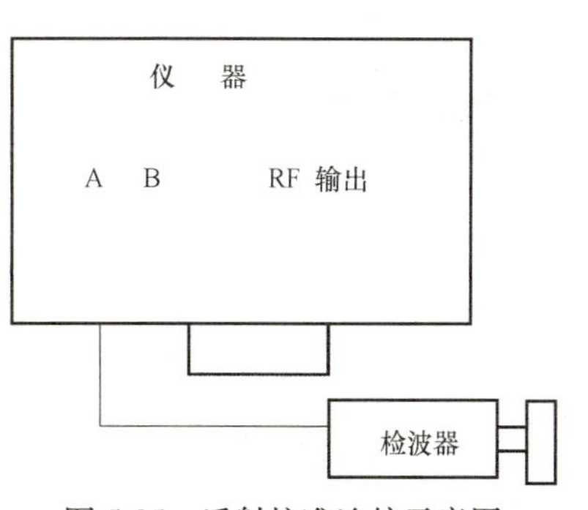

图 5-25　反射校准连接示意图

1）打开仪器，预热 30min。（可复位仪器一次，工作更稳定。）

2）按“起始/终止”键或“中心/带宽”键，置于测量所需频率，再按“功率”键，置于测量所需功率。无源器件测量功率一般设置为+10dBm（+8dBm，75Ω 时）或 0，保证足够大的动态范围。

3）接入被测元器件，如图 5-26 所示。

4）用“分辨率/偏移”键或“自动定标”键，使测量曲线清晰显示在屏幕的合适位置。

5）使用“频标”键设置频标（最多 8 个）读出测量数据，或使用“限标”键设置限标 L1 ~ L4 进行曲线波动范围测量。

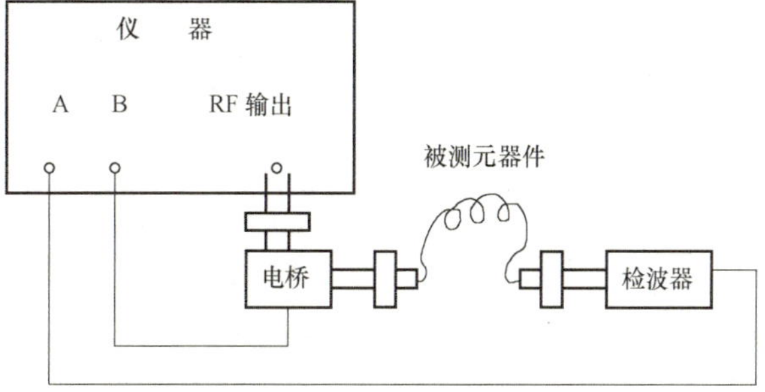

图 5-26　无源器件测量

6）或使用“最大/最小”键读出测量曲线的最大值和最小值以及它们的差值、频标和限标均可用旋轮来改变。

7）记录测量数据，或打印测量数据和曲线。

8）如只测传输特性，则开通 A 通道、关闭 B 通道；如只测反射特性，则开通 B 通道、关闭 A 通道；如同时测传输特性和反射特性，则开通 A、B 两个通道。

4. 有源器件测量简述

有源器件是指那些必须由电源供电才能工作的 RF 器件，典型的有放大器、放大模块等。

注意

有源器件测量方法与无源器件测量方法完全相同，但要注意以下三点：

1）被测元器件的 RF 输入、输出端要有良好的隔直电容，否则直流电会烧坏检波器、电桥甚至仪器。

2）仪器和被测元器件一定要有良好的接地措施。

3）检波器的最大输入功率为 20dBm，因此应根据有源器件的增益 G 来确定仪器的 RF 输出功率 P。要满足下述关系式 $P+G<20$，即 $P<20-G$，例如一放大器增益 $G<40$dB，$P<20-40=-20$，那么 P 设置为−20dBm 即可。

项目评价

本项目评价表见表5-9。

表5-9 项目评价表

项目	自动失真仪、调制度测量仪、频谱分析仪、频率特性测试仪的使用						
班级		姓名		日期			
评价项目	评价标准	评价依据	评价方式			权重	得分小计
			学生自评（20%）	小组互评（30%）	教师评价（50%）		
职业素养	1. 遵守规章制度与劳动纪律 2. 按时完成任务 3. 人身安全与设备安全 4. 工作岗位6S完成情况	1. 出勤 2. 工作态度 3. 劳动纪律 4. 团队协作精神				0.3	
专业能力	1. 仪器使用熟练 2. 测量方法正确 3. 读数准确无误	1. 操作的准确性和规范性 2. 工作页或项目技术总结完成情况 3. 专业技能完成情况				0.5	
创新能力	1. 在任务完成过程中提出有自己见解的方案 2. 在教学或生产管理上提出建议，具有创新性	1. 方案的可行性及意义 2. 建议的可行性				0.2	

思考与练习

1. DF4121A型自动失真仪有哪些特点？
2. 简述DF4121A型自动失真仪测量电压的操作步骤。
3. KH4136A型失真仪有什么特点？
4. 简述调制度测量仪的工作原理。
5. 简述QF4131调制度测量仪调幅度测量方法。
6. 频谱分析仪有什么用途？
7. 频率特性测试仪有什么作用？主要能测量被测电路的哪些指标？
8. 简述AT6011频谱分析仪INTENS、REF-LEVEL、CENTER FREQ、TG-POW键名称和功能。
9. 简述扫频频标识别的方法。
10. BT-3GⅢ数字扫频仪有何特点？

项目六　数据域分析测试

项目简述

随着数字技术的发展，尤其是大规模数字集成电路和微处理器、微型计算机技术的推广和应用，在测试技术中相应开拓出一个新领域——数字系统的测试。由于数字系统所处理的是一些脉冲序列，多为二进制信号，通常称之为数据，因此有关的测试分析也就称为数据域测试分析。在数字系统的测试中，逻辑功能的测试成为重要形式，传统的时域或频域测量仪器已很难适应需要，数据域分析测量仪器也就随之应运而生。

数据域测量基础知识

数据域分析测量仪器是指用于数字电子设备或系统的软件与硬件设计、调试、检测和维修的电子仪器。针对数据域测量的特点与方法，数据域分析测试必须采用与时域、频域分析迥然不同的分析测试仪器和方法。目前，常用的数据域测量仪器有逻辑笔、逻辑夹、逻辑分析仪、特征分析仪、微机开发系统和在线仿真器（ICE）等。

在以上各种测试仪器中，逻辑笔是最简单、直观的，主要用于逻辑电平的简单测试；而对于复杂的数字系统，逻辑分析仪是最常用、最典型的仪器。

任务　逻辑分析仪的使用

任务分析

在数字系统的测试中，逻辑功能的测试成为首要形式。为了有效地解决日益复杂的数字系统的检测和故障诊断问题，逻辑分析仪（Logic Analyzer，LA）应运而生。

由于逻辑分析仪仍然以荧光屏显示为主要方式，所以它也称为逻辑示波器。它能够对数字逻辑电路和系统在实时运行过程中的数据流或事件进行记录和显示，并通过各种控制功能实现对逻辑系统的软硬件故障的分析和诊断；它具有多个测试输入端，可以同时观测数字系统的多路信息（数据）；它有足够容量的存储器，能快速地将所采集的数据进行存储，并具有“记忆”功能，可将多个测试点的信息变化记录下来，待需要时再进行分析；它有灵活而准确的触发功能，可选择特定的观察条件，在任意长的数据流中对欲观察分析的部分数据做出准确的定位，从而捕捉有效的数据；它采用了高速器件和工作时钟，可方便地观察多输入信道上的数据变化情况，测量相对延迟时间和对数据流中的“毛刺”进行测量；它具有灵活多样的显示方式，如状态表显示、逻辑波形显示、数据比较显示等，它可以显示具有多个变量的数字系统，也能用汇编形式显示运行时的数字系统的软件，从而实现对数字系统的硬件和软件进行测试。

总之，逻辑分析仪为人们开发、调试、检测各种数字设备及大规模数字集成电路提供了便利。这种先进的测试仪器对数字系统来说，就像示波器对模拟系统一样不可缺少。

随着微处理器的发展，出现了面向微处理器的逻辑分析仪。这对于微处理器及微型计算机系统的调整和维护，起着重要的作用。

1. 逻辑分析仪的主要特点

为满足数据流的检测要求，逻辑分析仪应具有以下主要特点：足够多的输入通道，多种灵活的触发方式，记忆功能，负延迟能力，限定功能，多种显示方式，驱动时域仪器的能力和可靠的毛刺检测能力。

2. 逻辑分析仪的分类

根据硬件设备设计上的差异，市面上逻辑分析仪大致上可分为独立式（或单机型）逻辑分析仪和需结合计算机的 PC-based 卡式虚拟逻辑分析仪。独立式逻辑分析仪是将所有的测试软件、运算管理元件整合在一台仪器之中；卡式虚拟逻辑分析仪则需要搭配计算机一起使用，显示屏也与主机分开。

逻辑分析仪按取样、显示方式和使用场合不同可分为两大类。

逻辑状态分析仪——用于对数字系统状态的分析，是跟踪、调试程序、分析软件故障的有力工具。

逻辑定时分析仪——用于观察数字信号的传输情况与时序的关系，主要用于数字设备硬件的分析、调试、故障诊断和维修。

既可以用作状态分析的，也可以用作定时分析的称为通用逻辑分析仪。

逻辑分析仪中采用微处理器来代替逻辑控制电路的称为智能逻辑分析仪。

按仪器工作性能，逻辑分析仪又可分为高、中、低三个档次。

3. 逻辑分析仪的基本组成

逻辑分析仪的类型繁多，尽管在通道数量、取样频率、内存容量、显示方式及触发方式等方面有较大区别，但其基本组成结构是相同的。逻辑分析仪的基本组成如图 6-1 所示，包括数据获取、触发识别、数据存储和数据显示。

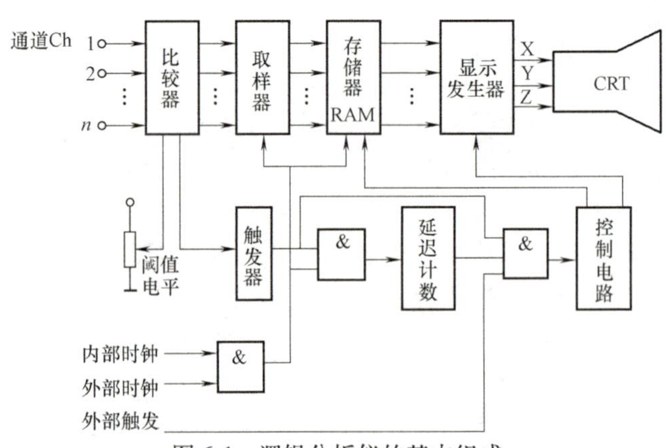

图 6-1　逻辑分析仪的基本组成

输入信号经过多路数据测试探头获得并行数据，送至比较器。输入信号在比较器中与外部设定的门限电平进行比较，大于门限电平值的信号判为“1”，在相应线上输出高电平；反之判为“0”，输出低电平。

经比较器整形后的信号送至采样器，在时钟脉冲控制下进行采样。时钟信号可以由外部输入，也可由逻辑分析仪的内时钟发生器产生。被采样的信号按顺序记忆在半导体存储器（RAM）中。记忆结束后，存储器中的信息可逐一读出，在显示发生器中形成 X、Y、Z 三个轴向的模拟信号，由 CRT 屏幕按设定的格式显示出被测量的信息。

4. 逻辑分析仪的应用

逻辑分析仪的工作过程就是数据采集、存储、触发、显示的过程。因而逻辑分析仪的应用首先应选择合适的方式进行数据采样。可以使用同步采样方式，也可以使用异步采样方式对被测系统的输入数据进行采样。同步采样无法检测两相邻时钟间的干扰波形，但需要的存储空间小，适宜进行状态分析；而高速的异步采样可以检测出波形中的“毛刺”干扰，并将它存储到存储器中记录下来。但高速的异步采样会造成一定的相位误差，这也是在使用逻辑分析仪对输入数据进行采样时需要考虑的问题。

显示过程中，应针对不同的测试对象，选择合适的显示方式。由于逻辑分析仪采用了数字存储技术，故可将数据采集工作和显示工作分开进行，也可同时进行，必要时还可对存储的数据反复进行显示，以利于对问题的分析和研究。

（1）逻辑分析仪在硬件测试及故障诊断中的应用　给一数字系统加入激励信号，用逻辑分析仪检测其输出或内部各部分电路的状态，即可测试其功能。通过分析各部分信号的状态，信号间的时序关系等就可以进行故障诊断。

［例 6-1］　ROM 最高工作频率的测试。

ROM 最高工作频率的测试如图 6-2 所示。

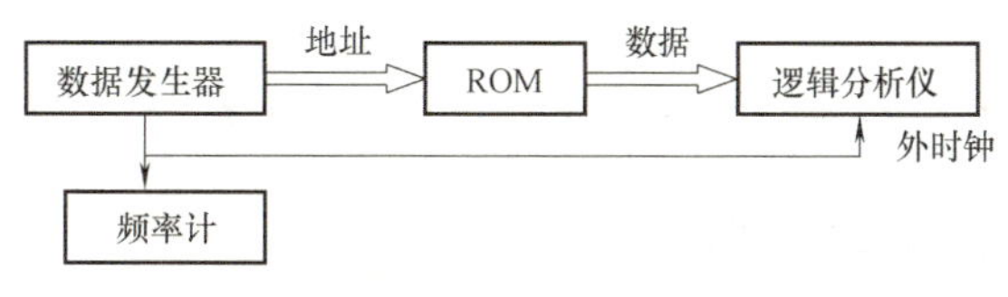

图 6-2　ROM 最高工作频率的测试

先让数据发生器低速工作采集到的 ROM 作为标准数据，然后逐步提高数据发生器的计数时钟频率，将每次采集到的数据与标准数据相比较，直到出现不一致的为止，此时时钟频率即为 ROM 的最高工作频率。

［例 6-2］　译码器输出信号及毛刺的观察。

逻辑分析仪工作在毛刺锁定方式下，在波形窗口中开启毛刺显示，即可观察到译码器输出端的毛刺，如图 6-3 所示。毛刺的标记表示此时该信号上出现了窄脉冲，可能会引起电路工作的不正常。

（2）逻辑分析仪在软件测试中的应用　逻辑分析仪也可用于软件的跟踪调试，发现软硬件故障，而且通过对软件各模块的监测与效率分析还有助于软件的改进。在软件测试中必须正确地跟踪指令流，逻辑分析仪一般采用状态分析方式来跟踪软件运行。

故障现象：有一个用 BCD 计数寄存器所控制的程序序列，不能正确执行。为了寻找故障原因，对控制寄存器的工作情况进行检测。

1）逻辑功能测试，状态表见表 6-1。

表 6-1 状态表

序　号	寄存器状态 Q7	Q6	Q5	Q4	Q3	Q2	Q1	Q0	HEX
1	1	0	0	0	0	1	0	1	85
2	1	0	0	0	0	1	1	0	86
3	1	0	0	0	0	1	1	1	87
4	1	0	0	0	1	0	0	0	88
5	1	0	0	0	1	0	0	1	89
6	0	0	0	0	0	0	0	0	00
7	0	0	0	0	0	0	0	1	01
8			0	0	1	0			

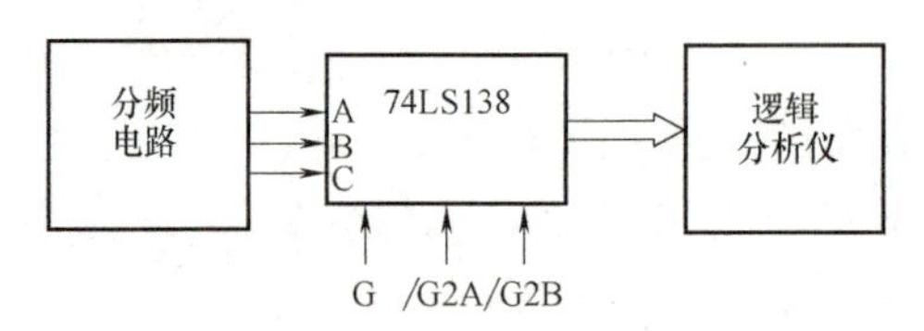

a) 译码电路的测试

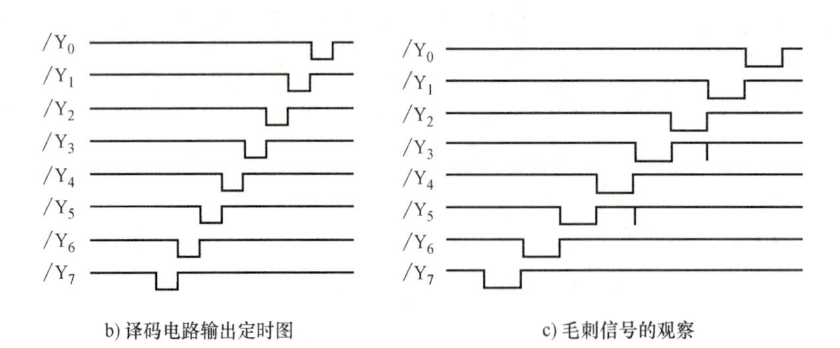

b) 译码电路输出定时图　　c) 毛刺信号的观察

图 6-3　译码器输出信号及毛刺的观察

2）定时波形检测，如图 6-4 所示。

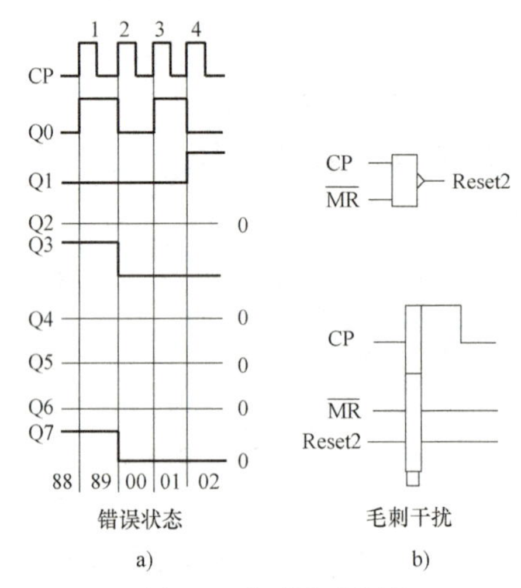

a)　　b)

图 6-4　定时波形检测

3）测定子程序运行时间及调用次数。利用 LA 可以跟踪、剖析程序，并可以测定子程

序运行时间及调用次数。

若某子程序的出口地址为 3FFFF，入口地址为 01FFF，利用特殊显示方式“地址检索”可以得出表 6-2 所示结果。

表 6-2　地址检索

<table>
<tr><td rowspan="3">检索顺序</td><td colspan="2">入口地址</td><td colspan="2">出口地址</td><td rowspan="3">检索顺序</td><td colspan="2">入口地址</td><td colspan="2">出口地址</td></tr>
<tr><td>ADDR</td><td>01FFF</td><td>ADDR</td><td>3FFFF</td><td>ADDR</td><td>01FFF</td><td>ADDR</td><td>3FFFF</td></tr>
<tr><td>DATA</td><td>0000</td><td>DATA</td><td>0000</td><td>DATA</td><td>0000</td><td>DATA</td><td>0000</td></tr>
<tr><td>0001</td><td colspan="2">+0012
0000</td><td colspan="2">+0017
0000</td><td>0005</td><td colspan="2">+0332
0000</td><td colspan="2">+0337
0000</td></tr>
<tr><td>0002</td><td colspan="2">+0092
0000</td><td colspan="2">+0097
0000</td><td>0006</td><td colspan="2">+0412
0000</td><td colspan="2">+0417
0000</td></tr>
<tr><td>0003</td><td colspan="2">+0172
0000</td><td colspan="2">+0177
0000</td><td>0007</td><td colspan="2">+0492
0000</td><td colspan="2">+0497
0000</td></tr>
<tr><td>0004</td><td colspan="2">+0252
0000</td><td colspan="2">+0257
0000</td><td>0008</td><td colspan="2">+0572</td><td colspan="2">+0577</td></tr>
</table>

利用表 6-2 可以很方便地分析调用子程序（或循环程序）的执行情况，该子程序从入口地址到出口地址运行 5 个（0017−0012=5）采样周期 T_{cp}，若 $T_{cp}=200\text{ns}$，则该子程序的执行时间是 $5\times T_{cp}=1000\text{ns}$；由表 6-2 还可以看出，经过 80 个（0092−0012=80）T_{cp}后，再调用子程序，从 0012~0572 为止，共调用 8 次。

操作指导

1. 了解 LA1032 逻辑分析仪的外形及各部分功能

LA1032 逻辑分析仪外形如图 6-5 所示。各部分的名称和功能如下：

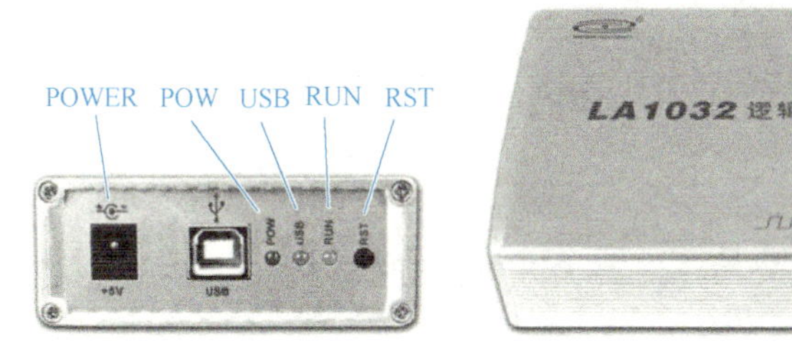

图 6-5　LA1032 逻辑分析仪外形

1）POWER：为 5V 电源输入，通常 LA1032 具备使用计算机 USB 总线供电工作的能力，可以不再连接外部电源供电。

2）USB：为 USB2. 0 接口，用于与计算机通信。

3）POW 指示灯：电源指示灯，当接通电源时，POW 指示灯发光。

4）USB 指示灯：当进行 USB 数据传输时，该指示灯发光。

5）RUN 指示灯：当逻辑分析仪工作时，该指示灯发光。

6）RST 按钮：当逻辑分析仪工作异常时可以按此按钮复位逻辑分析仪。

2. LA1032 逻辑分析仪硬件连接

将 USB B 型接头的一端连接至 LA1032 的 USB 插座，另一端连接至计算机的 USB 插孔，LA1032 与计算机连接如图 6-6 所示。

图 6-6　LA1032 与计算机连接

3. 软件安装

1）用 LA1032 随机附带的软件，进行 ZlgLogic 软件的安装；

2）安装驱动程序；

3）安装完 ZlgLogic 之后，自动弹出安装驱动对话框，单击“Install”来安装 LA1032 的驱动程序。

4. 启动逻辑分析仪程序

如果在安装软件结束时选择其中的“启动程序”，在软件安装完成后便会自动弹出 ZlgLogic 软件界面，或者在桌面双击 ZlgLogic 快捷图标。

5. 了解菜单

使用 USB 电缆连接逻辑分析仪和计算机，打开逻辑分析仪软件，菜单界面如图 6-7 所示。

6. 应用举例

流水灯实验板原理图如图 6-8 所示。单片机 P89LPC913 通过 SPI 接口控制 74HC164，使 LED1～LED8 亮或灭。设置 CH0～CH11 十二个测量点。

在软件运行界面观察设备是否在线，图 6-9 中红框位置，只有设备在线才可以正常使用。接下来分频率测量、总线测量、测量 SPI 和 SPI 解码等几个步骤对系统进行测量。

步骤 1：用 podA 的 CH0 连接单片机的晶振频率输出引脚。

步骤 2：单击菜单中的【设置】⟶【总线/信号】，把默认的 MyBus0 删除，把 MyBus1 重新命名为 XTAL，如图 6-10 所示。

步骤 3：单击【采样】选项卡，使用默认设置，如图 6-11 所示。

步骤 4：单击【触发】选项卡，选择【立即触发】，单击【确定】按钮，如图 6-12 所示。

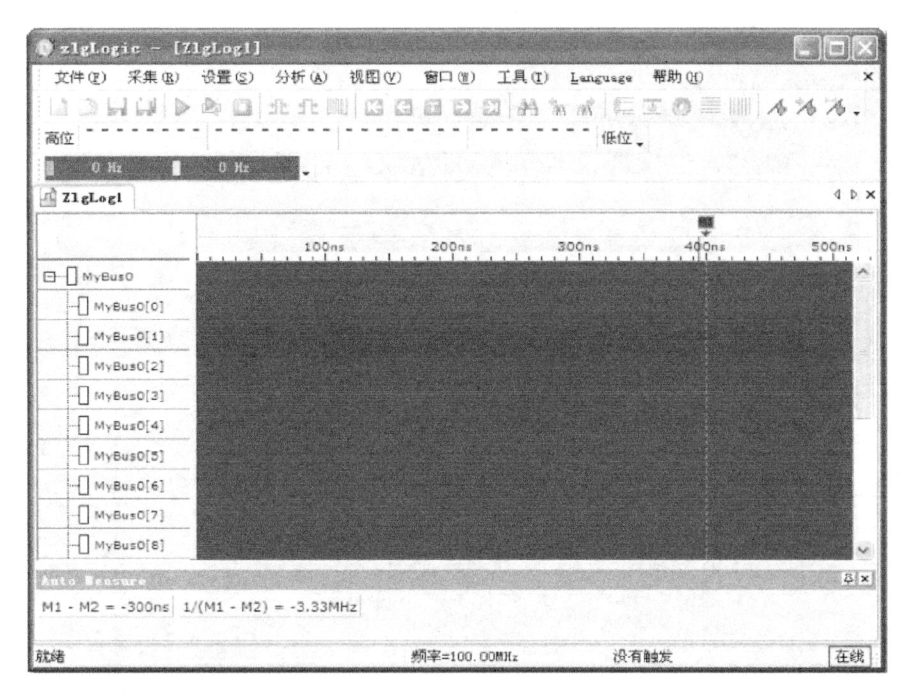

图 6-7　菜单界面

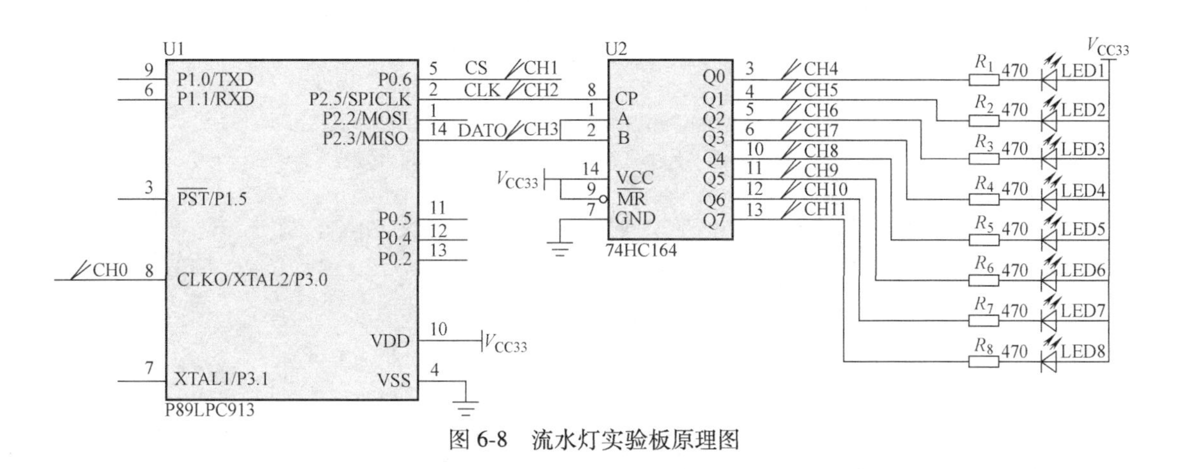

图 6-8　流水灯实验板原理图

图 6-9　红框位置

步骤 5：单击工具栏中的【单次启动】按钮，逻辑分析仪显示对 XTAL 测量的波形，测量结果如图 6-13 所示。当鼠标放在测量的波形上时，逻辑分析仪软件就自动弹出测量提示。

图 6-10　重命名

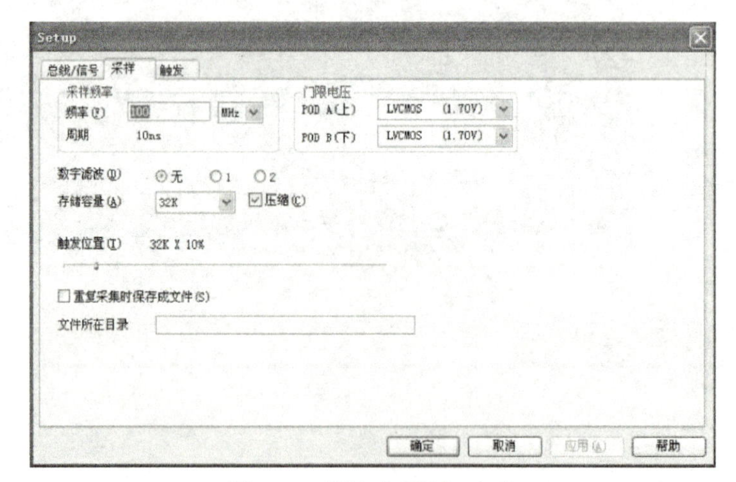

图 6-11　设置【采样】选项

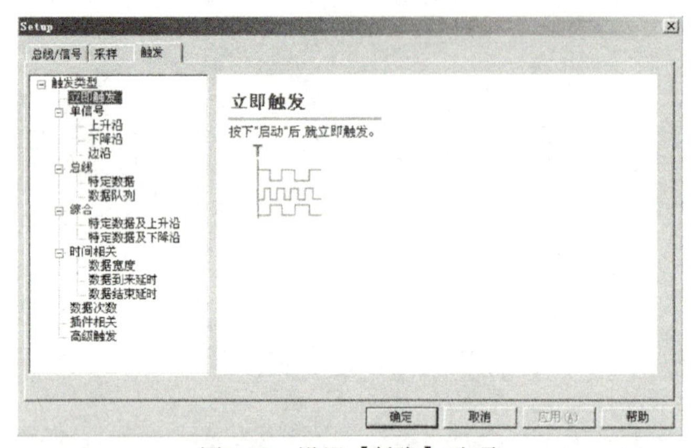

图 6-12　设置【触发】选项

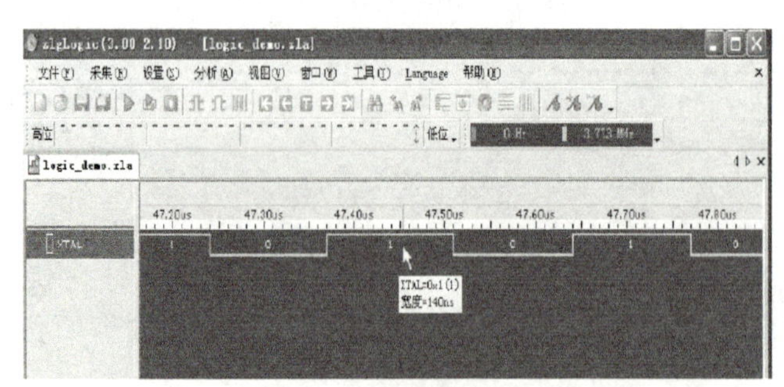

图 6-13　测量的波形

知识拓展

常见的简易逻辑电平测试设备有逻辑笔和逻辑夹，它们主要用来判断信号的稳定电平、单个脉冲或低速脉冲序列。其中，逻辑笔用于测试单路信号，逻辑夹用于测试多路信号。

1. 逻辑笔的应用

不同的逻辑笔提供不同的逻辑状态指示。普通的逻辑笔只有两只指示灯，红灯标示为“H”，绿灯标示为“L”，通常定义“H”灯指示逻辑“1”（高电平），“L”灯指示逻辑“0”（低电平）。逻辑笔具有记忆功能，如测试点为高电平时，“H”灯亮，此时即使将逻辑笔从测试点移开，该灯仍继续亮，以便记录被测状态，这对检测偶然出现的数字脉冲是非常有用的，当不需记录此状态时，可扳动逻辑笔的 MEM/PULSE 开关至 PULSE 位。在 PULSE 状态下，逻辑笔还可用于对正、负脉冲的测试。逻辑笔的外形结构如图 6-14 所示。

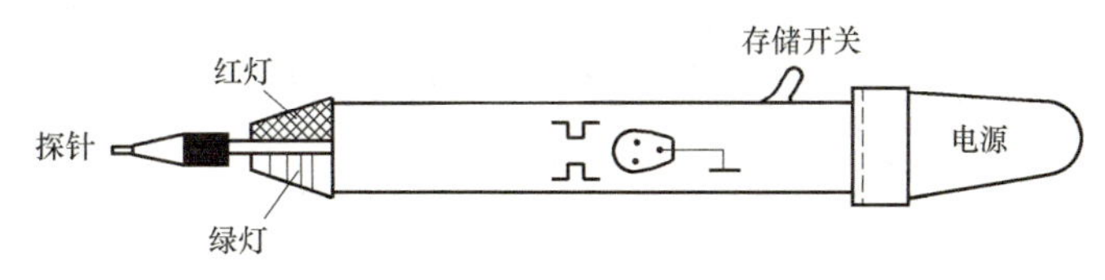

图 6-14　逻辑笔的外形结构

逻辑笔对输入电平的响应见表 6-3。

表 6-3　逻辑笔对输入电平的响应

序号	被测点逻辑状态	逻辑笔的响应
1	稳定的逻辑“1”	“H”灯持续亮
2	稳定的逻辑“0”	“L”灯持续亮
3	逻辑“1”和逻辑“0”间的中间态	“H”“L”灯均不亮
4	单次正脉冲	“L”→“H”→“L”,“PULSE”灯闪
5	单次负脉冲	“H”→“L”→“H”,“PULSE”灯闪
6	低频序列脉冲	“H”“L”“PULSE”灯闪
7	高频序列脉冲	“H”“L”灯持续亮，“PULSE”灯闪

2. 逻辑夹

逻辑笔在同一时刻只能显示一个被测点的逻辑状态，而逻辑夹则可以同时显示多个被测点的逻辑状态。在逻辑夹中，每一路信号都先经过一个门判电路，门判电路的输出通过一个非门驱动一个发光二极管。当输入信号为高电平时，发光二极管亮；否则，发光二极管暗。

逻辑笔和逻辑夹最大的优点是价格低廉，使用方便。同示波器、数字电压表相比，它不但能简便、迅速地判断出输入电平的高或低，更能检测电平的跳变及脉冲信号的存在，即便是 ns 级的单个脉冲也不会漏掉。因此，逻辑笔和逻辑夹是检测数字逻辑电平的最常用工具。

3. HP1682A 逻辑分析仪

HP1682A 逻辑分析仪的面板和输入探头如图 6-15 所示。

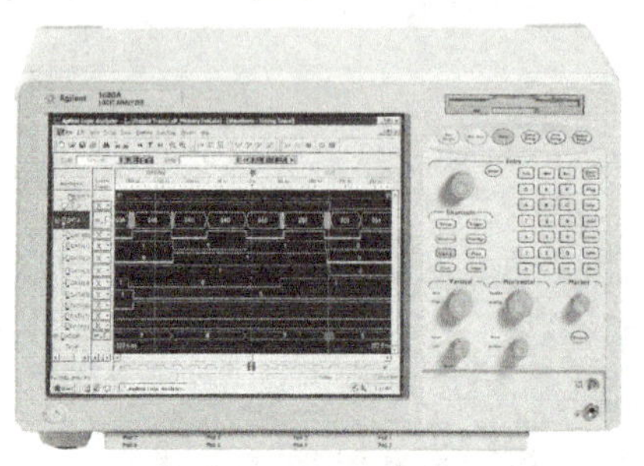

a) HP1682A逻辑分析仪的面板

b) 输入探头

图 6-15　HP1682A 逻辑分析仪的面板和输入探头

项目评价

本项目评价表见表 6-4。

表 6-4　项目评价表

项目	逻辑分析仪的使用						
班级		姓名		日期			
评价项目	评价标准	评价依据	评价方式			权重	得分小计
			学生自评（20%）	小组互评（30%）	教师评价（50%）		
职业素养	1. 遵守规章制度与劳动纪律 2. 按时完成任务 3. 人身安全与设备安全 4. 工作岗位 6S 完成情况	1. 出勤 2. 工作态度 3. 劳动纪律 4. 团队协作精神				0.3	
专业能力	1. 仪器使用熟练 2. 测量方法正确 3. 读数准确无误	1. 操作的准确性和规范性 2. 工作页或项目技术总结完成情况 3. 专业技能完成情况				0.5	
创新能力	1. 在任务完成过程中提出有自己见解的方案 2. 在教学或生产管理上提出建议，具有创新性	1. 方案的可行性及意义 2. 建议的可行性				0.2	

思考与练习

1. 什么是数据域测量？数字系统测量的关键是什么？
2. 简述逻辑分析仪的组成。
3. 逻辑分析仪是怎样获取数据的？
4. 简述逻辑分析仪的工作过程。
5. 逻辑分析仪有哪些基本应用？
6. 简述 LA1032 逻辑仪面板按键名称和功能。
7. 简述逻辑笔和逻辑夹的运用特点。

项目七　元器件参数测量

项目简述

元件参数测量

电子元器件是构成电子产品和设备最基本的单元，其参数的准确性和质量的好坏对整机性能的优劣起着决定性作用。因此，元器件参数的测量具有十分重要的意义。

最基本、最常用的元件是电阻器、电容器和电感器。其参数一般有电阻值、电感量、电容量、损耗因数、品质因数 Q 等。对这些参数的测量方法通常采用电桥法和谐振法，分别使用电桥和 Q 表。随着微处理器技术的发展，数字化、自动化测量元件参数的仪器日益普及。

最常用的半导体器件是二极管、双极型晶体管、闸流晶体管及光电器件等，其参数各异。根据所测参数，半导体器件常用晶体管特性图示仪来测试其直流参数和交流参数等。

本项目主要介绍电桥、Q 表和半导体管特性图示仪的使用方法。

任务一　电桥的使用

任务分析

工作在低频电路中的元件参数通常采用电桥法进行测量，它是把被测量与同类性质的标准量进行比较，从而确定被测量大小的方法。电桥就是利用电桥法原理制成的测量仪器。电桥通常是在低频（如 1kHz）情况下用于测量元件的参数，其测量准确度远高于伏安法和万用表测量电阻的方法。通常把电桥分为直流电桥（包括直流单臂电桥和直流双臂电桥）和交流电桥（包括电感电桥、电容电桥和万用阻抗电桥）两大类。

知识链接

1. 万用电桥简介

同时具备测量 R、L、C 三个参数功能的电桥，通称为万用电桥。万用电桥主要由桥体、交流电源（1kHz 晶体管振荡器）和晶体管检流计（指零仪）三部分组成，如图 7-1 所示。桥体是电桥的核心部分，由标准电阻、标准电容和转换开关组成。通过转换开关的切换，电桥构成不同形式的电路，对 R、L、C 进行测量。

下面以 QS18A 型万用电桥为例进行介绍、分析。

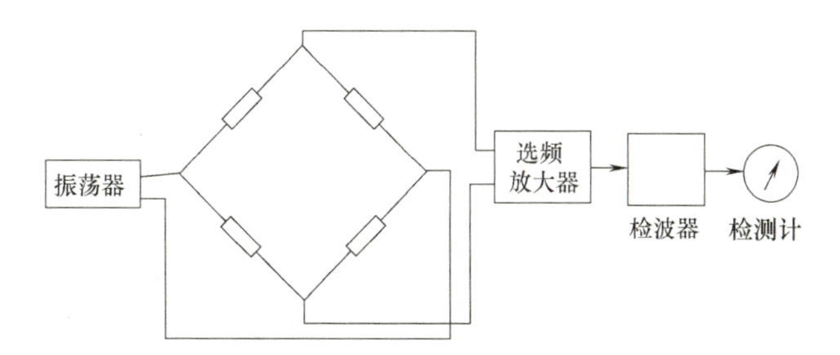

图 7-1　万用电桥的电路组成

2. QS18A 型万用电桥主要技术指标

（1）电容测量　100pF～1000μF，分 8 挡。

（2）电感测量　1.0μH～110H，分 8 挡。

（3）电阻测量　1Ω～10MΩ，分 8 挡。

3. QS18A 型万用电桥控制面板

QS18A 型万用电桥控制面板如图 7-2 所示。

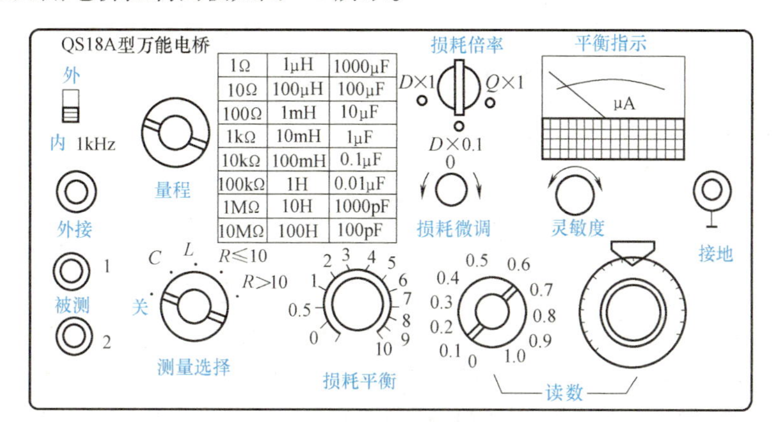

图 7-2　QS18A 型万用电桥控制面板

QS18A 型万用电桥控制面板说明见表 7-1。

表 7-1　QS18A 型万用电桥控制面板说明

项　目	功　能	项　目	功　能
“被测”接线柱	用来连接被测元件	接地端	与仪器机壳相连
“外接”插孔	用来外接音频电源	“灵敏度”旋钮	用以控制电桥放大器的增益。测量过程中，从低到高逐渐调节灵敏度
“外/内 1kHz”开关	用来选择内部或外部电源	“读数”旋钮	调节电桥平衡状态，分粗调和细调
“量程”开关	根据面板所指量程进行选择	“损耗微调”旋钮	可微调平衡时的损耗，一般情况下应在“0”位置
“损耗倍率”开关	测电容时置于“D×1”或“D×0.1”，测电感时置于“Q×1”	“损耗平衡”旋钮	可指示被测电容、电感的损耗读数
“平衡指示”电表	指示电桥平衡状态	“测量选择”开关	根据元件测试内容选择开关

1. 测量电阻

估计被测电阻的大小，将“量程”开关置于适当的位置。如被测电阻在10Ω以内，“量程”开关应置于“1Ω”或“10Ω”位置，“测量选择”开关应置于“$R\leqslant10$”位置；否则，上述两开关应分别置于“100Ω~10MΩ”及“$R>10$”位置。调节“读数”旋钮，使电桥达到平衡，此时被测电阻为

$$R_X=\text{“量程”开关指示值}\times\text{“读数”指示值}$$

2. 测量电容

估计被测电容的大小，将“量程”开关置于适当的位置（例如，测470pF的电容时置于“1000pF”位置）；将“测量选择”开关置于“C”，“损耗倍率”开关置于“$D\times0.1$”（测一般电容）或“$D\times1$”（测电解电容）的位置；反复调节“读数”和“损耗平衡”旋钮，使“平衡指示”电表指零。在调节过程中，应逐渐增大“灵敏度”，使电桥达到平衡，此时被测电容量和损耗因数分别为

$$C_X=\text{“量程”开关指示值}\times\text{“读数”指示值}$$

$$D_X=\text{“损耗倍率”指示值}\times\text{“损耗平衡”指示值}$$

3. 测量电感

估计被测电感的大小，将“量程”开关置于适当的位置；将“测量选择”开关置于“L”，“损耗倍率”开关置于适当的位置（测空芯线圈放在“$Q\times1$”量程，此时$Q=1/D$）；反复调节“读数”和“损耗平衡”旋钮，使电桥达到平衡，此时被测电感量和品质因数分别为

$$L_X=\text{“量程”开关指示值}\times\text{“读数”指示值}$$

$$Q_X=\text{“损耗倍率”指示值}\times\text{“损耗平衡”指示值}$$

[例7-1] 有一标称值为510pF的电容，用QS18A型万用电桥测量。试问（1）“量程”和“损耗倍率”开关应放在何位置？（2）若两读数盘示值分别为0.5和0.043，平衡指示值为1.2，其电容量和损耗值各为多少？

解：（1）量程选择开关应放在1000pF处，“损耗倍率”开关应放在$D\times0.1$处。

（2）$C=1000\text{pF}\times(0.5+0.043)=543\text{pF}$

$D=0.1\times1.2=0.12$

直流电桥分为直流单臂电桥和直流双臂电桥。直流单臂电桥主要用来精密测量阻值在1Ω~0.1MΩ范围内的电阻，而直流双臂电桥主要用来精密测量阻值在1Ω以下的小电阻。

使用注意事项

1. 直流单臂电桥的使用注意事项

1）仪器使用时须放置在水平位置，打开检流计并调到零位。

2）估计被测电阻大小，选择适用的电桥及桥臂比率。

3）接线正确，接线柱必须紧固。

4）测量时先将电源按钮按下锁住，后按下检流计按钮，调整指示盘，至电桥平衡。

5）检测完毕后，先断开检流计再断电源，以免自感电动势将检流计损坏。

6）使用完毕后，将检流计短接。

7）使用外接电源时，必须注意电源电压及极性。

8）注意通电时间不要过长，以免损坏检流计。

9）温度对电阻数值的影响较大，应记录测量时的设备温度。

2. 直流双臂电桥的使用注意事项

直流双臂电桥的使用注意事项与直流单臂电桥基本相同，但还要注意以下三点：

1）被测电阻的电流端钮和电位端钮应和双臂电桥的对应端钮正确连接。当被测电阻没有专门的电位端钮和电流端钮时，要设法引出4根线与双臂电桥连接，并用内侧的一对导线接到电桥的电位端钮上，如图7-3所示。连接用的导线应尽量短而粗，并且要连接牢靠。

2）选用标准电阻时，应尽量使其与被测电阻在同一数量级。

3）双臂电桥的工作电流较大，测量过程要迅速，以避免电池的无谓消耗。不论是直流单臂电桥还是直流双臂电桥，调整原则均是：检流计指针如果偏向“+”，则加大刻度盘数字；检流计指针如果偏向“-”，则减小刻度盘数字。换成简单说法就是：“+”为加、“-”为减。

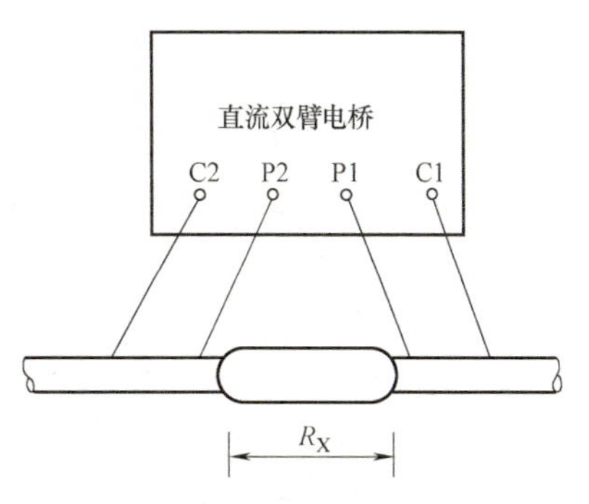

图7-3　直流双臂电桥测量导线电阻的实际接线图

知识拓展

TH2811C型LCR数字电桥以微处理器技术为基础，能自动测量电感量L、电容量C、电阻值R、品质因数Q、损耗因数D等元件参数，并且以数字的形式直接显示测量的结果。它具有测量精确度高（0.25%）、使用方便等优点，代表了目前元件参数智能化测量的方向。

TH2811C型LCR数字电桥的控制面板图如图7-4所示。

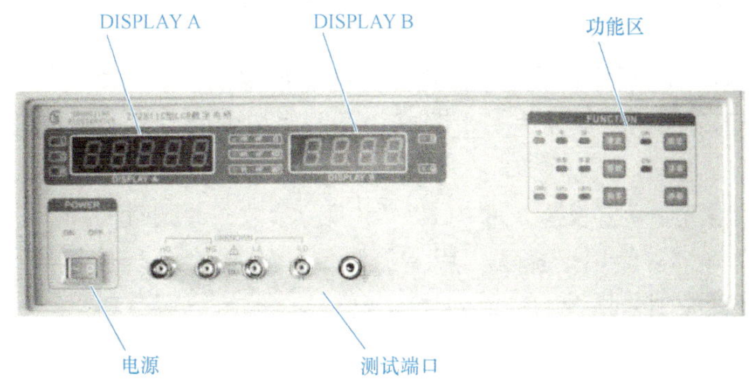

图7-4　TH2811C型LCR数字电桥的控制面板图

1. 使用方法

接通电源，预热10min后，进行如下调节：

（1）清零　清零的目的是在元件测量之前，将测试电缆或测试夹具上的杂散电抗和引线电阻等参数测量出来，并将其存储在仪器中，在测量元件参数时，自动扣除上述参数，以提高仪器测量精度。清零分短路清零和开路清零。清零步骤如下：

1）按一下“清零”键，仪器显示器 A（DISPLAY A）显示“CLEAR”，显示器 B（DISPLAY B）显示“SH”。

2）使用随机配置的专用短路片或低阻导线将测试端 HD（电压激励高端）、HS（电压取样高端）、LD（电压激励低端）、LS（电压取样低端）可靠短路。

3）再按一下“清零”键，仪器短路清零，然后显示器 A 显示“CLEAR”，显示器 B 显示“OP”。

4）将仪器测试端开路。

5）再按一下“清零”键，仪器开路清零后退出清零状态。

（2）设置　选择测试频率（100Hz、1kHz、10kHz）、元件连接方式（串联或并联）和测试内容（L. C. R），“锁定”处于“OFF”状态。

（3）连接被测元件　选用合适的测试夹具或测试电缆。根据被测内容分别从显示器 A（主参数）、显示器 B（副参数）中读出参数。

（4）量程固定　“锁定”处于“ON”状态时，可使量程固定，便于批量测试时使用。

2. 使用注意事项

1）应根据元件不同的工作频率选择频率源。

2）选用测试电缆时，应将 HD 与 HS 短接，LD 与 LS 短接，触点清洁、可靠。对具有屏蔽外壳的元件，应把屏蔽层和仪器接地“⊥”相连。

3）测试大容量电容器之前，应将电容器充分放电。

4）合理选择“方式”，低阻抗元件宜选用串联方式，高阻抗元件宜选用并联方式。

5）被测元件及连接导线应远离强电磁场，以免对测量产生干扰。

任务二　Q 表的使用

工作在高频电路中的元件参数通常采用谐振法进行测量，谐振测量法就是把被测元件接入 LC 回路，然后调节回路参数使之产生谐振，再根据相应的关系来确定被测量的数值，如高频 Q 表。

电桥用于低频情况下测量集总元件（R、L、C）参数，而测量高频集总元件参数，在测量精确度要求不高时，常使用谐振法。用谐振法原理组成的 Q 表使用简便、工作频带宽、成本低，因此，在高频信号情况下广泛使用 Q 表。

知识链接

1. Q 表的组成

图 7-5 所示是 Q 表电路原理框图，其电路组成包括信号源、耦合电路、Q 值电压表及测量用的谐振回路，内部装有空气可变电容器 C_s 作为标准元件。

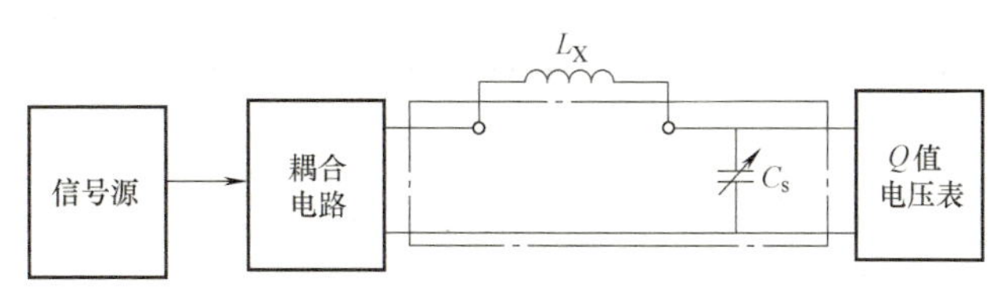

图 7-5　Q 表电路原理框图

2. QBG-3D 型 Q 表简介

QBG-3D 型 Q 表是 QBG-3 型 Q 表的更新产品。它以单片机作为仪器的控制、测量核心处理器，采用频率数字锁定、标准频率测试点自动设定、谐振点自动搜索、Q 值量程自动转换、数码显示等新技术，其调谐测试电路的残余电感非常低。

（1）主要技术指标

1）Q 值测量范围：1~999 分 4 挡，3 位数字显示，自动换挡；固有误差≤5%±满度值的 2%。

2）电感测量范围：0. 1μH~1H，误差<5%±0. 03μH。

3）电容基本测量范围：1~460pF；主电容器调节范围为 40~500pF；准确度为 150pF 以下±1. 5pF，150pF 以上±1%；微调电容器为-3pF~0~3pF；准确度为±0. 2pF。

4）振荡频率范围：25kHz~50MHz，分 7 挡。

3. QBG-3D 型 Q 表控制面板

QBG-3D 型 Q 表的控制面板如图 7-6 所示。

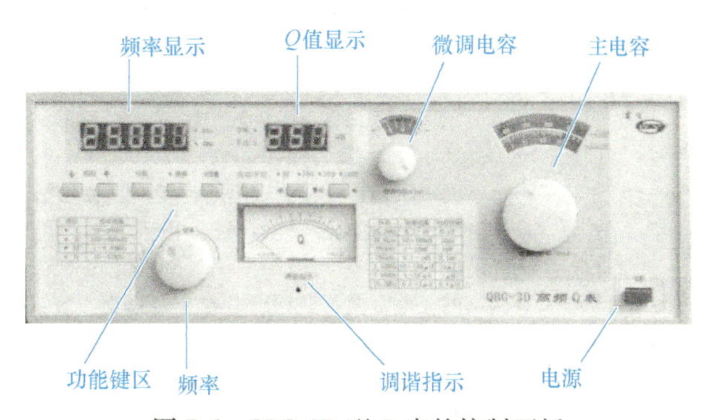

图 7-6　QBG-3D 型 Q 表的控制面板

高频 Q 表操作步骤

操作指导

QBG-3D 型 Q 表的使用方法见表 7-2，测量电感频率表见表 7-3。

表 7-2　QBG-3D 型 Q 表的使用方法

项　　目	操 作 步 骤
Q 值的测量	① 将被测线圈接在仪器顶部面板上的“L_X”接线柱上 ② 选择适当的工作“频段”和工作“频率” ③ 将“微调电容”调到“0” ④ 先调节“主电容”到谐振，再调节“微调电容”到精确的谐振点（Q 指示值最大），此时 Q 的读数即为 L_X 的 Q 值

（续）

<table>
<tr><th colspan="2">项　目</th><th>操作步骤</th></tr>
<tr><td colspan="2">电感量的测量</td><td>① 将被测线圈接在“L_X”接线柱上
② 根据线圈的大约电感量在面板对照表上选择一标准频率（见表7-3），然后调节“频段”和“频率”到这一点频率上
③“微调电容”调到“0”上，调节“主电容”到测试回路谐振，根据刻度盘所指数值和对照表上的电感值范围，得到线圈的有效电感量</td></tr>
<tr><td rowspan="3">电容量的测量</td><td>小于460pF电容的测量</td><td>① 选一个适当的电感接到“L_X”的两端
② 将“微调电容”调至“0”，“主电容”调到最大值附近为C_{S1}，调节信号源频率，使测试回路谐振，谐振时Q值为Q_1
③ 将被测电容器接在仪器顶部面板上的“C_X”接线柱上，调节“主电容”，使回路再次谐振，读数为C_{S2}，Q值为Q_2
④ 被测电容量、有效并联电阻及电容器损耗角正切分别由式$C_X=C_{s1}-C_{s2}$、$R_P=\frac{1}{\omega C_{s1}}\times\frac{Q_1Q_2}{Q_1-Q_2}$，$\tan\delta=\frac{1}{\omega R_p C_X}=\frac{C_{s1}}{C_{s1}-C_{s2}}\times\frac{Q_1-Q_2}{Q_1Q_2}$来计算</td></tr>
<tr><td>大于460pF电容的测量</td><td>① 取一只适当容量的标准电容器C_{S3}接在“C_X”接线柱上
② 同小于460pF电容器的测量中的① ② 项
③ 取下标准电容器，将被测电容器接到“C_X”接线柱上，调节“主电容”到谐振，此时“主电容”为C_{S2}，则可由下式算出$C_X=C_{S3}+C_{S1}-C_{S2}$</td></tr>
<tr><td>线圈分布电容的测量</td><td>将被测线圈接在“L_X”接线柱上，调节“主电容”到最大电容值C_{31}，此时谐振频率为f_1，调节信号源频率到f_2处，重调“主电容”使电路再次谐振，此时电容读数为C_{S2}，由下式算出$C_0=\frac{C_{S1}-4C_{S2}}{3}$</td></tr>
<tr><td colspan="2">Q合格预置</td><td>① 选择元器件的工作频率
② 将一个合格的电感接入调谐测试电路，使Q值读数指示在所需预置Q值上
③ 按“Q设置”合格按键，使“合格”指示灯亮，同时仪器发出鸣叫声，这样，就完成了Q值预置
④ 换上要测试的元件，微调“调谐电容”至调谐点，如果该器件的Q值大于设定的Q值，“合格”指示灯就亮</td></tr>
<tr><td colspan="2">标准测试频率按键</td><td>测试元器件时，预先选择频段，再按一下“标频”设置键，仪器自动设置测试频率</td></tr>
<tr><td colspan="2">谐振点自动搜索功能</td><td>① 把元件接在接线柱上
② 主电容调到中间位置
③ 按一下“扫描”键，仪器自动搜索谐振点。扫描完毕后，一起将停在元件的谐振频率附近。如果要退出搜索状态，可再按一次“扫描”键</td></tr>
</table>

表7-3　测量电感频率表

频率点	电感值	频率点	电感值
25.2MHz	0.1～1μH	252kHz	1～10mH
7.95MHz	1～10μH	79.5kHz	10～100mH
2.25MHz	10～100μH	25.2kHz	0.1～1H
795kHz	0.1～1mH		

1. QBG-3B 型高频 Q 表主要技术指标

（1）Q 值测量范围　10~1000，分 4 挡。

（2）电感量测量范围　0.1μH~100mH，分 6 挡。

（3）电容量测量范围　1~460pF。

（4）振荡频率范围　50kHz~50MHz，分 6 挡。

2. QBG-3B 型高频 Q 表控制面板

QBG-3B 型高频 Q 表控制面板如图 7-7 所示。

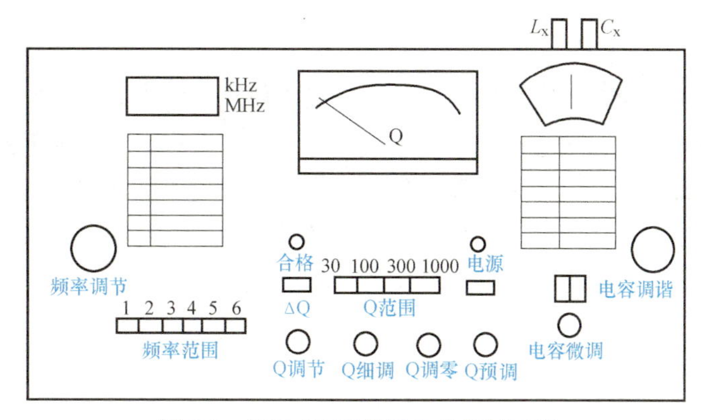

图 7-7　QBG-3B 型高频 Q 表控制面板

3. 使用方法

（1）测试前准备

1）仪器水平放置：先校准 Q 值指示表的机械零点，并将读数微调度盘调到零。

2）接通电源：预热 30min 以上，待仪器稳定后再进行测量。

3）每次测试前：应先短接接线柱两端，进行零点校准。

（2）高频线圈 Q 值的测量

1）将被测线圈接在接线柱上：选择测量频段，并调节振荡频率到所需频率值上。

2）估计被测线圈的 Q 值：将 Q 值范围开关放在适当的位置上。

3）调节主电容器远离谐振点位置：使 Q 值指示表指示最小，再调 Q 值零位校准旋钮，使 Q 值指示为零。

4）调节主电容器到谐振点，再调微调电容器到精确谐振点，即 Q 值指示表指在最大值，此时读数即为被测线圈的有效值 Q_e。

（3）高频线圈电感量的测量

1）将被测线圈接在 L_X 接线柱上；估计被测线圈的电感量，在面板对照表上选择一个标准频率，将振荡频率调到这一标准频率。

2）估计线圈的 Q 值：将 Q 值范围放在适当的位置上。

3）调节主电容器到谐振点，这时读数盘上指示的读数再乘以对照表上所指的倍数，即为线圈的有效电感量。

4. 测量注意事项

1）被测元件与仪器测量接线柱间的接线应尽量短，足够粗，接触良好，以减小测量误差。

2）被测元件不要直接放在仪器顶部，必要时用绝缘材料作衬垫物隔开。

3）不要将手靠近被测件，以免人体感应造成测量误差。

4）有屏蔽罩的被测元件，屏蔽应接在低电位的接线柱上。

任务三　半导体管特性图示仪的使用

分立半导体器件通常是指二极管、晶体管、场效应晶体管、晶闸管等器件。这些半导体器件在电子产品和设备中起核心作用，其参数的大小和稳定性，直接关系到整机的质量和工作状态。半导体管特性图示仪为半导体器件参数的测试提供了一种有效的手段。半导体管特性图示仪是一种采用图示法直接在示波管上显示各种半导体器件特性曲线的多用途测试仪器，通过仪器的标尺刻度可直接读出半导体器件的各项参数。

XJ4810 型半导体管特性图示仪采用全晶体管化电路，利用双向扫描电路及装置，能同时显示二极管的正反向特性曲线，同时还可以观察、比较晶体管的双簇特性，便于测试或进行参数的比较。同时配置一定的扩展装置，可测试 CMOS、TTL 数字集成电路的电压传输特性。

1. 主要技术指标

XJ4810 型半导体管特性图示仪主要技术指标见表 7-4。

表 7-4　XJ4810 型半导体管特性图示仪主要技术指标

名　称		技术指标
Y 轴偏转因数	集电极电流范围 I_C	10μA/DIV～0.5A/DIV，分 15 挡，误差≤±3%
	二极管反向漏电流 I_R	0.2～5μA/DIV，分 5 挡；其中，2～5μA/DIV，误差≤±3%；0.2μA/DIV、0.5μA/DIV、1μA/DIV，误差分别≤±20%、±10%、±5%
	基极电流或基极源电压	0.05μA/DIV，误差≤±3%
	外接输入	0.05μA/DIV，误差≤±3%
	偏转倍率	×0.1，误差：±（10%±10nA）
X 轴偏转因数	集电极电压范围 U_{CE}	0.05～50V/DIV，分 10 挡，误差≤±3%
	基极电压范围 U_{BE}	0.05～1V/DIV，分 5 挡，误差≤±3%
	基极电流或基极源电压 U_{BE}	0.05V/DIV，误差≤±3%
	外接输入	0.05V/DIV，误差≤±3%

（续）

名　　称		技术指标
阶梯信号	阶梯电流范围	0.2μA/级~50mA/级，分 17 挡。其中，1μA/级~50mA/级，误差≤±5%；0.2μA/级、50mA/级，误差≤±7%
	阶梯电压范围	0.05~1V/DIV，分 5 挡，误差≤±5%
	串联电阻	0、10kΩ、10MΩ，分 3 挡，误差≤±10%
	每簇级数	1~10 连续可调
	每秒级数	200
	极性	正、负分 2 挡
集电极扫描信号	峰值电压（峰值电流容量）	0~10V（5A）、0~50V（1A）、0~100V（0.5A）、0~500V（0.1A）
	功耗限制电阻	0~0.5MΩ，分 11 挡，误差≤±10%

2. 控制面板

XJ4810 型半导体管特性图示仪控制面板图如图 7-8 所示。

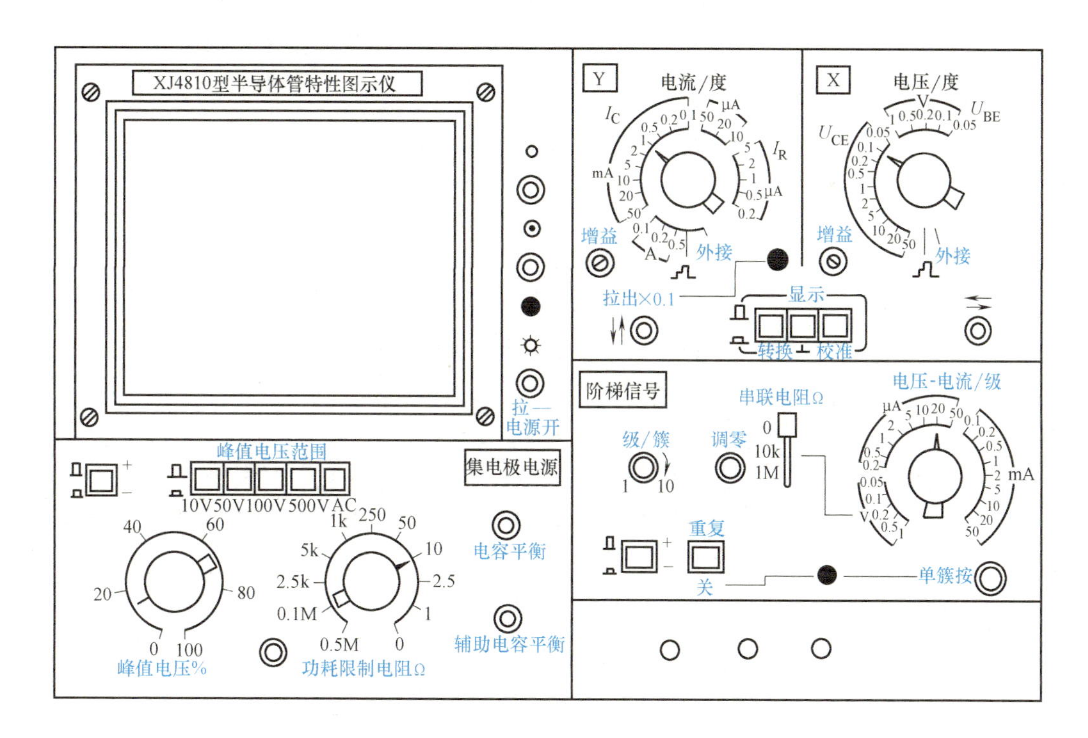

图 7-8　XJ4810 型半导体管特性图示仪控制面板图

XJ4810 型半导体管特性图示仪控制面板各部件名称和功能见表 7-5。

表 7-5 XJ4810 型半导体管特性图示仪控制面板各部件名称和功能

名称		功能
示波管和控制部分		这一部分包括“聚焦”“辅助聚焦”“辉度”旋钮及“电源开关”按钮
集电极电源	“峰值电压范围”按键	用于选择集电极电源的最大值，其中“AC”挡能使集电极电源变为双向扫描，使屏幕同时显示出被测二极管的正反向特性曲线
	“峰值电压%”旋钮	配合“峰值电压范围”一起使用。“峰值电压范围”每次换挡之前，“峰值电压%”旋钮应旋至“0”
	“+、-”按键	此按键为集电极电源极性选择键，按下时集电极电源极性为负，弹起时为正
	“电容平衡”“辅助电容平衡”旋钮	调节仪器内部的电容性电流为最小，使集电极电流在较高灵敏度时屏幕上的水平线基本重叠为一条。一般情况下无须经常调节这两个旋钮
	“功耗限制电阻”旋钮	用于改变集电极回路中电阻的大小。测量被测管的正向特性时应置于低阻挡，测量反向特性时应置于高阻挡
Y 轴部分	“电流/度”旋钮	此旋钮是测量二极管反向漏电流 I_R 及晶体管集电极电流 I_C 的量程开关。当旋钮置于“⎍”（该挡称作“基极电流或基极源电压”）位置时，可使屏幕 Y 轴代表基极电流或电压；当旋钮置于“外接”时，Y 轴系统处于外接状态
	“移位”旋钮	除作垂直移位外，还兼作 Y 轴偏转因数倍率（拉出×0.1）开关
	“增益”电位器	用于调整 Y 轴放大器的总增益，即 Y 轴偏转因数。一般情况下不需要经常调整
X 轴部分	“电压/度”旋钮	此旋钮是集电极电压 U_{CE} 及基极电压 U_{BE} 的量程开关。当旋钮置于“⎍”位置时，可使 X 轴代表基极电流或电压；当开关置于“外接”时，X 轴系统处于外接状态
	“增益”电位器	用于调整 X 轴放大器的总增益，即 X 轴偏转因数。一般情况下不需要经常调整
显示部分	“转换”按键	用于同时转换集电极电源及阶梯信号的极性，以简化 NPN 型管与 PNP 型管转测时的操作手续
	“⊥”按键	此开关按下时，可使 X、Y 轴放大器的输入端同时接地，以确定零的基准点
	“校准”按键	用于校准 X 轴及 Y 轴的放大器增益。开关按下时，光点应在屏幕有刻度的有效范围内从左下角准确地跳向右下角，否则应通过调节 X 轴或 Y 轴的“增益”电位器来校准
阶梯信号	“电压-电流/级”旋钮	即阶梯信号选择旋钮，用于确定每级阶梯的电压值或电流值
	“串联电阻”开关	用于改变阶梯信号与被测管输入端之间所串联的电阻的大小，但只有当“电压-电流/级”开关置于电压挡时，此开关才起作用
	“级/簇”旋钮	用于调节阶梯信号一个周期的级数，可在 1~10 级之间连续调节
	“调零”旋钮	用于调节阶梯信号起始级的电平，正常时该级应为零电平
	“+、-”按键	用于阶梯信号的极性选择
	“重复-关”按键	当按键弹起时，阶梯信号重复出现，用正常测试；当按键按下时，断开阶梯信号
	“单簇按”旋钮	与“重复-关”按键配合使用，向被测管输出单次作用阶梯信号

此外，测试台面板（见图 7-9）上“二簇”按键按下时，可在屏幕上同时显示左、右两管的特性曲线，用于同时观测；“左”按键按下时，只接通测试台左边的被测管；“右”按键按下时，只接通测试台右边的被测管；“零电压”按键按下时，将被测管的基极接地；“零电流”按键按下时，将被测管的基极开路，用于测量 I_{CEO}、BU_{CEO}等开路参数。

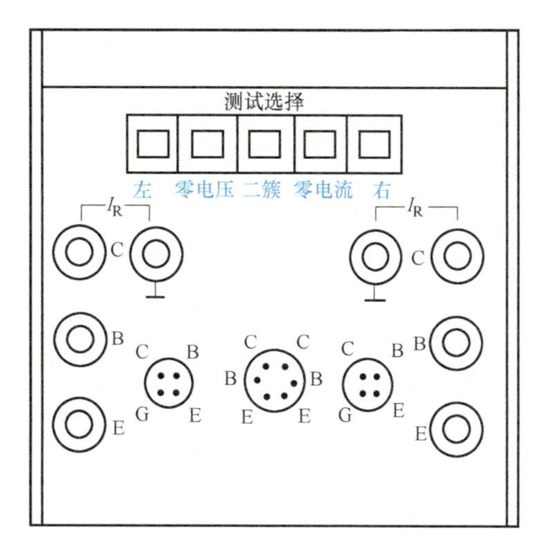

图 7-9　XJ4810 型半导体管特性图示仪测试台面板

1. 使用方法

（1）开启电源　开启后指示灯亮，预热 15min 后再进行测试。

（2）调节“辉度”“聚焦”“辅助聚焦”旋钮，使屏幕上的光点或线条趋向清晰。

二极管、晶体管测试

（3）*X*、*Y* 轴灵敏度校准　将“峰值电压%”旋钮旋至“0”，屏幕上的光点移至左下角，按下显示部分的“校准”按键，此时光点应准确地跳向右下角。若跳偏该位置，则应通过调节 *X* 轴或 *Y* 轴的“增益”电位器来校准。

（4）阶梯调零　当测试中需要用到阶梯信号时，必须先进行阶梯调零，正极性阶梯调零过程如下：将阶梯信号及集电极电源均置于“+”极性，“电压/度”置于 1V/度，“电流/度”置于“0. 1mA/度”，“电压-电流/度”置于 0. 05V/级（也可在其他阶梯电压位置），“重复-关”置于重复，“级/簇”置于适中位置，“峰值电压范围”置于 10V 挡，调节“峰值电压%”旋钮使屏幕上的扫描线满度，然后按下“⊥”按键，观察此时光点在屏幕上的位置，再将按键复位，调节“调零”旋钮使阶梯波的起始点处于光点的位置，这样，正极性阶梯调零信号的零电平即调准。负极性阶梯调零的调整方法与上述类似，只是将阶梯信号及集电极电源均置于“-”极性。

2. 半导体管特性图示仪的应用

半导体管特性图示仪的应用见表 7-6。

表 7-6 半导体管特性图示仪的应用

项目	图 解	说 明
二极管的测试	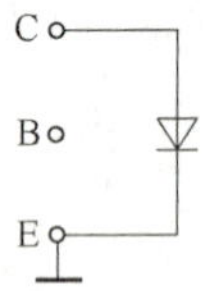 图 7-10 二极管的测试连接图 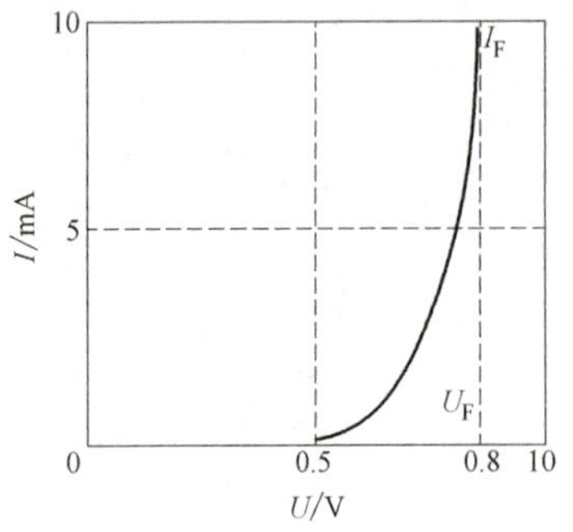 图 7-11 二极管的正向特性曲线 (U_F=0.8V) 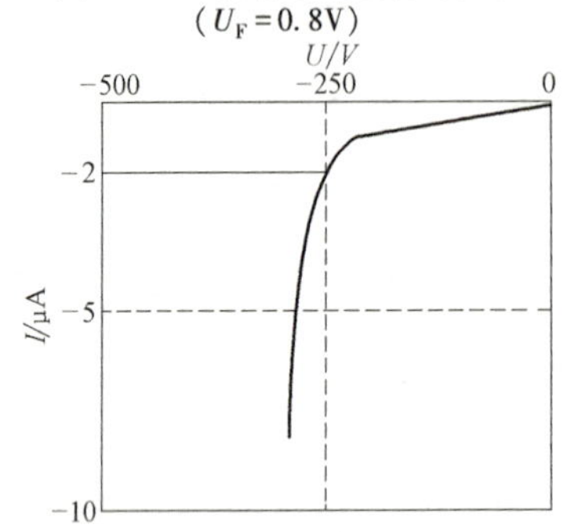 图 7-12 二极管的反向特性曲线 (U_{RM}=250V)	1. 正向特性的测试 将屏幕上的光点移至左下角，各开关旋钮置于如下位置： 峰值电压范围：0~10V (+) 功耗限制电阻：250Ω *X* 轴作用：集电极电压 0.1V/度 *Y* 轴作用：集电极电流 1mA/度 阶梯作用：关 将被测二极管按图 7-10 所示连接，即可对二极管进行正向伏安特性的测试。调节“峰值电压%”旋钮使峰值电压逐渐增大，屏幕上将显示出如图 7-11 所示的正向特性曲线。由该曲线即可测得正向压降 U_F。本例中，U_F=0.8V 2. 反向特性的测试 各开关旋钮置于如下位置： 峰值电压范围：0~500V (-) 功耗限制电阻：10kΩ *X* 轴作用：集电极电压 50V/度 *Y* 轴作用：集电极电流 1μA/度 阶梯作用：关 被测二极管仍按图 7-10 所示连接，逐渐增大“峰值电压%“，则屏幕上将显示出如图 7-12 所示的反向特性曲线。在曲线拐弯处所对应的 *X* 轴上读得电压，既得被测管的反向击穿电压，而二极管的最高反向峰值电压 (U_{RM}) 约为反向击穿电压值的 1/2
晶体管的测试	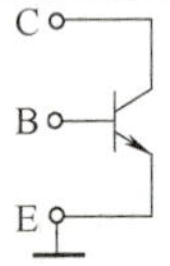 图 7-13 晶体管的测试连接图 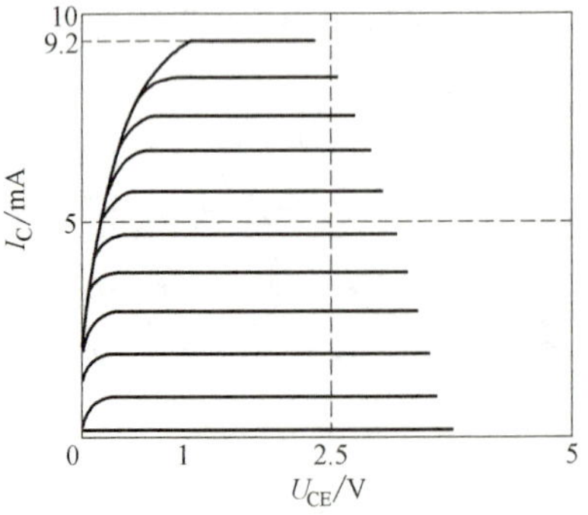 图 7-14 晶体管的输出特性曲线 (U_{CE}=1V 时，*B*=9.2mA)	1. 输出特性曲线测试 将屏幕上的光点移至左下角，然后对阶梯信号调零，开关旋钮置于如下位置： 峰值电压范围：0~10V (+) 功耗限制电阻：250Ω 阶梯信号选择：0.02mA/级 (+) 阶梯作用：重复 *X* 轴作用：集电极电压 0.5V/度 *Y* 轴作用：集电极电流 1mA/度 将被测晶体管按图 7-13 所示连接，逐渐增大“峰值电压%“，则屏幕上将显示出如图 7-14 所示的一簇输出特性曲线

（续）

项目	图　解	说　明
晶体管的测试	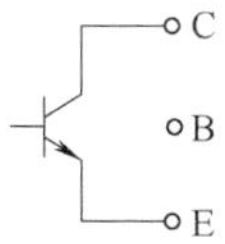 图 7-15　晶体管反向电流及反向击穿电压的测试连接图 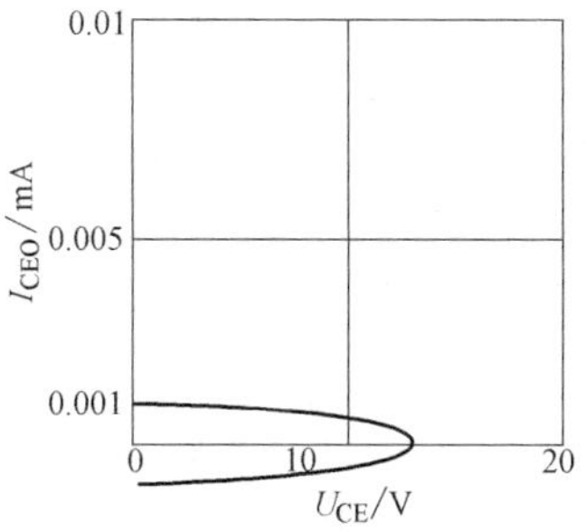 图 7-16　反向饱和电流 I_{CEO} 曲线 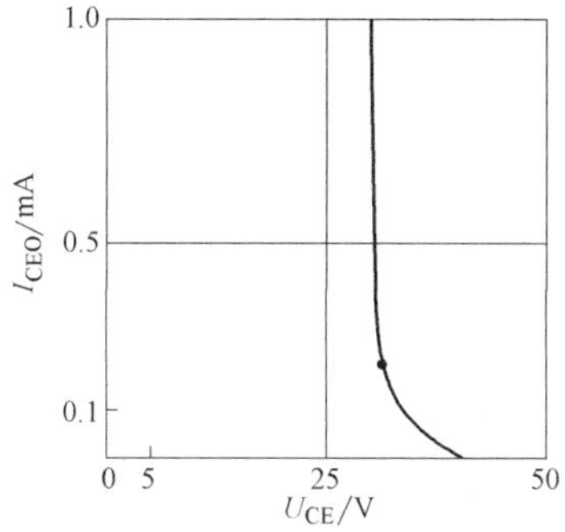 图 7-17　反向击穿电压 BU_{CEO} 曲线	2. 反向电流及反向击穿电压的测试 反向电流包括 I_{CBO}、I_{CEO}、I_{EBO}，三者测量方法相同，其中 I_{CEO} 为基极开路 C-E 极之间的反向电流。反向电压包括 BU_{CBO}、BU_{CEO}、BU_{EBO}，三者测量方法相同，其中 BU_{CBO} 为基极开路 C-E 极之间的反向击穿电压。下面以 I_{CEO} 和 BU_{CEO} 为例，说明其测量方法。I_{CEO} 和 BU_{CEO} 的测试连接图如图7-15所示。 1）测量 I_{CEO} 时，各开关旋钮的位置如下： 峰值电压范围：0~50V 功耗限制电阻：25kΩ Y“电流/度” I_C：10μA/度 X“电压/度” U_{CE}：2V/度 Y 轴倍率：×0. 1 阶梯“重复-关”：关 逐步增大“峰值电压%”，在 $U_{CE}=10V$ 处所对应的 Y 轴电流即为 I_{CEO}，如图 7-16 所示 2）测量 BU_{CEO} 时，各开关旋钮的位置如下： 峰值电压范围：0~100V 功耗限制电阻：25kΩ Y“电流/度” I_C：0. 1m A/度 X“电压/度” U_{CE}：5 V/度 Y 轴倍率：×0. 1 阶梯“重复-关”：关 逐步增大“峰值电压%”，在 $I_{CEO}=0.2mAV$ 处所对应的 X 轴电压即为 BU_{CEO}，如图 7-17 所示
场效应晶体管的测试	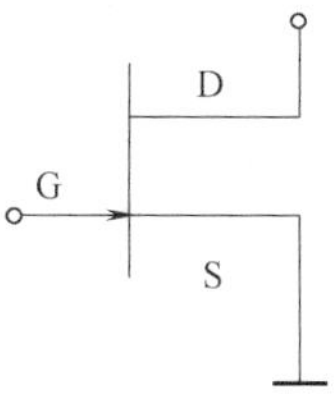 图 7-18　场效应晶体管的连接方法	场效应晶体管的连接方法如图 7-18 所示 1）测量输出特性时，各开关旋钮的位置如下： 峰值电压范围：0~50V 集电极电源极性：+ 功耗限制电阻：1kΩ Y“电流/度” I_C：1mA/度 X“电压/度” U_{CE}：2V/度 阶梯“重复-关”：重复 电压-电流/级：1V/度 串联电阻：0Ω

（续）

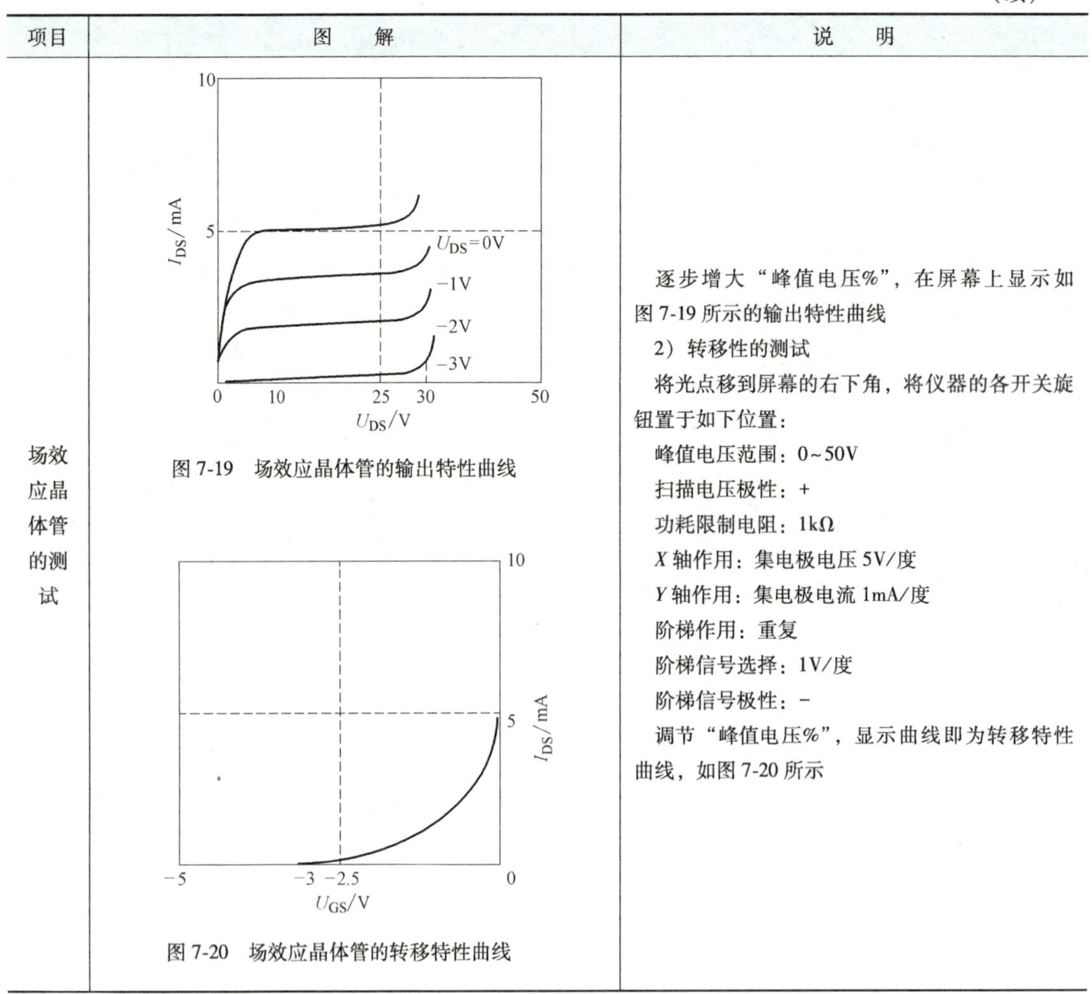

项目	图解	说明
场效应晶体管的测试	图 7-19　场效应晶体管的输出特性曲线 图 7-20　场效应晶体管的转移特性曲线	逐步增大“峰值电压%”，在屏幕上显示如图 7-19 所示的输出特性曲线 2）转移性的测试 将光点移到屏幕的右下角，将仪器的各开关旋钮置于如下位置： 峰值电压范围：0~50V 扫描电压极性：+ 功耗限制电阻：1kΩ *X* 轴作用：集电极电压 5V/度 *Y* 轴作用：集电极电流 1mA/度 阶梯作用：重复 阶梯信号选择：1V/度 阶梯信号极性：− 调节“峰值电压%”，显示曲线即为转移特性曲线，如图 7-20 所示

使用注意事项

XJ4810 型半导体管特性图示仪使用注意事项如下：

1）测试晶体管之前，首先应查阅其测试条件和极限参数。由于晶体管是非线性器件，其参数在不同的测试条件下相差悬殊。因此，在测试时应严格按照测试条件进行。当缺乏测试条件时，也可根据晶体管实际工作状态进行设置。在测试极限参数过程中，严禁在安全区域之外进行测试，否则，晶体管会造成不可逆的击穿。

2）测试过程中，要特别注意阶梯选择、峰值电压范围、功耗限制范围等的调节。如在调高“峰值电压范围”之前，应将“峰值电压%”调为“0”，然后，根据显示波形趋势逐步调高电压，避免晶体管过载，造成永久损坏。

3）测试大功率管的极限参数时，宜采用“单簇”阶梯作用，以防损坏晶体管和仪器。

4）不论场效应晶体管是结型还是绝缘栅（MOS）型，测试时都应特别注意不能超过额定的漏源电压 U_{DS}、栅源电压 U_{GS}、耗散功率 P_{DM} 及最大电流 I_{DM}。对 MOS 型场效应晶体管

还应避免因感应电压过高而造成晶体管击穿。避免击穿的方法是不使栅极悬空，例如，在栅-源之间加接一个电阻，即保证栅源极之间的直流通路。另外，施加于结型场效应晶体管的阶梯极性不能接反，否则，PN结处于正偏，极易导致晶体管烧毁。

5）测试过程中，严禁用手触及管脚，以防触电。

知识拓展

常用的几种半导体器件测量仪器的主要性能见表7-7。

表7-7　常用的几种半导体器件测量仪器的主要性能

型号与名称	主要性能
BJ2911（HQIB）型晶体管综合参数测试仪	能测试晶体管交直流12个参数、二极管6个参数
JT-1型晶体管特性图示仪	可任意测定晶体管在共射、共集及共基状态下的输入特性、输出特性、β参数，可测定晶体管的各种极限参数等
QG-6型超高频晶体管f_T参数测试仪	可测量小功率超高频晶体管的特征率f_T，测量范围为400~3200MHz
BJ3190型集成运算放大器测试仪	可测量各种集成运算放大器的参数
YB3112型数字集成电路测试仪	是智能化测试仪，可测试54/74/4000/1800/55/75系列的TTL或CMOS数字集成电路的优劣。集成块规格为8、14、16、20脚双列直插，测试结果由指示灯指示
XJ4820型半导体特性图示仪	在XJ4810型半导体管特性图示仪的基础上，增加CRT字符读出测量，反向测试电压增加至3000V
XJ型可编程半导体特性图示仪	控制开关可编程，测试条件可预置，可打印输出；被测器件的各种特性曲线可编程存储在机内硬盘或软盘中，并可随时调用；能同时显示二簇特性曲线；具备CRT字符读出测量

项目评价

本项目评价表见表7-8。

表7-8　项目评价表

<table>
<tr><td>项目</td><td colspan="8">电桥、Q表、半导体管特性图示仪的使用</td></tr>
<tr><td>班级</td><td></td><td>姓名</td><td colspan="2"></td><td>日期</td><td colspan="3"></td></tr>
<tr><td rowspan="2">评价项目</td><td rowspan="2">评价标准</td><td rowspan="2">评价依据</td><td colspan="3">评价方式</td><td rowspan="2">权重</td><td rowspan="2">得分小计</td></tr>
<tr><td>学生自评（20%）</td><td>小组互评（30%）</td><td>教师评价（50%）</td></tr>
<tr><td>职业素养</td><td>1. 遵守规章制度与劳动纪律
2. 按时完成任务
3. 人身安全与设备安全
4. 工作岗位6S完成情况</td><td>1. 出勤
2. 工作态度
3. 劳动纪律
4. 团队协作精神</td><td></td><td></td><td></td><td>0.3</td><td></td></tr>
</table>

（续）

专业能力	1. 仪器使用熟练 2. 测量方法正确 3. 读数准确无误	1. 操作的准确性和规范性 2. 工作页或项目技术总结完成情况 3. 专业技能完成情况				0.5	
创新能力	1. 在任务完成过程中提出有自己见解的方案 2. 在教学或生产管理上提出建议，具有创新性	1. 方案的可行性及意义 2. 建议的可行性				0.2	

思考与练习

1. 电桥测量电阻与万用表电阻挡测量电阻有什么区别?

2. 使用QS18A型万能电桥测量一标称值为90mH的电感线圈时，试问:

（1）“量程”和“损耗倍率”开关应置于什么位置?

（2）若两个读数盘的示值分别为0.9和0.098，“损耗平衡”的示值为2.5，则R_X和Q_X各为多少?

3. 使用QS18A型万能电桥测量一电容，当电桥平衡时，“量程”处于1000pF挡，“损耗倍率”开关在$D\times0.01$挡，“损耗平衡”盘读数为1.2，求被测电容损耗因数为多少?

4. Q表的基本原理是什么?

5. 采用TH2811C型数字电桥测量元件参数时，有哪些注意事项?

6. 半导体管特性图示仪测量二极管的方法是什么?

7. 简述单臂电桥操作方法以及注意事项。

8. 简述TH2811C型LCR数字电桥使用注意事项。

项目八　现代测量技术

项目简述

在计算机控制下，能自动进行各种信号的测量、数据的处理和传输，并以适当形式显示或输出测试结果的系统称为自动测试系统（计算机控制仪器），简称ATS（Automated Test System），这种技术我们称之为自动测试技术。在自动测试系统中，整个工作都是在预先编制好的测试程序的统一指挥下完成的，系统中的各种仪器和设备是智能化的，都可进行程序控制。

自动测试系统（ATS）是一个不断发展的概念，随着各种高新技术在检测领域的运用，它不断被赋予各种新的内容和组织形式。

任务一　智能仪器与虚拟仪器

任务分析

一、智能仪器

随着微处理器的广泛应用，出现了完全突破传统概念的新一代仪器——智能仪器。这类仪器以微处理器为核心，代替常规电子线路，具有信息采集、显示、处理、传输以及优化控制等功能。这类仪器一般都配有标准接口，可以参与自动测试系统的组建。智能仪器的组成包括硬件和软件两大部分。

凡是人工智能化的测量仪器均可统称为智能仪器，狭义的智能仪器通常是指独立的智能仪器（即传统智能仪器），独立智能仪器又称为灵巧仪器（Smart Instruments），它是自身带有微处理器能够独立进行测试的电子仪器。

个人仪器（也称PC仪器）是在智能化仪器的基础上发展起来的又一种新型仪器，它是计算机与电子仪器相结合的产品。这类仪器的基本构想是将原智能仪器、仪表中测量部分的硬件电路以附加插件或模板的形式插入到计算机的总线插槽或扩展机箱中；而将原智能化仪器中的控制、存储、显示和操作运算等软件任务都移交给计算机来完成。由于它充分利用了计算机的软件和硬件资源，因而相对于传统的智能仪器来说，极大地降低了成本，方便了使用，提高了可靠性，显示出广阔的发展前景。在此基础上，若将多种测控仪器插件或模板组合在一个计算机系统中，还可以构成被称为个人仪器的系统，以代替价格昂贵的GP-IB接口测试系统的工作。

个人仪器及系统的结构大体上可以分为内插式、外插式、VXI总线仪器系统几种形式。

二、虚拟仪器

虚拟仪器是指通过应用程序将通用计算机与必要的功能化硬件模块结合起来的一种仪器，用户可以通过友好的图形界面来操作这台计算机，就像操作自己定义、自己专门设计的一台单个传统仪器一样，从而完成对被测控参数的采集、运算与处理、显示、数据存储、输出等任务。虚拟仪器通常由计算机、仪器模块和软件三部分组成。

虚拟仪器模块的功能主要靠软件实现，通过编程在显示屏上构成波形发生器、示波器或数字万用表等传统仪器的软面板；而波形发生器发生的波形、频率、占空比、幅值和偏置，或者示波器的测量通道、标尺比例、时基、极性、触发信号（沿口、电平……）等都可用鼠标或按键进行设置，如同常规仪器一样使用，只是虚拟仪器具有更强的分析处理能力。随着计算机技术和虚拟仪器技术的发展，用户只能使用制造商提供的仪器功能的传统观念正在改变，而用户自己设计、定义的范围得到进一步扩大。当用户的测控要求变化时，可以方便地由用户自己来增减软、硬件模块，或重新配置现有系统以满足要求。所以虚拟仪器是由用户自己定义、自由组合的计算机平台、硬件、软件以及完成系统功能所需的附件。同一台虚拟仪器可在更多场合应用，例如，既可在电量测量中应用，又可在振动、运动和图像等非电量测量中应用，甚至在网络测控中应用。

1. 典型个人仪器

下面将以数字式电压表（DVM）个人仪器为例，着重从硬件结构、软面板的生成和软件系统的设计三个方面，简单介绍内插式个人仪器。

（1）硬件结构　DVM 个人仪器插件硬件结构图如图 8-1 所示。

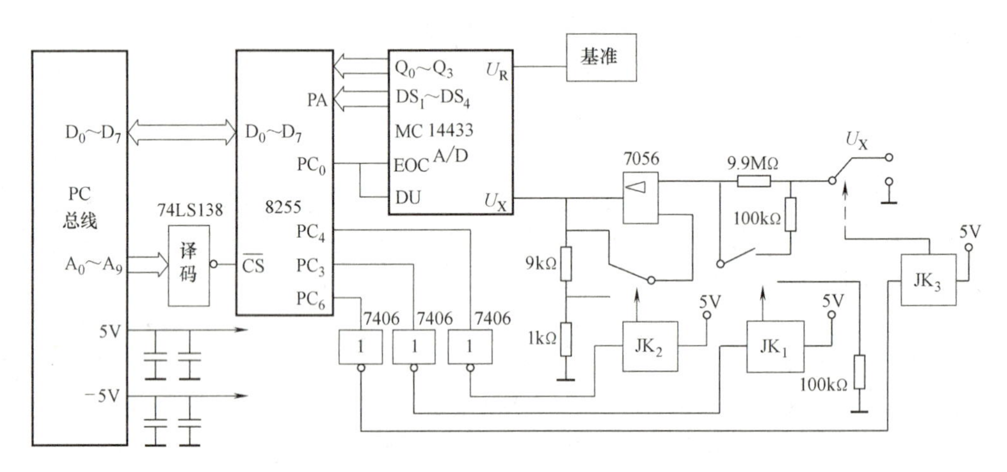

图 8-1　DVM 个人仪器插件硬件结构图

控制接口电路使用 8255 C 口，8255 C 口初始化为输出方式。其输出端 PC_3、PC_4、PC_6 经 7406 驱动 JK_1、JK_2 和 JK_3 继电器。仪器的 A/D 转换器采用 MC 14433 双积分集成 A/D 转换器芯片。译码电路采用 74LS138 芯片。

（2）软面板的生成　图 8-2 所示是 DVM 个人仪器软面板，不难看出，它与同类智能仪表的硬件面板极其相似。

显示窗口用来显示测量结果；状态反馈窗提供当前正在执行的有关信息及出错信息等；“软键”操作窗又分成量程键区和功能键区两部分，可以通过按下计算机的 Tab 键来进行切换选择。

“软键”操作窗的“键”操作，是通过计算机键盘右边小键盘中的四个方向键来控制光标移动的。当光标移到某一项时，就使该项以反相映像的形式进行显示，如图 8-2 所示。

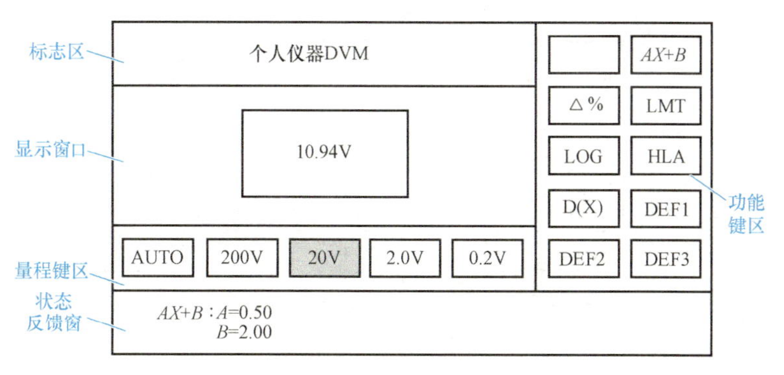

图 8-2　DVM 个人仪器软面板

此时若按回车键，则表示该“软键”被选中，同时在软面板前方弹出一个对话框，用户通过软件引导，直接通过计算机键盘输入其常数 A 与 B 的值，然后按下软键“OK”，便进入该项功能的测量。图 8-2 所示的软面板表示正在执行 $AX+B$ 标度变换功能，其常数为 $A=0.50$，$B=2.00$，量程为 20V。其他软键的操作与此类似。但 DEF1 ~ DEF3 为三个用户自定义功能键，可以按照用户自己的实际需要，使用 C 语言和仪器软件系统提供的功能程序模块进行编程，以对此功能键进行定义，这种灵活的功能扩展方式在个人仪器中是比较容易实现的。此外，为了增强人机交互效果，软面板以及弹出的窗口中都使用汉字显示。这个实例的软面板是用 C 语言调用绘图程序绘制而成的。

（3）软件系统的设计　个人仪器是通过交互图形实现人机对话的，这就要求所用程序设计语言具有很强的控制流和数据结构，运行速度快，并且容易与汇编语言接口。DVM 个人仪器控制软件采用了 C 语言。DVM 个人仪器软件系统采用模块化结构，其中主程序模块是整个软件系统的一条主线，它把所有其他的程序模块连接起来。主程序首先对整个仪器以及系统中的有关器件初始化，再调用软面板生成模块，然后把余下的模块构成一个循环圈，仪器的功能都在这一循环圈中有选择地周而复始地运行。

2. 虚拟仪器

虚拟仪器同智能仪器一样，也是由硬件和软件两大部分组成的。下面就从这两个方面介绍虚拟仪器的构成。

（1）虚拟仪器的硬件系统　虚拟仪器的硬件系统一般分为计算机硬件平台和测控功能硬件。计算机硬件平台可以是各种类型的计算机，如普通台式计算机、便携式计算机、工作站、嵌入式计算机等。计算机管理着虚拟仪器的硬、软件资源，是虚拟仪器的硬件基础。

虚拟仪器不强调每一个仪器功能模块就是一台仪器，而是强调选配一个或几个带共性的基本仪器硬件来组成一个通用硬件平台，通过调用不同的软件来扩展或组成各种功能的仪器或系统。与传统的智能仪器一样，虚拟仪器也可以划分成数据采集、数据分析与处理、结果表达三个部分。传统的智能仪器是由厂家将上述三种功能的部件根据仪器功能按固定方式组建的。一般一种仪器只有一种功能或数种功能，而虚拟仪器是将具有上述一种或多种功能的通用模块组合起来，通过编制不同的测控软件来构成任何一种仪器，而不是某几种仪器。一块 DAQ 卡即可以完成 A/D 转换、D/A 转换、数字 I/O、计数器/定时器等多种功能，再配以相应的信号调理组件以及 GP-IB 仪器、VXI 总线仪器、PC 总线仪器、带有 RS232 的串行口仪器、现场总线仪器等，形成现阶段虚拟仪器的硬件平台，如图 8-3 所示。

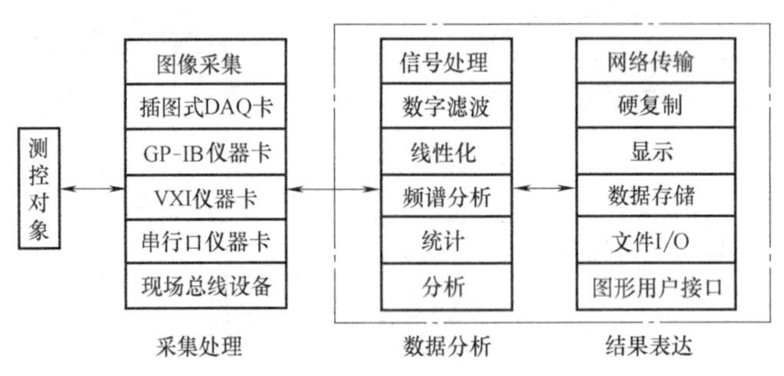

图 8-3　虚拟仪器硬件平台

图 8-3 中，GP-IB(General Purpose Interface Bus) 通用接口总线，是计算机和各类仪器间的标准通信协议。GP-IB 的硬件规格和软件协议已纳入国际工业标准——IEEE 488.1 和 IEEE 488.2。它是最早的仪器总线，目前多数仪器都配置了遵循 IEEE 488 的 GP-IB 接口。典型的 GP-IB 测试系统包括一台计算机、一块 GP-IB 接口卡和若干台 GP-IB 仪器。每台 GP-IB 仪器有单独的地址，由计算机控制操作。系统中的仪器可以增加、减少或更换，只需对计算机的控制软件做相应改动。这种概念已被应用于仪器的内部设计。在价格上，GP-IB 仪器覆盖了从比较便宜的到异常昂贵的仪器。但是 GP-IB 的数据传输速率一般低于 500kbits/s，不适合于对系统速率要求较高的场合。标准接口总线的长度应在 20m 距离内。

VXI(VMEbus eXtension for Instrumentation) 即 VME 总线在仪器领域的扩展，是 1987 年在 VME 总线、Eurocard 标准（机械结构标准）和 IEEE 488 等的基础上，由主要仪器制造商共同制定的开放性仪器总线标准。VXI 系统最多可包含 256 个装置，主要由主机箱、“0 槽”控制器、具有多种功能的模块仪器和驱动软件、系统应用软件等组成。系统中各功能模块可随意更换，即插即用组成新系统。

DAQ(Data AcQuisition) 数据采集，指的是基于计算机标准总线（如 ISA、PCI、PC/104 等）的内置功能插卡。它更加充分地利用了计算机的资源，大大增加了测试系统的灵活性和扩展性。利用 DAQ 可方便快速地组建基于计算机的仪器，实现“一机多型”和“一机多用”。在性能上，随着 A/D 转换技术、仪器放大技术、抗混叠滤波技术与信号调理技术的迅速发展，DAQ 的采样速率已达到 1Gbits/s，精度高达 24 位，通道数高达 64 个，并能任意结合数字 I/O，模拟 I/O、计数器/定时器等通道。仪器厂家生产了大量的 DAQ 功能模块供用户选择，如示波器、数字万用表、串行数据分析仪、动态信号分析仪、任意波形发生器等。在计算机上挂接若干 DAQ 功能模块，配合相应的软件，就可以构成一台具有若干功能的 PC 仪器。

（2）虚拟仪器的软件系统　基本硬件确定之后，要使虚拟仪器能按用户要求自行定义，必须有功能强大的软件平台支持。基于图形的用户接口和开发环境是虚拟仪器软件工作中最流行的发展趋势。典型的软件产品有 NI 公司的 LabVIEW（Laboratory Virtual Instrument Workbench，实验室虚拟仪器工作平台）；HP 公司的 HP VEE 和 HP TIG；Tektronix 公司的 Ez-Test 和 TNS 等，其中 LabVIEW 的应用最广泛。

虚拟仪器的软件结构如图 8-4 所示。基于软件在虚拟仪器系统中的重要作用，从低层到顶层，虚拟仪器的软件系统框架包括 VISA 库、仪器驱动程序、应用软件三个部分。

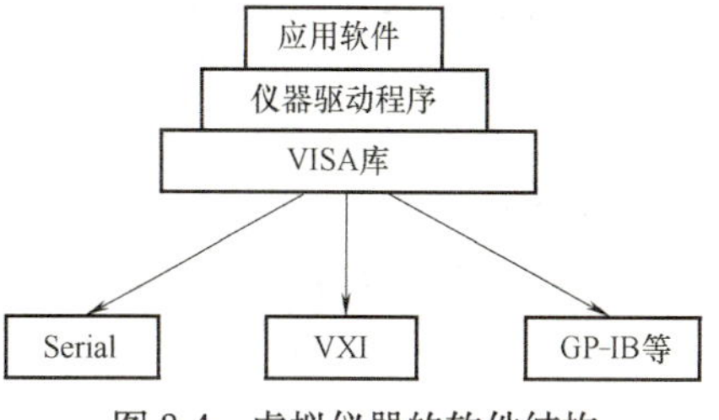

图 8-4　虚拟仪器的软件结构

1）VISA（Virtual Instrumentation Software Architecture）库。VISA 库实质就是标准的 I/O 函数库及其相关规范的总称，一般称这个 I/O 函数库为 VISA 库。它驻留于计算机系统之中，执行仪器总线的特殊功能，是计算机与仪器之间的软件层连接，用来实现对仪器的控制。对于仪器驱动程序开发者来说，VISA 库是一个可调用的操作函数库或集合。

2）仪器驱动程序。仪器驱动程序是完成对某一特定仪器的控制与通信的软件程序集合，是应用程序实现仪器控制的桥梁。每个仪器模块都有自己的仪器驱动程序，仪器厂商将其以源代码的形式提供给用户，用户在应用程序中调用仪器驱动程序。

3）应用软件。应用软件建立在仪器驱动程序之上，直接面对操作用户，通过提供直观、友好的操作界面，丰富的数据分析与处理功能来完成自动测试任务。应用软件还包括通用数字处理软件。通用数字处理软件包括用于数字信号处理的各种功能函数，如频域分析的功率谱估计、FFT、FHT、逆 FFT、逆 FHT 和细化分析等；时域分析的相关分析、卷积运算、反卷运算、均方根估计、差分积分运算和排序等；滤波设计中的数字滤波等。这些功能函数为用户进一步扩展虚拟仪器的功能提供了基础。

操作指导

智能数字式电压表种类繁多，操作方法也不尽相同。但不管哪种型号的仪表，除了正确选用仪表外，均应熟悉其面板结构，按照仪表说明书正确操作使用，否则有可能造成操作错误甚至损坏仪表。在此重点介绍它的调整方式和使用方法。

1. DVM 的调整方式

1）全自动调整：仪表的调零及校准都由仪表内部自动进行，外部没有调整机构。

2）只需调零，校准用外校：使用仪表时，首先要在所用的量程上调零。校准时，一般要在仪表的基本量程上外加标准电池或电压源进行。

3）先调正、负平衡，再校准：先将仪表校准开关置于“正、负平衡”位置，调节平衡电位器，使 DVM 正、负显示值相等或在允许范围内，然后将校准开关拨到校准位置。这时，正、负显示值也应保持平衡；如果不相等，要反复调节使之达到规定的要求。

4）先调零平衡，再自校准：先将仪表校准开关放在零平衡位置，调节零平衡电位器，使显示值为 0 或在 0 左右对称变化，再把开关拨至校准位置。调节“校准”电位器，使之显示规定的校准电压。此时，相反极性也应显示这一电压，否则需反复调节。

5）调零、正负校准分别进行：将仪表选择开关先后置于“零调整”“正校准”“负校准”位置，调节相应的电位器，使之显示相应的零电压、正校准电压、负校准电压。有的表没有调零挡，其调零是在测量时短路输入端进行的。

6）开盖调整：如果以上各种外部调整程序都进行完毕后仍达不到理想的显示值时，则需打开机盖，调节内部的“调零”“校准”“量程满度”等电位器，使仪表符合技术指标要求。

7）调节零电流：为了减少零电流的影响，有的 DVM 有零电流调节器。这种 DVM 在测量前也应按规定调节零电流的大小，使显示接近规定值为止。

2. DVM 的使用方法

PZ115A 型数字式电压表面板结构图如图 8-5 所示。

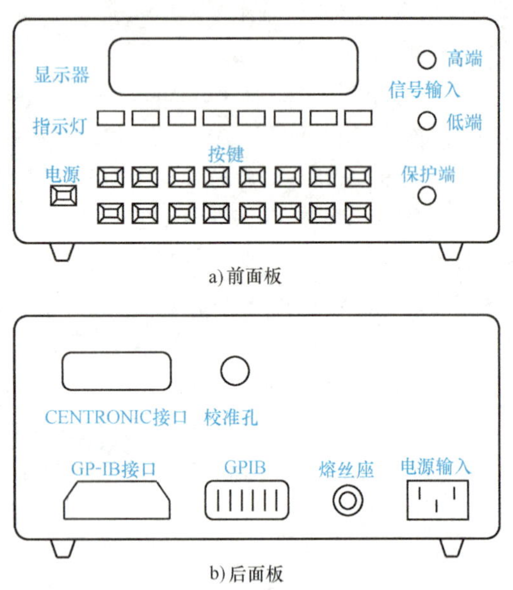

图 8-5 PZ115A 型数字式电压表面板结构图

（1）开机状态 PZ115A 型数字式电压表接通电源并经初始化后，自动处于中速、自动量程、自动校零、本地（即前面板）控制等状态，“自动量程”灯和“自动校零”灯亮。

（2）测量信号输入端子 前面板有三个输入端子，“信号高端”通过继电器接到测量电路高端；“信号低端”接测量电路信号低端；“保护端”接仪表保护屏蔽层。一般测量场合，保护端子可以不用，如有明显共模干扰电压时，此端子接共模电压的高端，可以改善共模干扰抑制效果。

（3）键盘功能选择 仪器前面板共有 16 个按键，绝大多数的按键都有两挡功能，按键的左边文字或符号表示该键的第一挡功能，上边文字或符号表示该键的第二挡功能。**选择某键第二挡功能时，必须先按红色“换挡”键，再按该键。**

（4）自动校零和手动校零 PZ115A 型数字式电压表有自动校零功能，在自动校零时“自动校零”灯亮，此时每间隔 5min 自动校零一次。退出自动校零时，“自动校零”灯熄灭。当需要人为校零时，可以连续按两次“自动校零”键，该 DVM 便执行两次校零操作，且保持原来的校零模式。**校零操作可随时进行，不影响测量。**

（5）连续取样和单次取样 该 DVM 具有连续取样和单次取样功能。按“单次”键，DVM 进入单次取样状态，“单次”指示灯亮，此时显示的是按“单次”键后测得的数值，并保持不变，每按一次“单次”键就显示一个新的测量值。按“换挡”键再按“连续”键，DVM 便进入连续取样状态，“单次”指示灯熄灭。**在“只讲”方式不能进入单次测量方式。**

（6）测量最大值/最小值 该 DVM 具有显示最大值/最小值功能。按“换挡”键后按“最大/最小”键，DVM 进入显示最大值方式，“最大值”指示灯亮；如果再按“换挡”键后按“最大/最小”键，进入显示最小值方式，“最小值”指示灯亮。在显示最大值或最小值状态，显示器始终显示测量过程中出现的最大值或最小值。**在 DVM 处于自动量程方式、“只讲”方式时，不能进入最大值、最小值测量状态。**

（7）极限判别 该 DVM 具有极限判别功能。在进入极限判别测量之前，用户需要设置被测量的上限和下限值。在极限判别测量状态下，显示器显示出上下限之间的值。如果测量

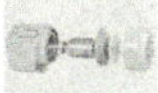

值大于上限值，显示器显示“H”，测量值小于下限值，显示器显示“L”。**当 DVM 工作于“只讲”方式并连接一个“只听”打印机时，大于上限或小于下限的值被打印机打印输出。**

进入极限判别测量状态的操作过程：按“极限”键，显示器显示“H”，提示用户输入上限值，用户按“换挡”键和数字键输入上限值，再按“置数”键把送入显示器的上限值置入。随后，显示器显示“L”，提示用户输入下限值，用户按数字键输入下限值，再按“置数”键把送入显示器的下限值置入。一旦上下限值置入，该 DVM 就进入极限判别测量状态。在极限判别测量状态时，再按“极限”键则退出当前状态。

任务二　Multisim 10 基本操作介绍

Multisim 10 是基于 PC 机平台的电子设计软件，支持模拟和数字混合电路的分析和设计，创造了集成的一体化设计环境，把电路的输入、仿真和分析紧密地结合起来，实现了交互式的设计和仿真，是早期 EWB5.0、Multisim 2001、Multisim 7、Multisim 8、Multisim 9 等版本的升级换代产品。Multisim 10 提供了功能更强大的电子仿真设计界面，能进行包括微控制器件、射频、PSPICE、VHDL 等方面的各种电子电路的虚拟仿真，提供了更为方便的电路图和文件管理功能，且兼容 Multisim 7 等版本，可在 Multisim 10 的基本界面下打开在 Multisim 7 等版本软件下创建和保存的仿真电路。

Multisim 10 有如下特点：操作界面方便友好，原理图的设计输入快捷；元器件丰富，有数千个元器件模型；虚拟电子设备种类齐全，如同操作真实设备一样；分析工具广泛，能帮助设计者全面了解电路的性能，对电路进行全面的仿真分析和设计；可直接打印输出实验数据、曲线、原理图和元件清单等。

一、Multisim 10 基本操作

1. 操作界面

Multisim 10 的操作界面如图 8-6 所示。

图 8-6　Multisim 10 的操作界面

2. 文件基本操作

与 Windows 常用的文件操作一样，Multisim 10 中也包括 New—新建文件、Open—打开文件、Save—保存文件、Save As—另存文件、Print—打印文件、Print Setup—打印设置和 Exit—退出等相关的文件操作。这些操作可以在菜单栏 File 子菜单下选择，也可以应用快捷键或工具栏的图标进行操作。

3. 元器件基本操作

常用的元器件编辑功能有 90 Clockwise—顺时针旋转 90°、90 CounterCW—逆时针旋转 90°、Flip Horizontal—水平翻转、Flip Vertical—垂直翻转、Component Properties—元件属性等。这些操作可以在菜单栏 Edit 子菜单下选择，也可以应用快捷键进行快捷操作。元器件的旋转效果如图 8-7 所示。

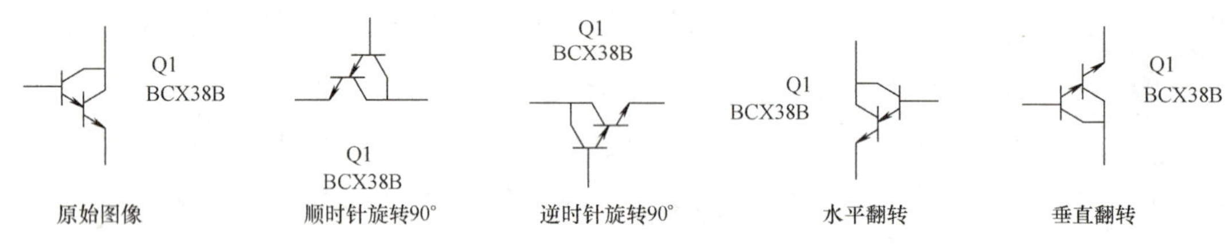

图 8-7 元器件的旋转效果

4. 文本基本编辑

文字的注释方式有直接在电路工作区输入文字或者在文本描述框输入文字两种，操作方式有所不同。

（1）电路工作区输入文字 单击 Place/Text 命令或使用 Ctrl+T 快捷操作，然后单击需要输入文字的位置，输入需要的文字。用鼠标光标指向文字块，右击，在弹出的菜单中选择 Color 命令，选择需要的颜色。双击文字块，可以随时修改输入的文字。

（2）文本描述框输入文字 利用文本描述框输入文字不占用电路窗口的特点，可以对电路的功能等进行详细的说明，还可以根据需要修改文字的大小和字体。单击 View/Circuit Description Box 命令或使用快捷操作 Ctrl+D，打开电路文本描述框，在其中输入需要说明的文字，可以保存和打印输入的文本，如图 8-8 所示。

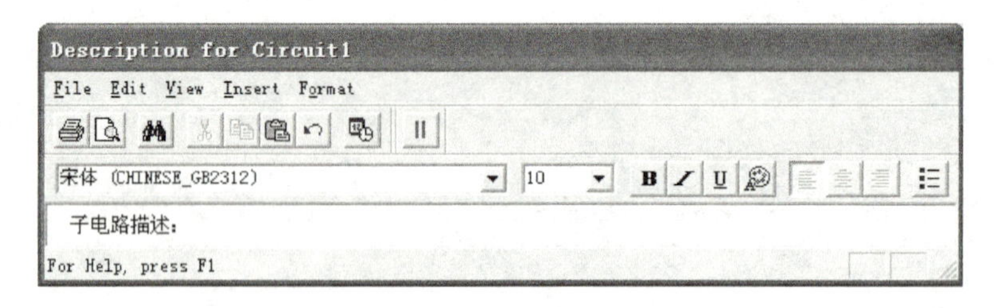

图 8-8 文本描述框输入文字

5. 图纸标题栏编辑

单击 Place/Title Block 命令，在打开对话框的查找范围处指向 Multisim/Titleblocks 目录，在该目录下选择一个 *.tb7 图纸标题栏文件，放在电路工作区。用鼠标光标指向文字块，右击，在弹出的菜单中选择 Modify Title Block Data 命令，如图 8-9 所示。

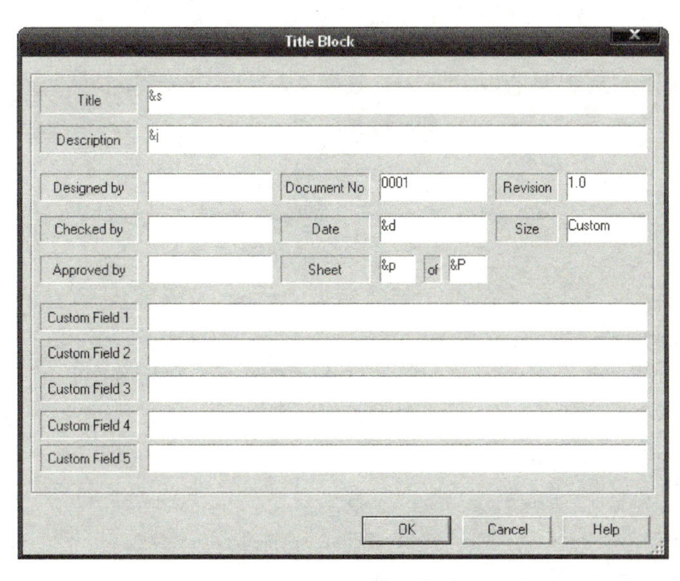

图 8-9　图纸标题栏编辑

6. 子电路创建

子电路是用户自己建立的一种单元电路。将子电路存放在用户器件库中，可以反复调用并使用子电路。利用子电路可使复杂系统的设计模块化、层次化，可增加设计电路的可读性，提高设计效率，缩短电路周期。创建子电路的工作需要以下几个步骤：选择、创建、调用、修改和输入/输出。

（1）子电路选择　把需要创建的电路放到窗口中，按住鼠标左键，拖动选定电路。被选择电路的部分由周围的方框标示，即完成子电路的选择。

（2）子电路创建　单击 Place/Replace by Subcircuit 命令，在屏幕出现 Subcircuit Name 的对话框中输入子电路名称 sub1，单击 OK 按钮，选择电路复制到用户器件库，同时给出子电路图标，完成子电路的创建。

（3）子电路调用　单击 Place/Subcircuit 命令或使用 Ctrl+B 快捷操作，输入已创建的子电路名称 sub1，即可使用该子电路。

（4）子电路修改　双击子电路模块，在出现的对话框中单击 Edit Subcircuit 命令，屏幕显示子电路的电路图，可直接修改该电路图。

（5）子电路的输入/输出　为了能对子电路进行外部连接，需要对子电路添加输入/输出。单击 Place/HB/SB Connecter 命令或使用快捷操作 Ctrl+I，屏幕上出现输入/输出符号，将其与子电路的输入/输出信号端进行连接。带有输入/输出符号的子电路才能与外电路连接。

二、Multisim 10 电路创建

1. 元器件

（1）选择元器件　在元器件栏中单击要选择的元器件库图标，打开该元器件库。在屏幕出现的元器件库对话框中选择所需的元器件，常用元器件库有信号源库、基本元件库、二极管库、晶体管库、模拟器件库、TTL 数字集成电路库、CMOS 数字集成电路库、混合器件库、指示器件库、射频器件库、机电器件库、其他器件库等。

（2）选中元器件　单击元器件，可选中该元器件。

（3）元器件操作　选中元器件，右击，在菜单中出现下列操作命令：

（4）元器件特性参数　双击该元器件，在弹出的元器件特性对话框中，可以设置或编辑元器件的各种特性参数。元器件不同每个选项下将对应不同的参数。

例如：NPN 晶体管的选项为 Label—标识；Display—显示；Value—数值；Fault—故障。

2. 电路图

选择菜单 Options 栏下的 Sheet Properties 命令，出现如图 8-10 所示的对话框，每个选项下又有各自不同的对话内容，用于设置与电路显示方式相关的选项。

（1）Circuit 选项　Circuit 选项下有 Show 和 Color 两个选项组，Show 选项组用来展示元器件的标示项目，Color 选项组用来改变电路显示的颜色。

（2）Workspace 选项　Workspace 选项有三个选项组。Show 选项组用来实现电路工作区显示方式的控制；Sheet size 选项组用来实现图纸大小和方向的设置；Zoom level 选项组用来实现电路工作区显示比例的控制。

（3）Wiring 选项　Wiring 选项有两个选项组。Wire width 选项组用来设置连接线的线宽；Autowire 选项组用来控制自动连线的方式。

（4）Font 选项　Font 选项可以选择字体、选择字体的应用项目以及应用范围等选项组。

（5）PCB 选项　PCB 选项选择与制作电路板相关的命令。

（6）Visibility 选项　可视选项，用于设置是否显示电路的各种参数标识，如集成电路的引脚名等。

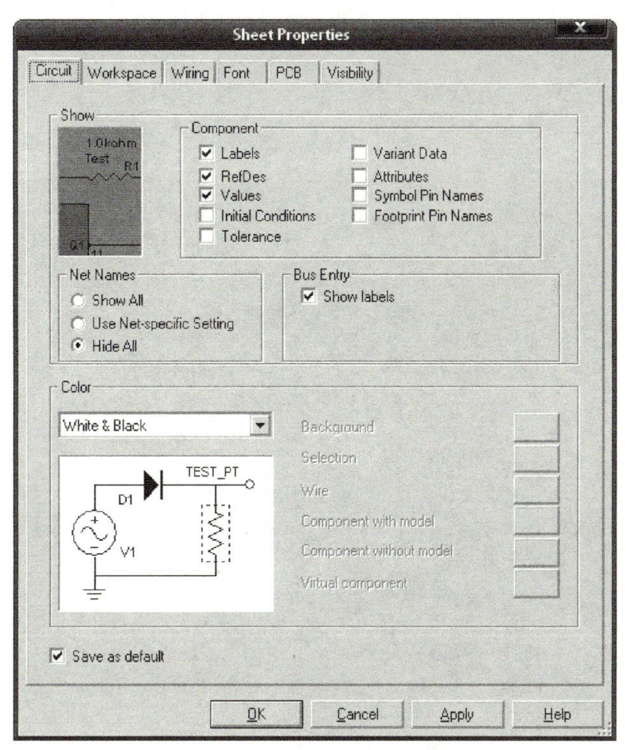

图 8-10 Sheet Properties 对话框

3. 导线

主要涉及的操作有导线的形成、导线的删除、导线颜色设置、导线连接点、在导线中间插入元器件等。

4. 输入/输出

单击 Place/HB/SB Connecter 命令，屏幕上会出现输入/输出符号□——，将该符号与电路的输入/输出信号端进行连接。子电路的输入/输出端必须有输入/输出符号，否则无法与外电路进行连接。

三、Multisim 10 操作界面

1. Multisim 10 菜单栏

Multisim 10 菜单栏如图 8-11 所示。11 个菜单栏包括了该软件的所有操作命令。从左至右为 File（文件）、Edit（编辑）、View（窗口）、Place（放置）、Simulate（仿真）、Transfer（文件输出）、Tools（工具）、Reports（报告）、Options（选项）、Window（窗口）和 Help（帮助）。

图 8-11 Multisim 10 菜单栏

（1）File（文件）菜单 File（文件）菜单命令与功能如图 8-12 所示。

（2）Edit（编辑）菜单 Edit（编辑）菜单命令与功能如图 8-13 所示

（3）View（窗口）菜单 View（窗口）菜单命令与功能如图 8-14 所示。

图 8-12 File（文件）菜单命令与功能

图 8-13 Edit（编辑）菜单命令与功能

图 8-14　View（窗口）菜单命令与功能

（4）Place（放置）菜单　Place（放置）菜单命令与功能如图 8-15 所示。

图 8-15　Place（放置）菜单命令与功能

(5) Simulate (仿真) 菜单　Simulate (仿真) 菜单命令与功能如图 8-16 所示。

图 8-16　Simulate (仿真) 菜单命令与功能

(6) Transfer (文件输出) 菜单　Transfer (文件输出) 菜单命令与功能如图 8-17 所示。

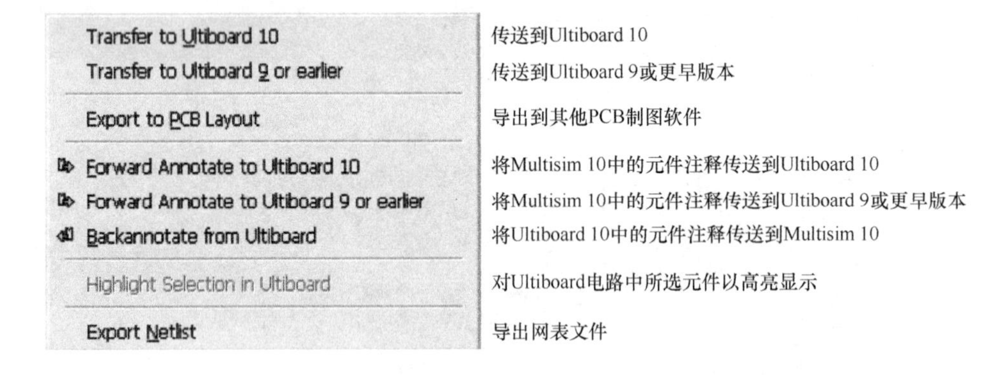

图 8-17　Transfer (文件输出) 菜单命令与功能

(7) Tools (工具) 菜单　Tools (工具) 菜单命令与功能如图 8-18 所示。
(8) Reports (报告) 菜单　Reports (报告) 菜单命令与功能如图 8-19 所示。
(9) Options (选项) 菜单　Options (选项) 菜单命令与功能如图 8-20 所示。
(10) Window (窗口) 菜单　Window (窗口) 菜单命令与功能如图 8-21 所示。
(11) Help (帮助) 菜单　Help (帮助) 菜单命令与功能如图 8-22 所示。

Component Wizard	创建元件向导
Database	数据库
Variant Manager	变更管理
Set Active Variant	设置动态变更
Circuit Wizards	电路向导
Rename/Renumber Components	重命名、重编号
Replace Components...	替换元器件
Update Circuit Components...	更新电路元器件
Update HB/SC Symbols	更新层次电路和子电路模块
Electrical Rules Check	电气规则检查
Clear ERC Markers	清除电气规则检查标记
Toggle NC Marker	对电路未连接点标识或者删除标识
Symbol Editor...	符号编辑器
Title Block Editor...	标题栏编辑器
Description Box Editor...	电路描述编辑器
Edit Labels...	编辑标签
Capture Screen Area	电路图截图

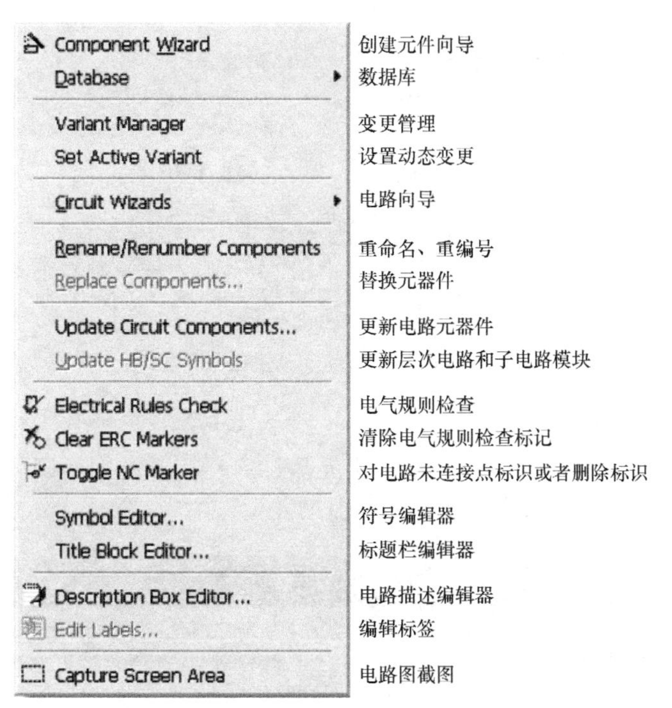

图 8-18　Tools（工具）菜单命令与功能

Bill of Materials	材料清单
Component Detail Report	元件详细报告
Netlist Report	网表报告
Cross Reference Report	参照表报告
Schematic Statistics	电路图统计
Spare Gates Report	未使用门报告

图 8-19　Reports（报告）菜单命令与功能

Global Preferences...	全局参数属性
Sheet Properties...	材料属性
Customize User Interface...	定制用户界面

图 8-20　Options（选项）菜单命令与功能

New Window	新建一个窗口
Close	关闭当前窗口
Close All	关闭所有窗口
Cascade	电路窗口层叠
Tile Horizontal	电路窗口水平方向重排
Tile Vertical	电路窗口垂直方向重排
1 Circuit1	当前已经打开的电路图文件切换
Windows...	显示所有窗口列表，并选择激活窗口

图 8-21　Window（窗口）菜单命令与功能

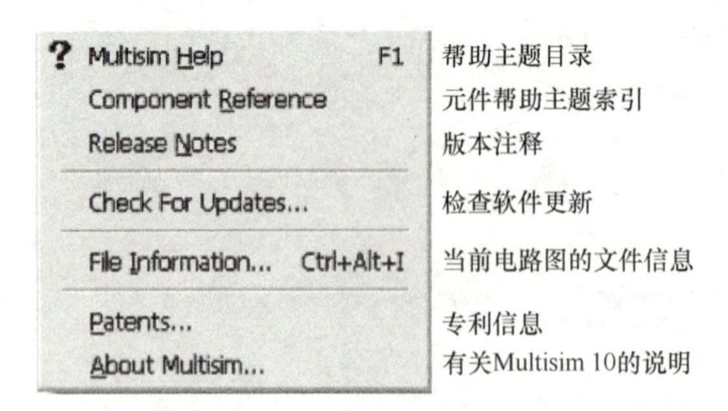

图 8-22 Help（帮助）菜单命令与功能

2. Multisim 10 元器件栏

Multisim 10 提供了 18 个元器件库，单击元器件库栏目下的图标即可打开该元器件库，元器件栏如图 8-23 所示，各图标名称及其功能见表 8-1。

图 8-23 元器件栏

表 8-1 元器件栏各图标名称及其功能

图标	名　称	功　能
÷	Source	“电源库”按钮，放置各类电源、信号源
∿∿	Basic	“基本元件库”按钮，放置电阻、电容、电感、开关等基本元件
⊣▷⊢	Diode	“二极管库”按钮，放置各类二极管元件
	Transistor	“晶体管库”按钮，放置各类晶体管和场效应管
	Analog	“模拟元件库”按钮，放置各类模拟元件
TTL	TTL	“TTL 元件库”按钮，放置各种 TTL 元件
CMOS	CMOS	“CMOS 元件库”按钮，放置各类 CMOS 元件
	Miscellaneous Digital	“其他数字元件库”按钮，放置各类单元数字元件
	Mixed	“混合元件库”按钮，放置各类数模混合元件
	Indicator	“指示元件库”按钮，放置各类显示、指示元件
	Power Components	“电力元件库”按钮，放置各类电力元件
MISC	Miscellaneous	“杂项元件库”按钮，放置各类杂项元件
	Advanced Peripheral Equipment	“先进外围设备库”按钮，放置先进外围设备
Y	RF	“射频元件库”按钮，放置射频元件

（续）

图标	名　称	功　能
	Electromechanical	“机电类元件库”按钮，放置机电类元件
	MCU Module	“微控制器元件库”按钮，放置单片机微控制器元件
	Circuit Module	“放置层次模块”按钮，放置层次电路模块
	Bus	“放置总线”按钮，放置总线

3. Multisim 10 仪器仪表栏

Multisim 10 在仪器仪表栏下提供了 21 个信号发生器和常用仪器仪表，从左向右依次为数字万用表、函数发生器、失真度仪、瓦特表、双通道示波器、频率计、Agilent 信号发生器、波特图仪、IV 分析仪、字信号发生器、逻辑转换器、逻辑分析仪、Agilent 示波器、Agilent 万用表、四通道示波器、频谱分析仪、网络分析仪、Tektronix 示波器、动态测量探头、LabVIEW 和电流探针。

Multisim 10 的仪器仪表栏如图 8-24 所示。

图 8-24　Multisim 10 的仪器仪表栏

四、Multisim 10 仪器、仪表使用

1. 数字万用表（Multimeter）

Multisim 10 提供的万用表外观和操作与实际的万用表相似，可以测电流、电压、电阻、分贝值直流或交流信号。万用表有正极和负极两个引线端，如图 8-25 所示。

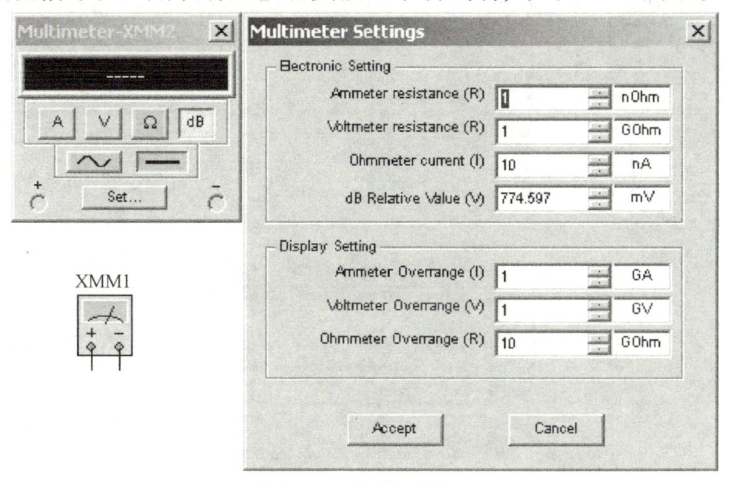

图 8-25　数字万用表

2. 函数发生器（Function Generator）

Multisim 10 提供的函数发生器可以产生正弦波、三角波和矩形波，信号频率可在 1Hz~999MHz 范围内调整。信号的幅值以及占空比等参数也可以根据需要进行调节。信号发生器有负极（+）、正极（-）和公共端（common）三个引线端口，如图 8-26 所示。

3. 瓦特表（Wattmeter）

Multisim 10 提供的瓦特表用来测量电路的交流或者直流功率，瓦特表有电压正极和负极、电流正极和负极四个引线端口，如图 8-27 所示。

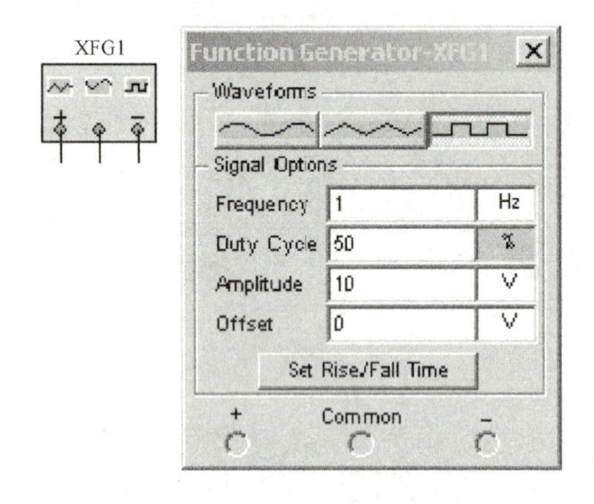

图 8-26　函数发生器

图 8-27　瓦特表

4. 双通道示波器（Oscilloscope）

Multisim 10 提供的双通道示波器与实际的示波器外观和操作基本相同，该示波器可以观察一路或两路信号波形的形状，分析被测周期信号的幅值和频率，时间基准可在秒直至纳秒范围内调节。示波器图标有 A 通道输入、B 通道输入、外触发端 T 和接地端 G 四个连接点，如图 8-28 所示。

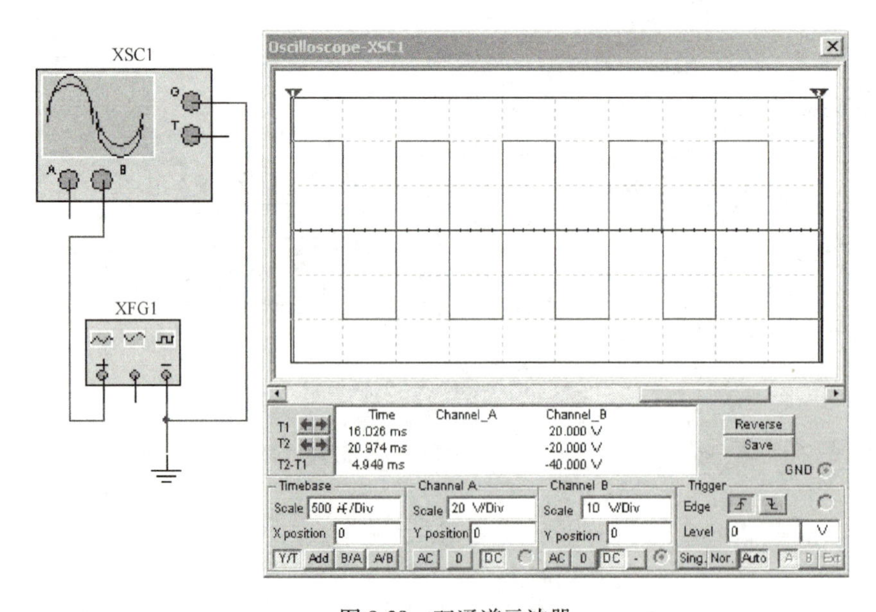

图 8-28　双通道示波器

双通道示波器的控制面板分为四个部分：

（1）Time base（时间基准）

1）Scale（量程）：设置显示波形时的 *X* 轴时间基准。

2）X position（*X* 轴位置）：设置 *X* 轴的起始位置。

3）显示方式设置有四种：Y/T 方式指的是 *X* 轴显示时间，*Y* 轴显示电压值；Add 方式指的是 *X* 轴显示时间，*Y* 轴显示 A 通道和 B 通道电压之和；A/B 或 B/A 方式指的是 *X* 轴和 *Y* 轴都显示电压值。

（2）Channel A（通道 A）

1）Scale（量程）：通道 A 的 *Y* 轴电压刻度设置。

2）Y position（*Y* 轴位置）：设置 *Y* 轴的起始点位置，起始点为 0 表明 *Y* 轴和 *X* 轴重合，起始点为正值，表明 *Y* 轴原点位置向上移，否则向下移。

3）触发耦合方式：AC（交流耦合）、0（0 耦合）或 DC（直流耦合），交流耦合只显示交流分量，直流耦合显示直流和交流之和，0 耦合则在 *Y* 轴设置的原点处显示一条直线。

（3）Channel B（通道 B）　通道 B 的 *Y* 轴量程、起始点、耦合方式等项内容的设置与通道 A 相同。

（4）Trigger（触发）　触发方式主要用来设置 *X* 轴的触发信号、触发电平及边沿等。

1）Edge（边沿）：设置被测信号开始的边沿，设置先显示上升沿或下降沿。

2）Level（电平）：设置触发信号的电平，使触发信号在某一电平时启动扫描。

3）触发信号选择：Auto（自动）、通道 A 和通道 B 表明用相应的通道信号作为触发信号；Ext 为外触发；Sing 为单脉冲触发；Nor 为一般脉冲触发。

5. 四通道示波器（4 Channel Oscilloscope）

四通道示波器与双通道示波器的使用方法和参数调整方式完全一样，只是多了一个通道控制器旋钮，当旋钮拨到某个通道位置时，才能对该通道的 *Y* 轴进行调整，如图 8-29 所示。

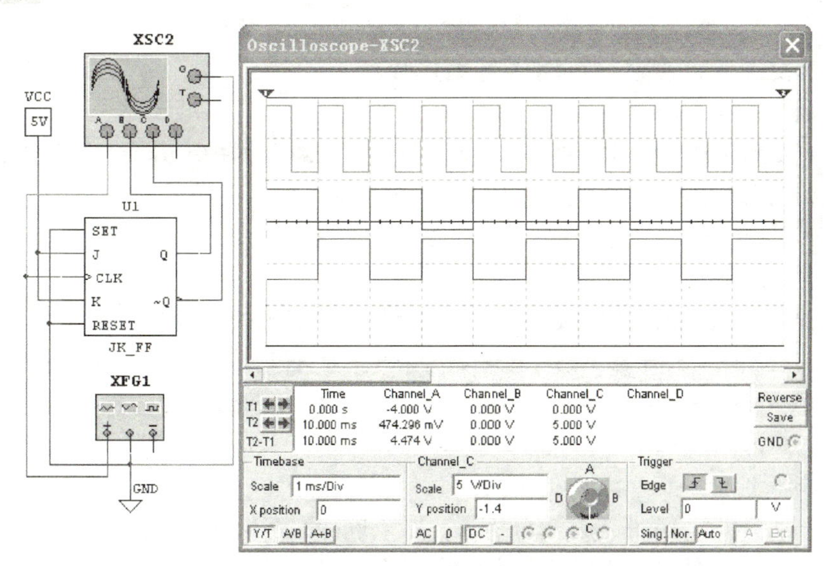

图 8-29　四通道示波器

6. 波特图仪（Bode Plotter）

利用波特图仪可以方便地测量和显示电路的频率响应，波特图仪适合分析滤波电路或电路的频率特性，特别易于观察截止频率。波特图仪控制面板分为 Magnitude（幅值）或 Phase（相位）的选择、Horizontal（横轴）设置、Vertical（纵轴）设置、显示方式的其他控制信号，面板中的 F 指的是终值，I 指的是初值。在波特图仪的面板上，可以直接设置横轴和纵轴的坐标及其参数。

例如：构造一阶 RC 滤波电路，输入端加入正弦波信号源，电路输出端与示波器相连，目的是为了观察不同频率的输入信号经过 RC 滤波电路后输出信号的变化情况，如图 8-30 所示。

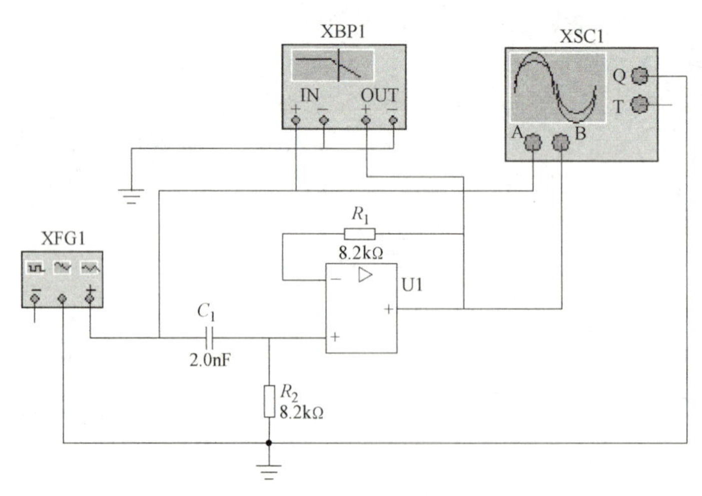

图 8-30 一阶 RC 滤波电路

调整纵轴幅值测试范围的初值 I 和终值 F，调整相频特性纵轴相位范围的初值 I 和终值 F。

打开仿真开关，单击幅频特性在波特图观察窗口显示幅频特性曲线；单击相频特性可以在波特图观察窗口显示相频特性曲线，如图 8-31 所示。

7. 频率计（Frequency Counter）

频率计主要用来测量信号的频率、周期、相位、脉冲信号的上升沿和下降沿，频率计的图标、面板如图 8-32 所示。使用过程中应注意根据输入信号的幅值调整频率计的 Sensitivity（灵敏度）和 Trigger Level（触发电平），如图 8-32 所示。

8. 字信号发生器（Word Generator）

字信号发生器是一个通用的数字激励源编辑器，可以通过多种方式产生 32 位的字符串，在数字电路的测试中应用非常灵活。左侧是控制面板，右侧是字信号发生器的字符窗口。控制面板分为 Controls（控制方式）、Display（显示方式）、Trigger（触发）、Frequency（频率）等几个部分，如图 8-33 所示。

9. 逻辑分析仪（Logic Analyzer）

Multiuse 10 提供了 16 路的逻辑分析仪，用来进行数字信号的高速采集和时序分析。逻辑分析仪的连接端口有 16 路信号输入端、外接时钟端 C、时钟限制 Q 以及触发限制 T，如图 8-34 所示。

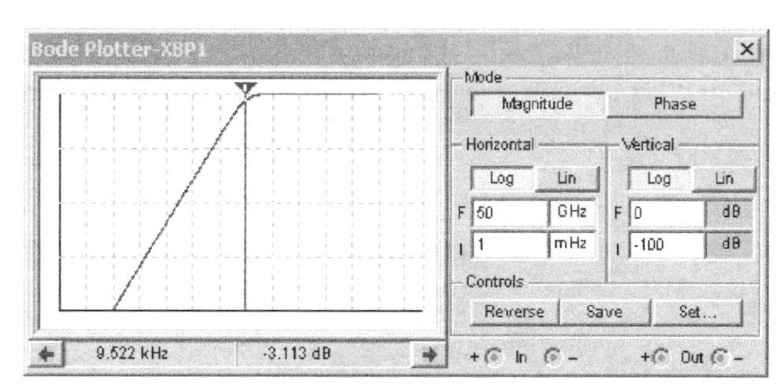

a）幅频特性曲线

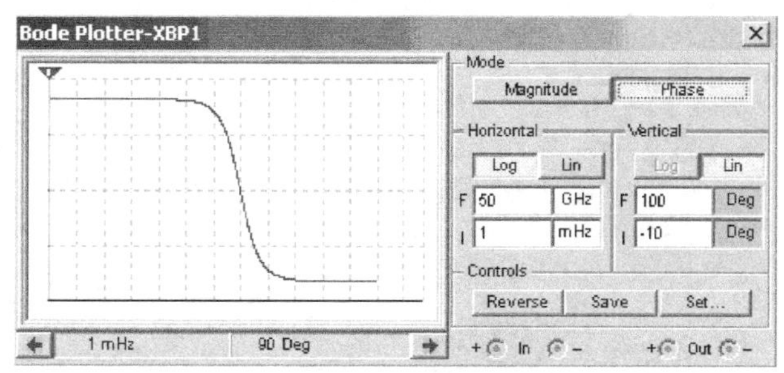

b）相频特性曲线

图 8-31　幅频特性曲线和相频特性曲线

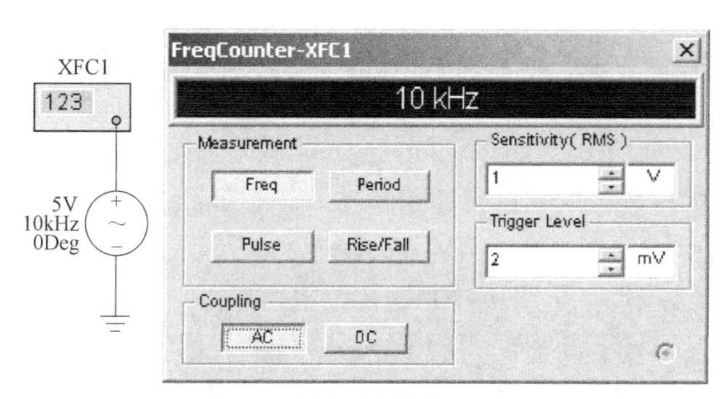

图 8-32　频率计的图标、面板

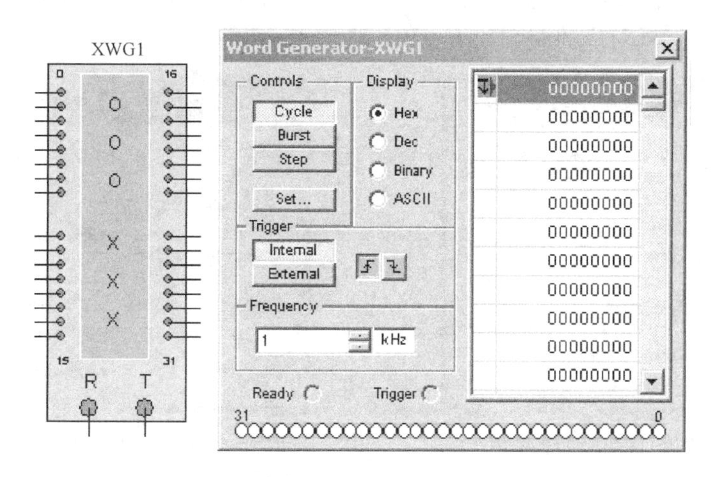

图 8-33　字信号发生器

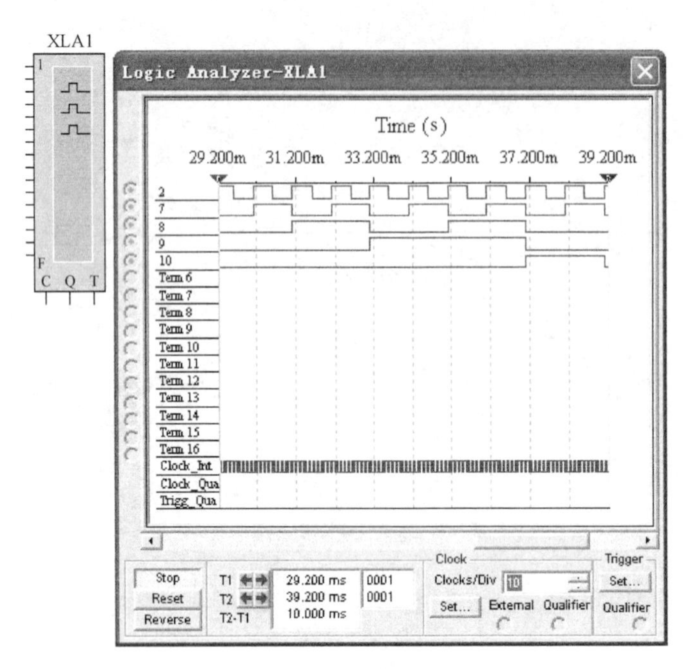

图 8-34　逻辑分析仪

面板分上下两个部分，上半部分是显示窗口，下半部分是逻辑分析仪的控制窗口，控制信号有 Stop（停止）、Reset（复位）、Reverse（反相显示）、Clock（时钟）设置和 Trigger（触发）设置。

Clock setup（时钟设置）对话框，如图 8-35 所示，每个选项对应的内容如下：

Clock Source（时钟源）：选择外触发或内触发；

Clock Rate（时钟频率）：在 1Hz~100MHz 范围内选择；

Sampling Setting（取样点设置）：Pre-trigger Samples（触发前取样点）、Post- trigger Samples（触发后取样点）和 Threshold Volt（开启电压）设置。

单击 Trigger 下的 Set（设置）按钮时，出现 Trigger Settings（触发设置）对话框，如图 8-36所示，每个选项对应的内容如下：

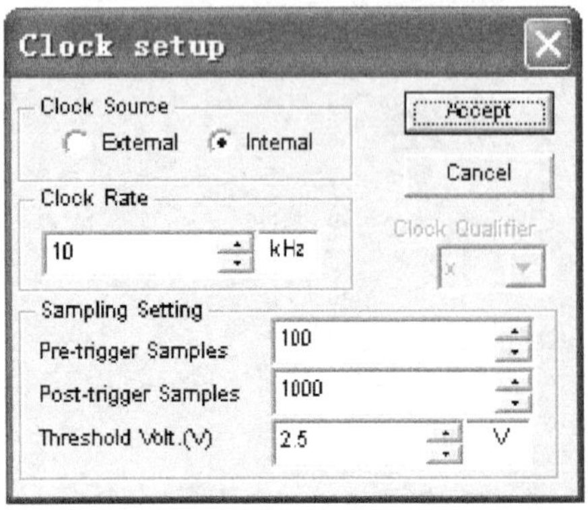

图 8-35　Clock setup（时钟设置）对话框

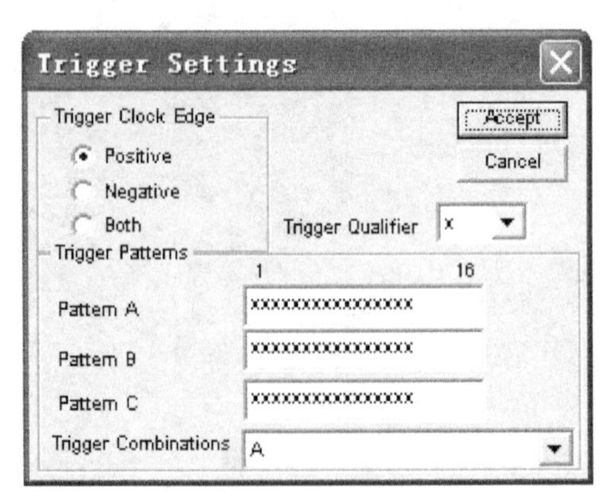

图 8-36　Trigger Settings（触发设置）对话框

Trigger Clock Edge（触发边沿）：Positive（上升沿）、Negative（下降沿）、Both（双向触发）。

Trigger Patterns（触发模式）：由 A、B、C 定义触发模式，在 Trigger Combinations（触发组合）下有 21 种触发组合可以选择。

10. 逻辑转换器（Logic Converter）

Multisim 10 提供了一种虚拟仪器：逻辑转换器，如图 8-37 所示。现实中没有这种仪器，逻辑转换器可以在逻辑电路、真值表和逻辑表达式之间进行转换，有 8 路信号输入端，1 路信号输出端。

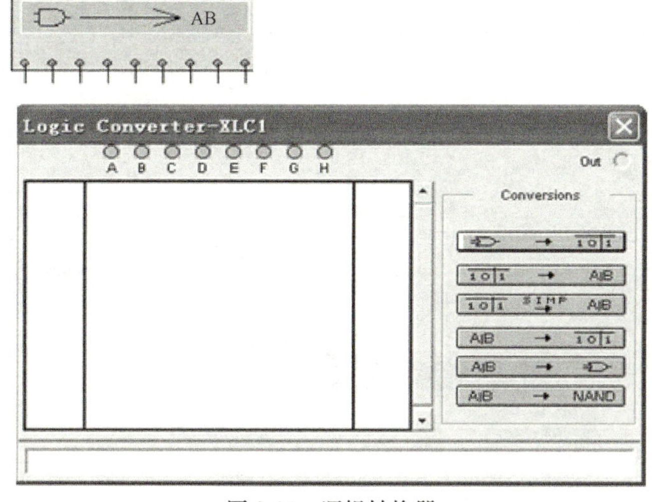

图 8-37 逻辑转换器

该仪器的 6 种转换功能依次是逻辑电路转换为真值表、真值表转换为逻辑表达式、真值表转换为最简逻辑表达式、逻辑表达式转换为真值表、逻辑表达式转换为逻辑电路、逻辑表达式转换为与非门电路。

11. IV 分析仪（IV Analyzer）

IV 分析仪专门用来分析半导体管的伏安特性曲线，如二极管、NPN 晶体管、PNP 晶体管、NMOS 晶体管、PMOS 晶体管等器件。IV 分析仪相当于实验室的晶体管图示仪，需要将晶体管与连接电路完全断开，才能进行 IV 分析仪的连接和测试。

IV 分析仪有三个连接点，实现与晶体管的连接。IV 分析仪面板左侧是伏安特性曲线显示窗口，右侧是功能选择，如图8-38所示。

12. 失真度仪（Distortion Analyzer）

失真度仪专门用来测量电路的信号失真度，失真度仪提供的频率范围为 20Hz～100kHz。面板最上方给出测量失真度的提示信息和测量值，如图 8-39 所示，每个选项对应的不同内容如下：

Fundamental Freq（分析频率）处可以设置分析频率值；选择分析 THD（总谐波失真）或 SINAD（信噪比），单击 Set 按钮，打开设置窗口如图 8-39 所示，由于 THD 的定义有所不同，可以设置 THD 的分析选项。

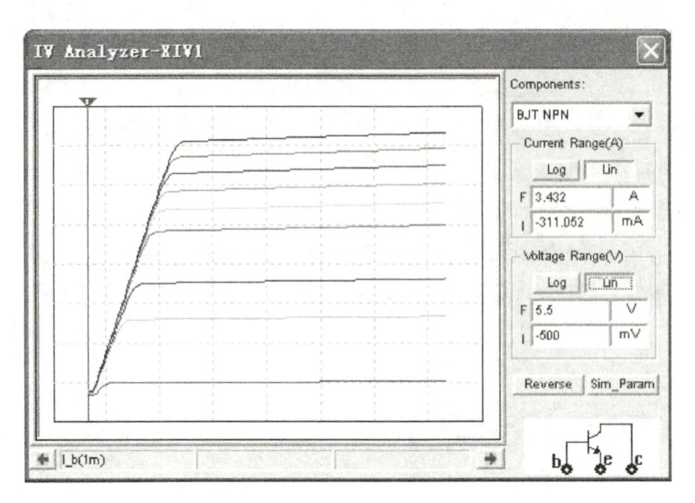

图 8-38 IV 分析仪

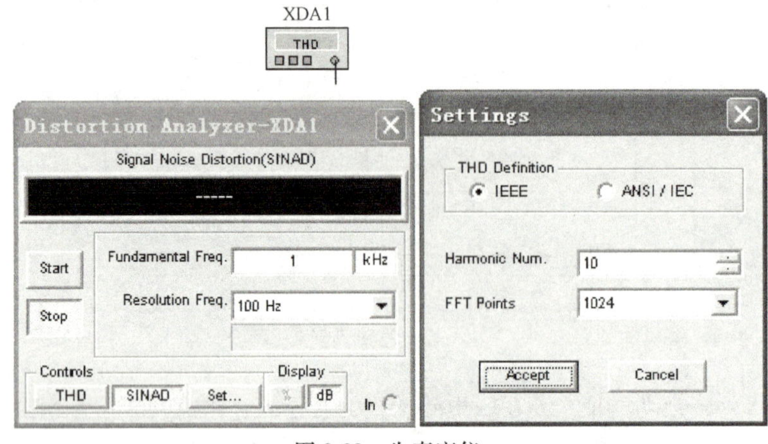

图 8-39 失真度仪

13. 频谱分析仪（Spectrum Analyzer）

用来分析信号的频域特性，其频域分析范围的上限为 4GHz，如图 8-40 所示，每个选项对应的内容如下：

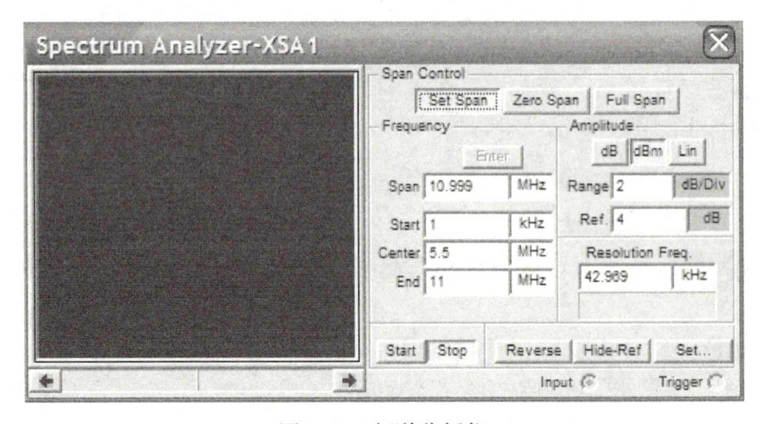

图 8-40 频谱分析仪

Span Control 用来控制频率范围：选择 Set Span 的频率范围由 Frequency 区域决定；选择 Zero Span 的频率范围由 Frequency 区域设定的中心频率决定，选择 Full Span 的频率范围为 1kHz~4GHz。

Frequency 用来设定频率：Span 设定频率范围，Start 设定起始频率，Center 设定中心频率，End 设定终止频率。

Amplitude 用来设定幅值单位：有 dB、dBm、Lin 三种选择。dB = 10log10V，dBm = 20log10（V/0.775），Lin 为线性表示。

Resolution Freq 用来设定频率分辨的最小谱线间隔，简称频率分辨率。

14. 网络分析仪（Network Analyzer）

网络分析仪主要用来测量双端口网络的特性，如衰减器、放大器、混频器、功率分配器等。Multisim 10 提供的网络分析仪可以测量电路的 S 参数并计算出 H、Y、Z 参数。如图 8-41所示，每个选项对应的内容如下：

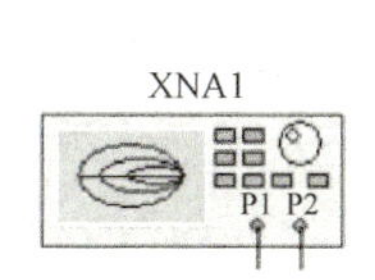

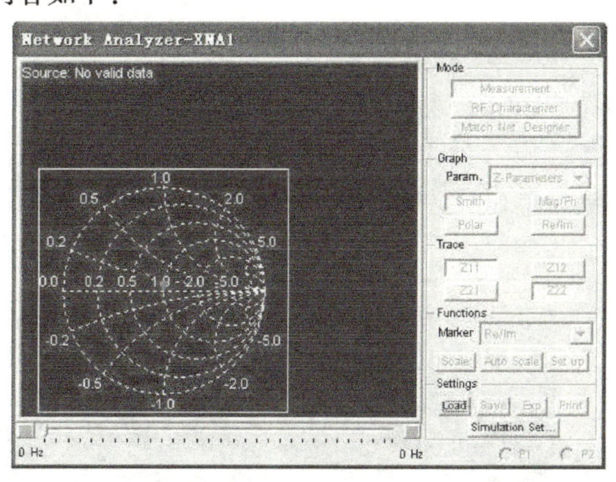

图 8-41　网络分析仪

Mode 提供分析模式：Measurement 为测量模式，RF Characterizer 为射频特性分析，Match Net Designer 为电路设计模式。

Graph 用来选择要分析的参数及模式，可选择的参数有 S 参数、H 参数、Y 参数、Z 参数等。模式选择有 Smith（史密斯模式）、Mag/Ph（增益/相位频率响应，波特图）、Polar（极化图）、Re/Im（实部/虚部）。

Trace 用来选择需要显示的参数。

Marker 用来提供数据显示窗口的三种显示模式：Re/Im 为直角坐标模式，Mag/Ph（Degs）为极坐标模式，dB Mag/Ph（Deg）为分贝极坐标模式。

Settings 用来提供数据管理：Load 为读取专用格式数据文件，Save 为存储专用格式数据文件，Exp 为输出数据至文本文件，Print 为打印数据。

Simulation Set 按钮用来设置不同分析模式下的参数。

15. 仿真 Agilent 仪器

仿真 Agilent 仪器有三种：Agilent 信号发生器、Agilent 万用表、Agilent 示波器。这三种仪器与真实仪器的面板相同，按钮、旋钮操作方式也完全相同，使用起来更加真实。

（1）Agilent 信号发生器　Agilent 信号发生器的型号是 33120A，其图标和面板如图 8-42

所示，这是一个高性能15MHz的综合信号发生器。Agilent信号发生器有两个连接端，上方是信号输出端，下方是接地端。单击最左侧的电源按钮，即可按照要求输出信号。

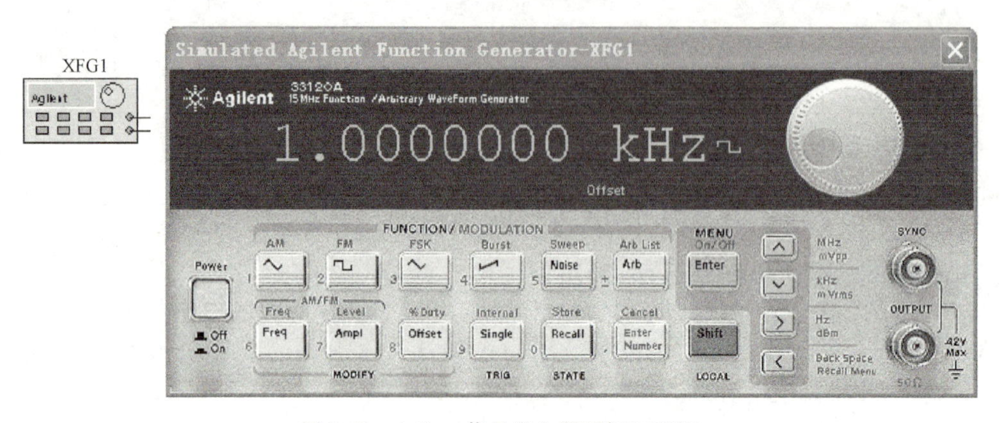

图8-42　Agilent信号发生器图标和面板

（2）Agilent万用表　Agilent万用表的型号是34401A，其图标和面板如图8-43所示，这是一个高性能六位半的数字万用表。Agilent万用表有五个连接端，应注意面板的提示信息连接。单击最左侧的电源按钮，即可使用万用表，实现对各种电类参数的测量。

图8-43　Agilent万用表图标和面板

（3）Agilent示波器　54622D型Agilent示波器图标和面板如图8-44所示，这是一个2个模拟通道、16个逻辑通道、100MHz的宽带示波器。Agilent示波器下方的18个连接端（图8-44a）是信号输入端，右侧是外接触发信号端、接地端。单击电源按钮，即可使用示波器，实现各种波形的测量。

16．Tektronix示波器

Multisim 10提供的Tektronix TDS 2024是一个4通道200MHz带宽的示波器，Tektronix TDS 2024绝大多数功能都能在该仿真虚拟仪器中实现，Tektronix示波器图标和面板如图8-45所示。该示波器共有7个连接点，从左至右依次为P（探针公共端，内置1kHz测试信号）、G（接地端）、1~4（模拟信号输入通道1~4）和T（触发端）。其操作方法和普通示波器类似。

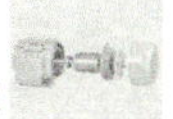

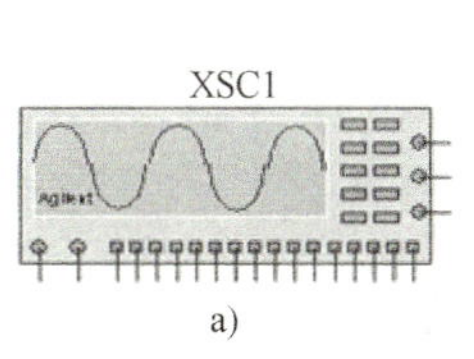

a)

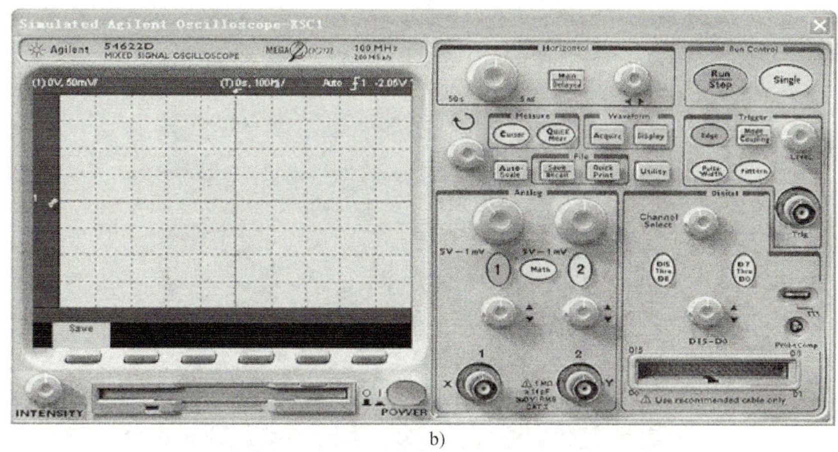

b)

图 8-44　54622D 型 Agilent 示波器图标和面板

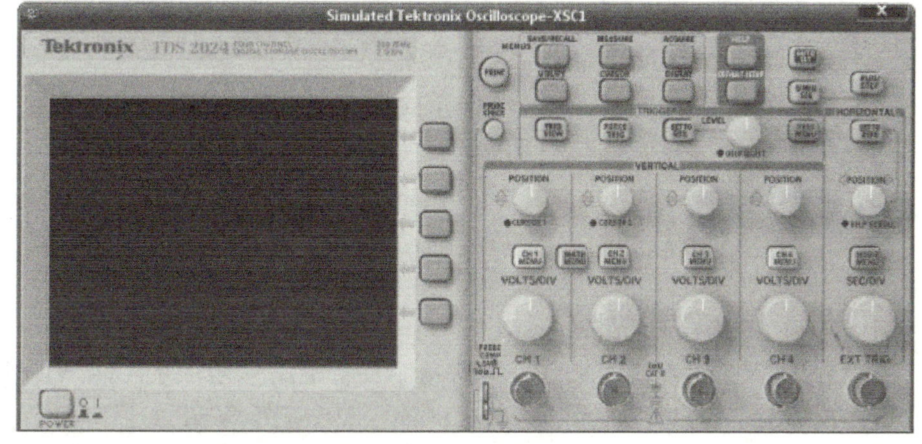

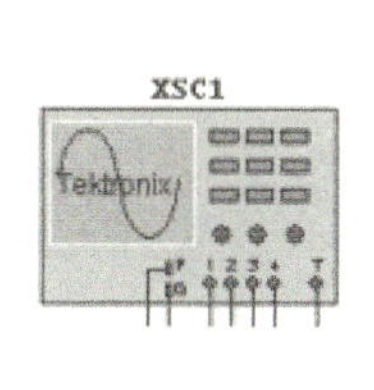

图 8-45　Tektronix 示波器图标和面板

17．测量探针

测量探针可测量出该点的电压和频率值。电流探针可测量出该点的电流值，动态测量探针可用于测量各节点动态实时电压等参数。

任务三　LabVIEW 简介

LabVIEW（Laboratory Virtual Instrument Engineering）是美国国家仪器公司（National Instruments，NI）开发的一种图形化的编程语言。图形化的程序语言，又称为“G”语言。使用这种语言编程时，基本上不写程序代码，取而代之的是流程图。它尽可能利用了技术人员、科学家、工程师所熟悉的术语、图标和概念，使编程简单直观。如图 8-46 所示用 LabVIEW 做的示波器，与真实的示波器有着相同的功能。

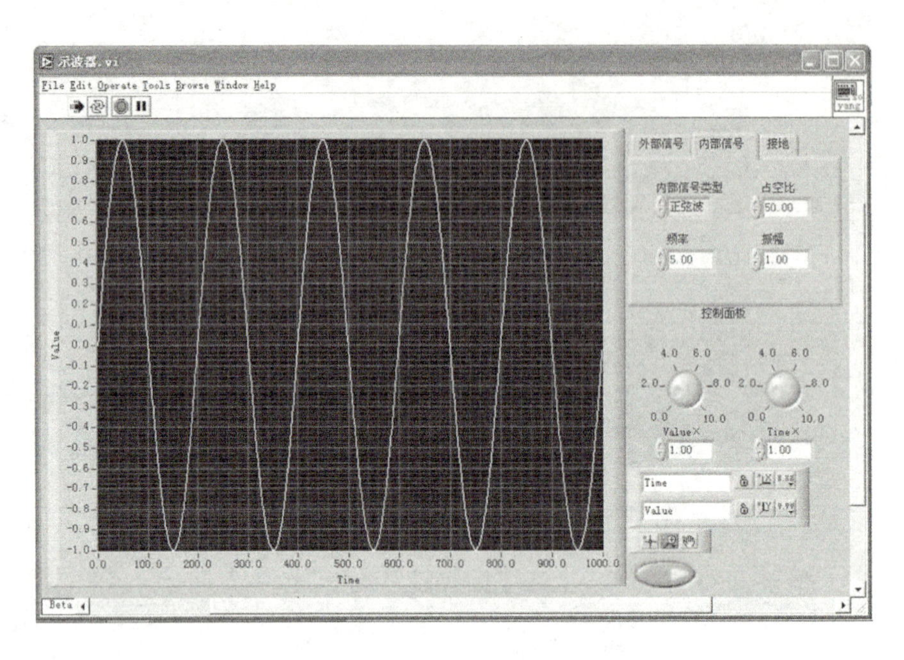

图 8-46 用 LabVIEW 做的示波器

知识链接

一、LabVIEW 程序构成

双击 LabVIEW 快捷图标，出现启动画面，单击菜单中的 New VI，打开一个新的 LabVIEW 程序，可以看到它由前面板（panel）和流程图（diagram）组成。

1. 前面板窗口

前面板窗口是图形用户界面，也就是 VI 的虚拟仪器面板，相当于实际仪器的控制面板，它将用户和程序联系起来，是程序运行时显示和输入的交互窗口。如图 8-46 所示，示波器的前面板上有用户输入和显示输出两类对象，具体有开关、旋钮、图形以及其他控制和显示对象。

2. 流程图窗口

流程图窗口提供 VI 的图形化源程序，相当于实际仪器箱内的东西，在流程图中程序员用图形语言编写 LabVIEW 程序源代码，以控制和操纵定义在前面板上的输入和输出功能。如图 8-47 所示的示波器流程图，上面包括前面板上的控件的连线端子，还有一些前面板上没有，但编程必须有的东西，例如函数、结构和连线等。

3. 图标/连接器

图标/连接器是子 VI 被其他 VI 调用的接口。图标是子 VI 在其他程序框图中被调用的节点表现形式；而连接器则表示节点数据的输入/输出口，就像函数的参数。用户必须指定连接器端口与前面板的控制和显示一一对应。

连接器一般情况下隐藏不显示，除非用户选择打开观察它。

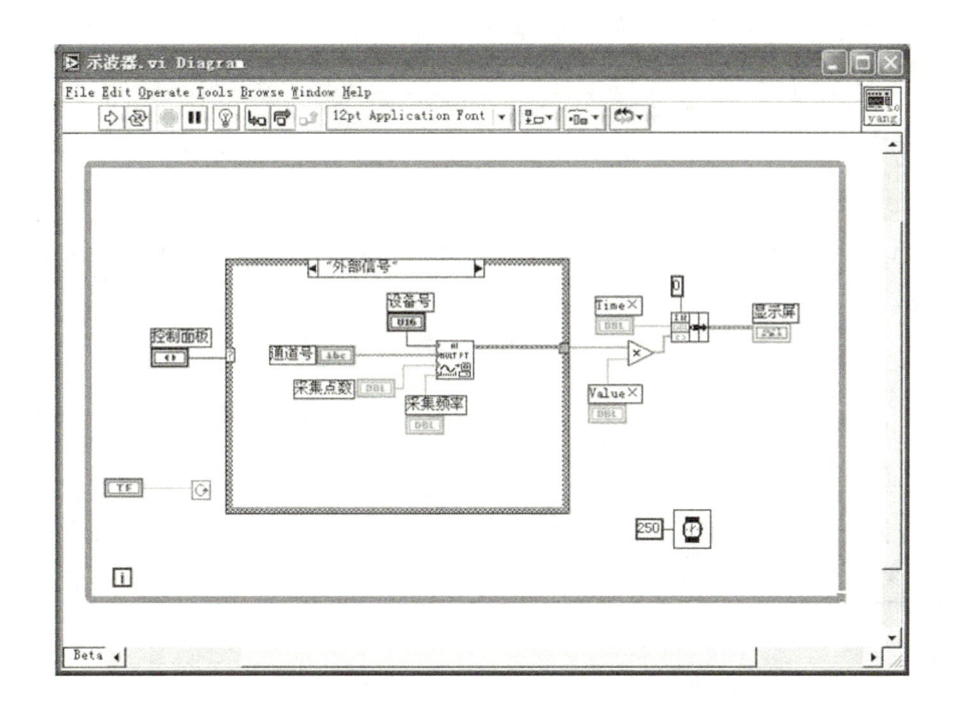

图 8-47　示波器流程图

二、LabVIEW 的操作模板

LabVIEW 具有多个图形化的操作模板，用于创建和运行程序。这些操作模板工具可以随意在屏幕上移动，并可以放置在屏幕的任意位置。操作模板共有三类，为工具（Tools）模板、控制（Controls）模板和功能（Functions）模板。

1. 工具模板

工具模板为编程者提供了各种用于创建、修改和调试Ⅵ程序的工具。如果该模板没有出现，则可以在 Windows 菜单下选择 Show Tools Palette 命令以显示该模板。当从模板内选择了任一种工具后，鼠标箭头就会变成该工具相应的形状。当从 Windows 菜单下选择了 Show Help Window 功能后，把工具模板内选定的任一种工具光标放在框图程序的子程序（Sub VI）或图标上，就会显示相应的帮助信息。工具模板图标如图 8-48 所示。

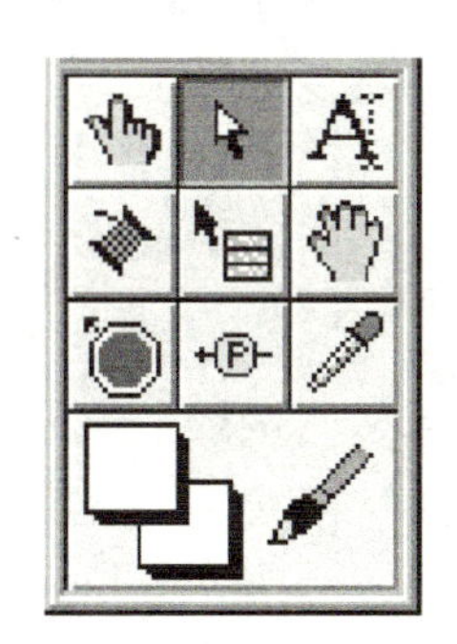

图 8-48　工具模板图标

工具模板图标和功能见表 8-2。

与上述工具模板不同，控制和功能模板只显示顶层子模板的图标。在这些顶层子模板中包含许多不同的控制或功能子模板。通过这些控制或功能子模板可以找到创建程序所需的面板对象和框图对象。用鼠标单击顶层子模板图标就可以展开对应的控制或功能子模板，只需按下控制或功能子模板左上角的大头针就可以把这个子模板变成浮动板留在屏幕上。

表 8-2　工具模板图标和功能

图标	功　能	图标	功　能
	操作工具：使用该工具来操作前面板的控制和显示。使用它向数字或字符串控制中键入值时，工具会变成标签工具的形状		选择工具：用于选择、移动或改变对象的大小。当它用于改变对象的连框大小时，会变成相应形状
	标签工具：用于输入标签文本或者创建自由标签。当创建自由标签时它会变成相应形状		连线工具：用于在框图程序上连接对象。如果联机帮助的窗口被打开时，把该工具放在任一条连线上，就会显示相应的数据类型
	对象弹出菜单工具：用左鼠标键可以弹出对象的弹出式菜单		漫游工具：使用该工具就可以不需要使用滚动条而在窗口中漫游
	断点工具：使用该工具在 VI 的框图对象上设置断点		探针工具：可以在框图程序内的数据流线上设置探针。程序调试员可以通过控针窗口来观察该数据流线上的数据变化状况
	颜色提取工具：使用该工具来提取颜色用于编辑其他的对象		颜色工具：用来给对象定义颜色。它也显示出对象的前景色和背景色

2. 控制模板

控制模板只能在前面板窗口中使用，通过前面板窗口 Windows→Show Controls Palette 打开，如果控制模板不显示，也可以在前面板窗口中空白处右击打开。

注：只有当打开前面板窗口时才能调用控制模板。

控制模板如图 8-49 所示，包括如表 8-3 所示的几个子模板。

表 8-3　控制子模板图标和功能

图标	功　能	图标	功　能
	数值子模板：包含数字式、指针式显示表盘及各种输入框		图形子模板：显示数据结果的趋势图和曲线图
	数组和群子模板：复合型数据类型的控制和显示		布尔值子模块：逻辑数值的控制和显示。包含各种布尔开关、按钮以及指示灯等
	字符串子模板：字符串和表格的控制和显示		路径和参考名（Refnum）子模板：文件路径和各种标的控制和显示
	控件容器库子模板：用于操作 OLE、ActiveX 等功能		调用存储在文件中的控制和显示的接口
	对话框子模板：用于输入对话框的显示控制		修饰子模板：用于给前面板进行装饰的各种图形对象
	用户自定义的控制和显示		列表和环（Ring）子模板：菜单环和列表栏的控制和显示

3. 功能模板

功能模板（Functions Palette）是创建框图程序的工具。该模板上的每一个顶层图标都表示一个子模板。若功能模板不出现，则可以用 Windows 菜单下的 Show Functions Palette 功能打开它，也可以在框图程序窗口的空白处单击鼠标右键以弹出功能模板。

注意

只有打开了框图程序窗口，才能出现功能模板。

功能模板如图 8-50 所示，包括如表 8-4 所示的几个子模板。

图 8-49　控制模板

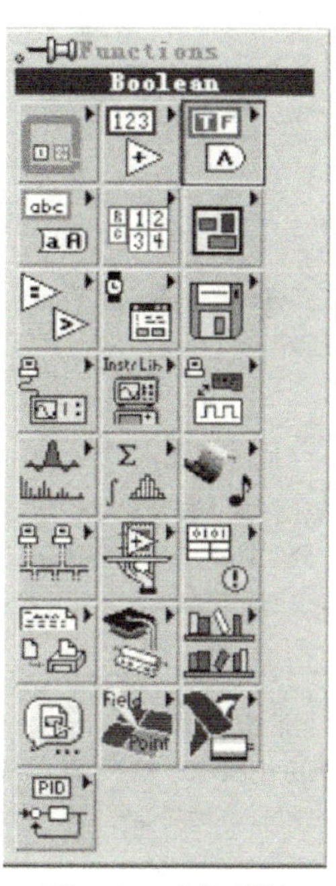

图 8-50　功能模板

表 8-4　功能子模板图标和功能

图标	功　能	图标	功　能
	结构子模板：包括程序控制结构命令，例如循环控制等，以及全局变量和局部变量		数组子模板：包括数组运算函数、数组转换函数以及常数数组等
	比较子模板：包括各种比较运算函数，如大于、小于、等于		数据采集子模板：包括数据采集硬件的驱动程序以及信号调理所需的各种功能模块
	信号分析（Analysis）、信号发生、时域及频域分析功能模块及数学工具		数值运算子模板：包括各种常用的数值运算符，如+、-等；各种常见的数值运算式，如+1 运算；数制转换、三角函数、对数、复数等运算；各种数值常数

（续）

图标	功　能	图标	功　能
	布尔逻辑子模板：包括各种逻辑运算符以及布尔常数		字符串运算子模板：包含各种字符串操作函数、数值与字符串之间的转换函数，以及字符（串）常数等
	群子模板：包括群的处理函数以及群常数等。这里的群相当于 C 语言中的结构		时间和对话框子模板：包括对话框窗口、时间和出错处理函数等
	文件输入/输出子模板：包括处理文件输入/输出的程序和函数		仪器控制子模板：包括 GP-IB（488、488.2）、串行、VXI 仪器控制的程序和函数，以及 VISA 的操作功能函数
	仪器驱动程序库：用于装入各种仪器驱动程序		信号处理子模板：包括信号发生、时域及频域分析功能模块
	数学模型子模块：包括统计、曲线拟合、公式框节点等功能模块，以及数值微分、积分等数值计算工具模块		图形与声音子模块：包括 3D、OpenGL、声音播放等功能模块
	通信子模板：包括 TCP、DDE、ActiveX 和 OLE 等功能的处理模块		应用程序控制子模块：包括动态调用 VI、标准可执行程序的功能函数
	底层接口子模块：包括调用动态连接库和 CIN 节点等功能的处理模块		文档生成子模板
	示教课程子模板：包括 LabVIEW 示教程序		用户自定义的子 VI 模板
	“选择…VI 子程序”子模板：包括一个对话框，可以选择一个 VI 程序作为子程序（SUB VI）插入当前程序中		

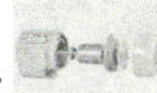

提示

在 LabVIEW 中可以随时获得帮助。用 Help→Show Context Help 打开帮助窗口（Context Help），快捷键为 Ctrl+H，当把鼠标箭头放到任何感兴趣的模块对象上时，就会在帮助窗口中显示相应的帮助信息。

在任何一个控制或是函数模块上右击，都会出现弹出菜单，通过弹出菜单可以方便地对模块进行编辑。

三、创建 VI 程序

VI 程序具有前面板、框图程序和图标/连接器三个要素，如图 8-51 所示。

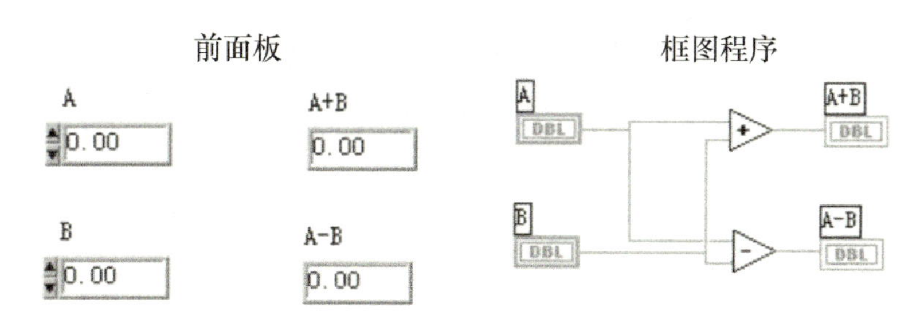

图 8-51　VI 程序

1. 前面板

两种最常用的前面板对象是数字控制和数字显示。若想要在数字控制中输入或修改数值，只需要用操作工具（见工具模板）单击控制部件和增减按钮，或者用操作工具或标签工具双击数值栏进行输入数值修改。

2. 框图程序

框图程序是由节点、端点、图框和连线四种元素构成的。

节点类似于文本语言程序的语句、函数或者子程序。LabVIEW 有两种节点类型——函数节点和子 VI 节点。两者的区别在于函数节点是 LabVIEW 以编译好了的机器代码供用户使用的，而子 VI 节点是以图形语言形式提供给用户的。用户可以访问和修改任一子 VI 节点的代码，但无法对函数节点进行修改。如图 8-51 所示，框图程序所示的 VI 程序有两个功能函数节点，一个函数使两个数值相加，另一个函数使两数相减。

端点是只有一路输入/输出，且方向固定的节点。LabVIEW 有三类端点——前面板对象端点、全局与局部变量端点和常量端点。对象端点是数据在框图程序部分和前面板之间传输的接口。一般来说，一个 VI 的前面板上的对象（控制或显示）都在框图中有一个对象端点与之一一对应。当在前面板创建或删除面板对象时，可以自动创建或删除相应的对象端点。控制对象对应的端点在框图中是用粗框框住的，如例子中的 A 和 B 端点。它们只能在 VI 程序框图中作为数据流源点。显示对象对应的端点在框图中是用细框框住的。如例子中的 A+B 和 A-B 端点。它们只能在 VI 程序框图中作为数据流终点。常量端点永远只能在 VI 程序框图中作为数据流源点。

图框是 LabVIEW 实现程序结构控制命令的图形表示。如循环控制、条件分支控制和顺序控制等，编程人员可以使用它们控制 VI 程序的执行方式。代码接口点（CIN）是框图程序与用户提供的 C 语言文本程序的接口。

连线是端口间的数据通道，它们类似于普通程序中的变量。数据是单向流动的，从源端口向一个或多个目的端口流动。不同的线型代表不同的数据类型。在彩显上，每种数据类型还以不同的颜色予以强调。

下面是一些常用数据类型所对应的线型和颜色，如图 8-52 所示。

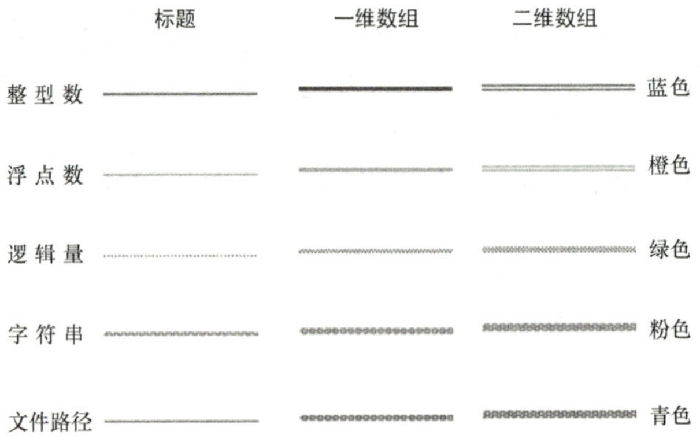

标题 一维数组 二维数组
整型数 蓝色
浮点数 橙色
逻辑量 绿色
字符串 粉色
文件路径 青色

图 8-52 常用数据类型所对应的线型和颜色

当需要连接两个端点时，在第一个端点上单击连线工具（从工具模板栏调用），然后移动到另一个端点，再单击第二个端点。端点的先后次序不影响数据流动的方向。

当把连线工具放在端点上时，该端点区域将会闪烁，表示连线将会接通该端点。当把连线工具从一个端口接到另一个端口时，不需要按住鼠标键。当需要连线转弯时，单击即可以正交垂直方向地弯曲连线，按空格键可以改变转角的方向。

快速提示

接线头是为了帮助正确连接端口的连线。当把连线工具放到端口上，接线头就会弹出。接线头还有一个黄色小标框，显示该端口的名字。

3. 从框图程序窗口创建前面板对象

用选择和连线工具，都可以右击任一节点和端点，然后从弹出菜单中选择“创建常数”“创建控制”或“创建显示”等命令。LabVIEW 会自动地在被创建的端点与所单击对象之间接好连线。

4. 数据流编程

控制 VI 程序的运行方式叫作“数据流”。对一个节点而言，只有当它的所有输入端口上的数据都成为有效数据时，它才能被执行。当节点程序运行完毕后，它把结果数据送给所

有的输出端口，使之成为有效数据，并且数据很快从源送到目的端口。

四、程序调试

1. 找出语法错误

如果一个 VI 程序存在语法错误，则在面板工具条上的运行按钮将会变成一个折断的箭头，表示程序不能被执行，这时这个按钮被称作错误列表。单击它，则 LabVIEW 弹出错误清单窗口，单击其中任何一个所列出的错误，选用 Find 功能，则出错的对象或端口就会变成高亮。

2. 设置执行程序高亮

在 LabVIEW 的工具条上有一个画着灯泡的按钮，这个按钮叫作“高亮执行”按钮。单击这个按钮使其变成高亮形式，再单击运行按钮，VI 程序就以较慢的速度运行，没有被执行的代码灰色显示，执行后的代码高亮显示，并显示数据流线上的数据值。这样，就可以根据数据的流动状态跟踪程序的执行。

3. 断点与单步执行

为了查找程序中的逻辑错误，有时需要框图程序一个节点一个节点地执行。使用断点工具可以在程序的某一地点中止程序执行，用探针或者单步方式查看数据。使用断点工具时，单击希望设置或者清除断点的地方。断点的显示对于节点或者图框表示为红框，对于连线表示为红点。当 VI 程序运行到断点被设置处，程序被暂停在将要执行的节点，以闪烁表示。按下单步执行按钮，闪烁的节点被执行，下一个将要执行的节点变为闪烁，指示它将被执行。也可以单击暂停按钮，这样程序将连续执行直到下一个断点。

4. 探针

可以用探针工具来查看当框图程序流经某一根连接线时的数据值。从 Tools 工具模板选择探针工具，再单击希望放置探针的连接线，这时显示器上会出现一个探针显示窗口，该窗口总是被显示在前面板窗口或框图窗口的上面。在框图中用选择工具或连线工具，在连线上右击，在连线的弹出式菜单中选择“探针”命令，同样可以为该连线加上一个探针。

一、创建一个 VI 程序模拟温度测量

假设传感器输出电压与温度成正比。例如，当温度为 70°F 时，传感器输出电压为 0.7V。本程序也可以用摄氏温度来代替华氏温度显示。

本程序用软件代替了 DAQ 数据采集卡。使用 Demo Read Voltage 子程序来仿真电压测量，然后把所测得的电压值转换成摄氏或华氏温度读数。

1. 前面板

1）用 File 菜单的 New 选项打开一个新的前面板窗口。

2）把温度计指示部件放入前面板窗口。

① 在前面板窗口的空白处单击，然后从弹出的 Numeric 子模板中选择 Thermometer。

② 在高亮的文本框中输入“温度计”后再单击。

3）重新设定温度计的标尺范围为0.0~100.0。使用标签工具A，双击温度计标尺的10.0，输入100.0，再单击或者按工具栏中的V按钮。

4）在前面板窗口中放入竖直开关控制。

① 在前面板窗口的空白处单击，在弹出的Boolean子模板中选择Vertical Switch，在文本框中输入“温度值单位”，再单击或者按工具栏中的V按钮。

② 使用标签工具A，在开关为True（条件真）位置旁边输入自由标签“摄氏”，在False（条件假）位置旁边输入自由标签“华氏”。

设计完成的模拟温度测量的前面板，如图8-53所示。

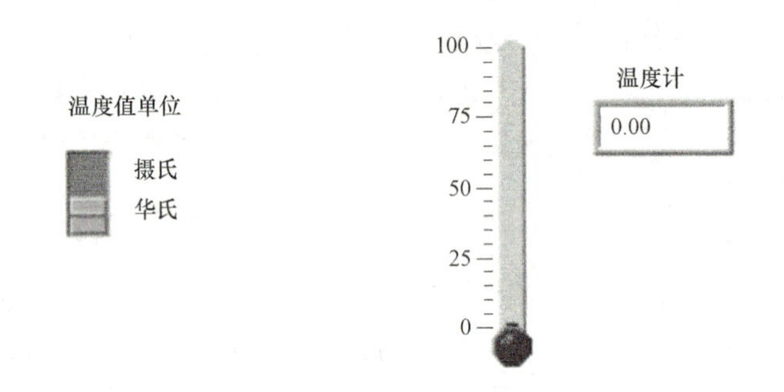

图8-53　模拟温度测量的前面板

2. 框图程序

模拟温度测量的框图程序如图8-54所示。

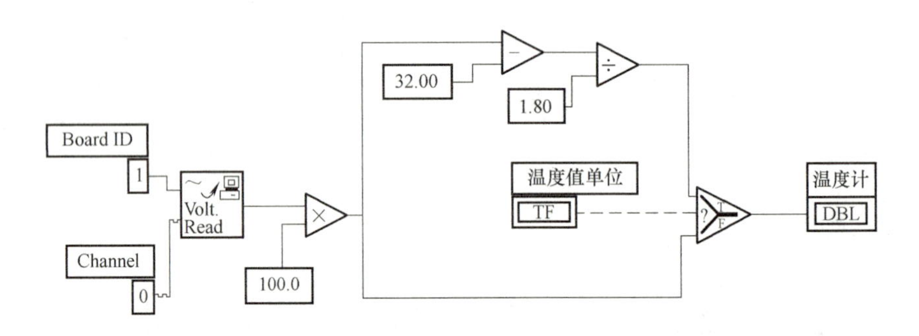

图8-54　模拟温度测量的框图程序

1）从Windows菜单下选择Show Diagram功能打开框图程序窗口。

2）单击框图程序窗口的空白处，弹出功能模板，从弹出的菜单中选择所需的对象。本程序用到下面的对象：

Demo Read Voltage VI程序（Tutorial子模板）：本程序模拟从DAQ卡的0通道读取电压值。

Multiply（乘法）功能（Numeric子模板）：在本程序中，将读取电压值乘以100.00，以获得华氏温度。

Subtract（减法）功能（Numeric子模板）：在本程序中，从华氏温度中减去32.0，以转换成摄氏温度。

Divide（除法）功能（Numeric 子模板）：在本程序中，把相减的结果除以 1.8 以转换成摄氏温度。

Select（选择）功能（Comparison 子模板）：取决于温标选择开关的值。该功能输出华氏温度（当选择开关为 False）或者摄氏温度（选择开关为 True）数值。

数值常数：用连线工具，单击希望连接一个数值常数的对象，并选择 Create Constant 功能。若要修改常数值，用标签工具双击数值，再写入新的数值。

字符串常量：用连线工具，单击希望连接字符串常量的对象，再选择 Create Constant 功能。要输入字符串，用标签工具双击字符串，再输入新的字符串。

3）使用移位工具（Positioning tool），把图标移至图示的位置，再用连线工具连接起来。如果要显示图标接线端口，则单击图标，再从弹出菜单中选择 Show Terminals 功能。也可以从 Help 菜单中选择 Show Help 功能以打开帮助信息窗口。

Demo Read Voltage VI 子程序模拟从数据采集卡的 0 通道读取电压，程序再将读数乘以 100.0 转换成华氏温度读数，或者再把华氏温度转换成摄氏温度。

4）选择前面板窗口，使之变成当前窗口，并运行 VI 程序。单击连续运行按钮，便于程序运行于连续运行模式。

5）再单击连续运行按钮，关闭连续运行模式。

6）创建图标 Temp：此图标可以将现程序作为子程序在其他程序中调用。创建方法如下：

① 在前面板窗口的右上角的图标框中单击，从弹出菜单中选择 Edit Icon 功能。

② 双击选择工具，并按下 Delete 键，删除默认的图标图案。

③ 用画图工具画出温度计的图标。

注意

在用鼠标画线时按下 Shift 键，可以画出水平或垂直方向的连线。

使用文本工具写入文字，双击文本工具把字体换成 Small Font。

当图标创建完成后，单击 OK 以关闭图标编辑。生成的图标在面板窗口的右上角。

7）创建联接器端口。

① 单击右上角的图标面板，从弹出菜单中选择 Show Connector 功能。LabVIEW 将会根据控制和显示的数量选择一种联接器端口模式。在本例中，只有两个端口，一个是竖直开关，另一个是温度指示。

② 把联接器端口定义给开关和温度指示。

③ 使用连线工具，在左边的联接器端口框内单击，则端口将会变黑。再单击开关控制件，一个闪烁的虚线框将包围住该开关。

④ 单击右边的联接器端口框，使它变黑。再单击温度指示部件，一个闪烁的虚线框将包围住温度指示部件，即表示右边的联接器端口对应温度指示部件的数据输入。

⑤ 再单击空白处，则虚线框将消失，前面所选择的联接器端口将变暗，表示已经将对象部件定义到各个联接器端口。

注意

LabVIEW 的惯例是前面板上控制的联接器端口放在图标的接线面板的左边，而显示的联接器端口放在图标的接线面板的右边。也就是说，图标的左边为输入端口，而右边为输出端口。

8）确认当前文件的程序库路径为 Seminar. LLB，用 File 菜单的 Save 功能保存上述文件，并将文件命名为 Thermometer. Vi。

现在，该程序已经编制完成了。它可以在其他程序中作为子程序来调用，在其他程序的框图窗口里，该温度计程序用前面创建的图标来表示。联接器端口的输入端用于选择温度单位，输出端用于输出温度值。

9）关闭该程序。

二、使用一个条件循环结构和一个被测波形图表实时地采集数据

下面将创建一个 VI 程序，进行温度测量，并把结果在波形图表上显示。该 VI 程序使用前面创建的温度计程序（Thermometer. Vi）作为子程序。

在任意一个 VI 程序的框图窗口里，都可以把其他的 VI 程序作为子程序调用，只要被调用 VI 程序定义了图标和联接器端口即可。用户使用功能模板的 Select a VI 来完成。当使用该功能时，将弹出一个对话框，用户可以输入文件名。一个子 VI 程序，相当于普通程序的子程序。节点相当于子程序调用。子程序节点并不是子程序本身，就像一般程序的子程序调用语句并不是子程序本身一 样。如果在一个框图程序中，有几个相同的子程序节点，它就像多次调用相同的子程序。**请注意，该子程序的拷贝并不会在内存中存储多次。**

1. 前面板（图 8-55）

1）打开一个新的前面板窗口，在里面放一个竖直开关（在 Boolean 逻辑部件子模板），将该开关标注为“Enable”，可以用该开关来开始/停止数据采集。

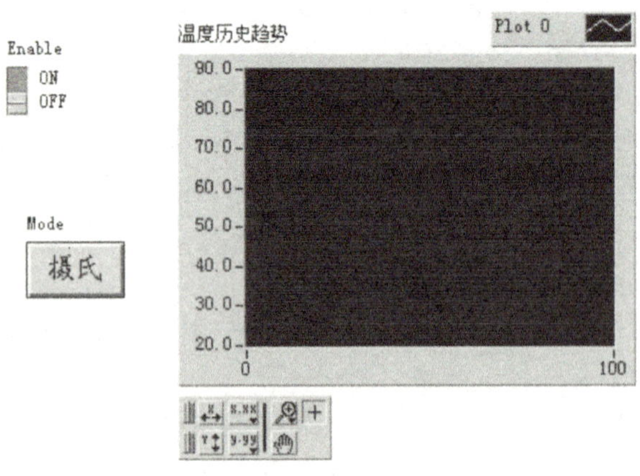

图 8-55 前面板（一）

2）在前面板内再放置一个趋势图（Graph 子模板中的 Waveform Chart），标注为“温度

历史趋势”，该图表将实时地显示温度值。

3）趋势图将它的图标注解 plot 自动地标注为“plot 0”，但是可以用标注工具将其重新标注为“Temp”。

4）因为趋势图用于显示室内温度，需要对它的标尺进行重新定标。将 *Y* 轴 的“10”改为“90”，而将“0. 0”改为“20”。

5）暂时不要创建模式转换开关，将尝试从框图程序窗口创建前面板的部件。

2. 框图程序（图 8-56）

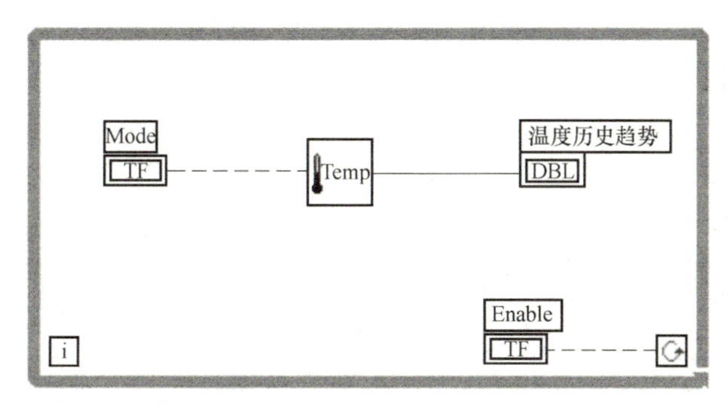

图 8-56　框图程序（一）

1）打开框图程序窗口。

2）从结构（Structures）工具模板选择条件循环结构 While Loop 放入框图程序窗口，调整该条件循环框的大小，把从前面板创建的两个节点放入循环框内。

提示

条件循环结构是一种无限循环结构，只要条件满足，它就一直循环运行下去。在本例中，只要允许开关（Enable Switch）是 ON 状态，该 VI 程序就一直运行，采集温度测量值，并在图表上显示。

3）放入其他的框图程序对象。Thermometer. Vi，这个 VI 程序是在上一操作中创建的，从 Seminar. LLB 中调出（从 Select a VI 子模板）。

4）按照图 8-55 中的框图程序连好线。

5）创建模式开关。把连线工具放在 Thermometer VI 的 Mode 输入端口上，右击并选择 Creat Control，这样就可以自动创建模式转换开关，并将它与 Thermometer VI 子程序相连线，再转换到前面板窗口，将模式转换开关的位置重新调整。

6）在前面板窗口，使用标注工具，双击模式开关的 OFF 标签，并把它转换成“华氏”，再把 ON 标签转换成“摄氏”。要转换开关状态，使用操作工具（Operating Tool）。

7）将模式开关设置为 ON 状态，运行该 VI 程序。

8）要停止数据采集，单击 Enable 开关，使其状态变为 OFF，循环结束。

9）修改 Enable 开关设置，使得运行 VI 程序时不必每次打开该开关。

① 若程序在运行状态，则关闭程序运行。

② 把开关设置为 ON 状态。

③ 单击开关，从弹出菜单中选择 Data Operations→Make Current Value Default 选项，这将使 ON 状态变为默认值。

④ 再单击开关，从弹出菜单中选择 Mechanical Action→Latch When Pressed 选项。

10）运行该程序，把开关单击为 Stop 状态以停止数据采集。开关将变为 OFF 状态，但当条件循环结构再次读取其数值时，它又会变成 ON 状态。

定时器控制框图程序如图 8-57 所示。

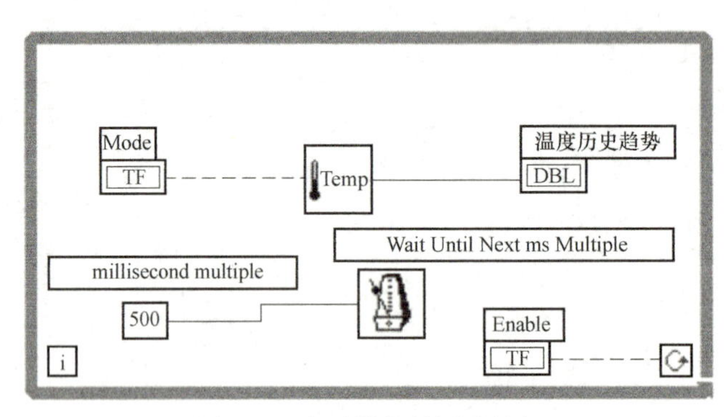

图 8-57 定时器控制框图程序

程序运行的速度可能会很快。但是如果希望以一定的时间间隔，例如一秒钟一次或者一分钟一次来采集数据，则可以用 Wait Until Next ms Multiple 功能（在 Time & Dialog 子模板）。该功能模块可以保证循环间隔时间不少于指定的毫秒数。

11）使 VI 程序采样间隔为 500ms。使用 Time & Dialog 子模板中的 Wait Until Next ms Multiple 功能，再加上时间常数 Numeric Constant，把它设置为 500。

12）运行上述程序，试用不同的时间间隔值。

13）关闭并保存上述程序，文件名为 Temperature Monitor. Vi。

三、以图表方式显示数据并使用分析功能子程序

利用前面创建的 VI 程序，在数据采集过程中实时地显示数据。当采集过程结束后，在图表上画出数据波形，并算出最大值、最小值和平均值（只使用华氏温度单位）。

1. 前面板

1）打开前面创建的 Temperature Monitor. Vi 程序。

2）按照图 8-58 修改程序，其中被虚线框住的部分是新增加的。

趋势图“温度历史趋势”显示实时采集的数据。采集过程结束后，在 Temp Graph 中画出数据曲线，同时在 Mean、Max 和 Min 数字显示栏中显示出温度的平均值、最大值和最小值。本程序只使用华氏温度单位。

2. 框图程序

1）完成图 8-59 中的框图程序。被虚线框住的部分表示新增程序。条件循环框边线上的方块叫作通道（tunnel）。在本程序中，通道是条件循环的数据通道口。若要建立数据索引，单击通道，并选择 Enable Indexing 选项，表示当条件循环执行时，把数据顺序放入一个数组中。循环结束后，通道输出该数组。否则，通道仅输出最后一次循环放入的数据值。

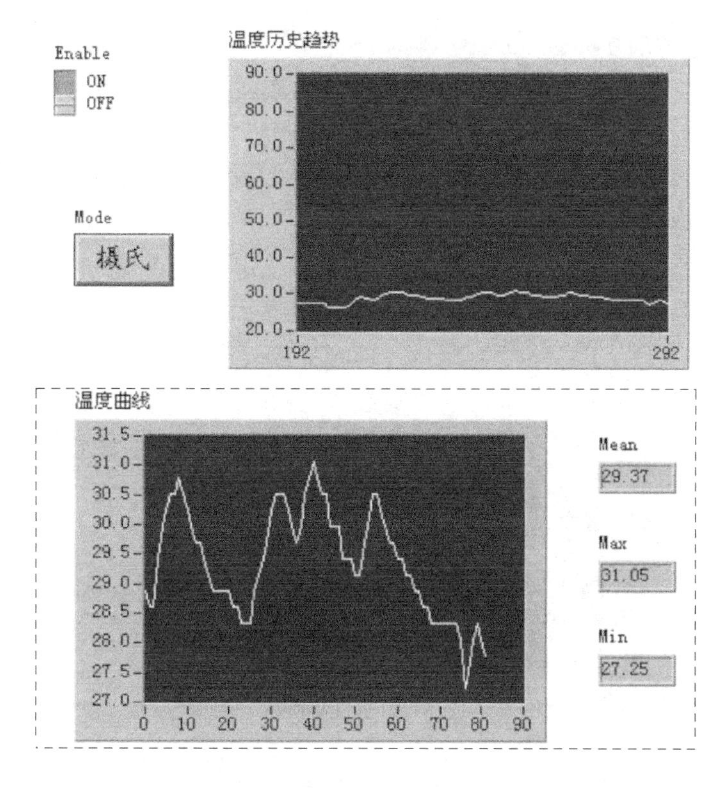

图 8-58　前面板（二）

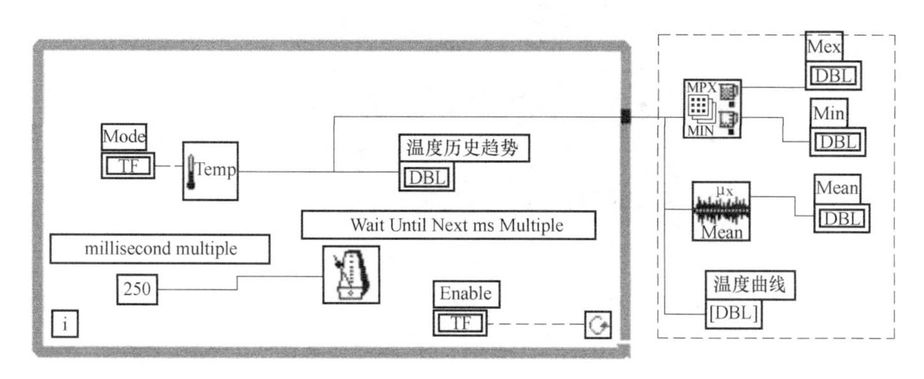

图 8-59　框图程序（二）

2）返回前面板，并运行 VI 程序。

3）当允许运行开关（Enable Switch）设置为 OFF 后，将显示温度数据曲线。

4）修改后的程序重命名为 Temperature Analysis. Vi 并存盘。

四、学习使用 Case 结构

修改 Temperature Analysis. Vi 程序以检测温度是否超出范围，当温度超出上限（High Limit）时，前面板上的 LED 将点亮，并且有一个蜂鸣器发声。

1. 前面板

1）打开前面创建的 Temperature Analysis. Vi 程序。

2）按照图 8-60 所示修改前面板。被虚线框住的部分表示增加的部件。High Limit 表示温度上限值。报警指示灯（WARNING LED）和当前温度状态（CurrentTemperature State）用来表示温度是否超限。单击趋势图，并且选择 Show→Legend 和 Show→Dighital Display 选项，可以增加图注（Legend）和数字显示。

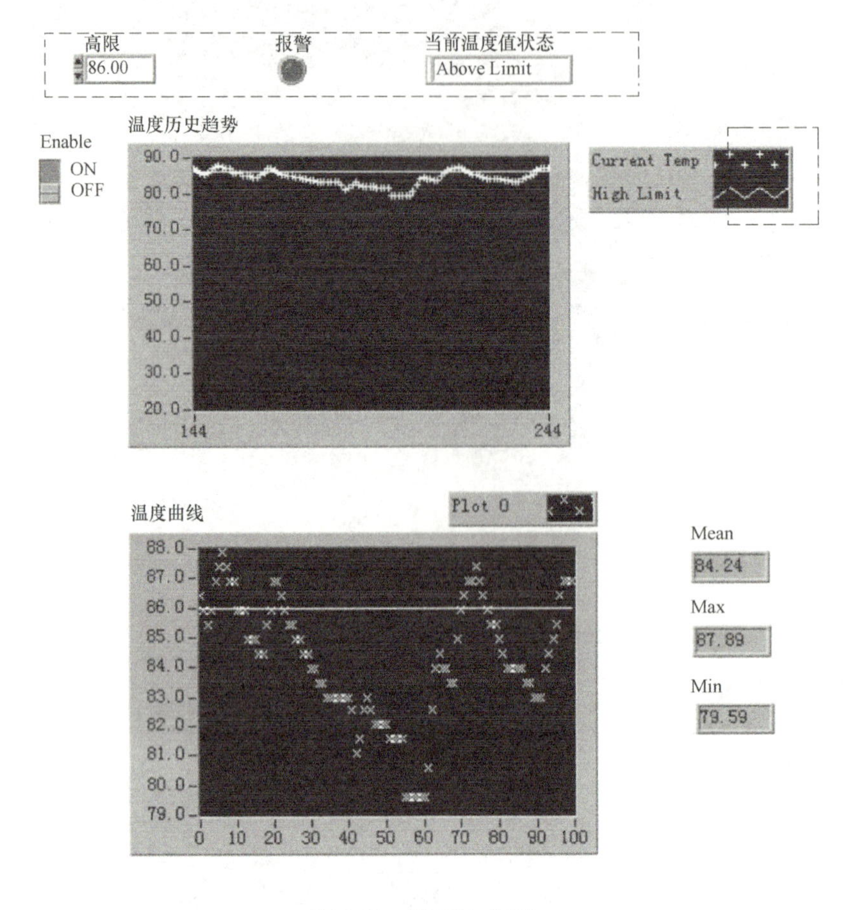

图 8-60 前面板（三）

2. 框图程序

1）按照图 8-61 编写框图程序。被虚线框住的部分为新增加的部件。其中 False Case 与 True Case 同属于一个 Case 结构。根据其输入端上的数值，来决定执行哪一个 Case 程序。如果 Thermometer. Vi 子程序返回的温度值大于 High Limit 数值，将执行 True Case 程序，反之则执行 False Case 程序。

2）返回前面板程序，在 High Limit 控制栏中输入 86。再运行 VI 程序。当温度超过 86 时，LED 将点亮，蜂鸣器也会发声。

3）将程序重新命名为 Temperature Control. Vi，并保存起来。

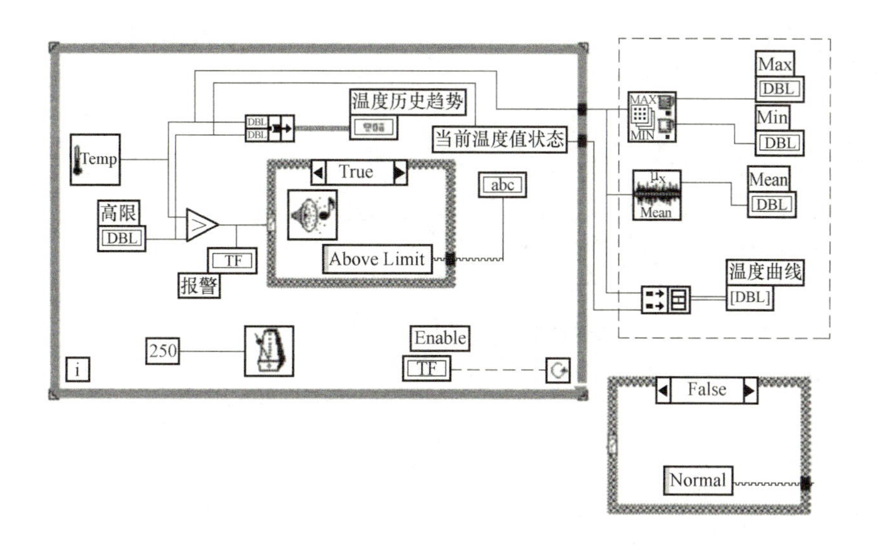

图 8-61　框图程序（三）

本项目评价表见表 8-5。

表 8-5　项目评价表

项目	智能仪器与虚拟仪器、Multisim 10 基本操作介绍						
班级		姓名		日期			
评价项目	评价标准	评价依据	评价方式			权重	得分小计
			学生自评（20%）	小组互评（30%）	教师评价（50%）		
职业素养	1. 遵守规章制度与劳动纪律 2. 按时完成任务 3. 人身安全与设备安全 4. 工作岗位 6S 完成情况	1. 出勤 2. 工作态度 3. 劳动纪律 4. 团队协作精神				0. 3	
专业能力	1. 仪器使用熟练 2. 测量方法正确 3. 读数准确无误	1. 操作的准确性和规范性 2. 工作页或项目技术总结完成情况 3. 专业技能完成情况				0. 5	
创新能力	1. 在任务完成过程中提出有自己见解的方案 2. 在教学或生产管理上提出建议，具有创新性	1. 方案的可行性及意义 2. 建议的可行性				0. 2	

思考与练习

1. 什么是个人仪器？个人仪器有哪几种主要形式？
2. 个人仪器有何主要特点？
3. 什么是软面板？它与常规仪器的面板有何区别？
4. 什么是虚拟仪器？虚拟仪器与个人仪器相比有何特点？
5. 什么是自动测试系统（ATS）？
6. 简述智能数字电压表的调整方式。
7. Multisim 10 有何特点？

参考文献

［1］ 李明生，丁向荣. 电子测量仪器与应用［M］. 4版. 北京：电子工业出版社，2017.
［2］ 韦琳. 图解电子测量技术［M］. 北京：科学出版社，2007.
［3］ 侯守军. 电子技术实验与实训［M］. 北京：国防工业出版社，2009.
［4］ 邱勇进. 常用电子仪器仪表的使用与速修技巧［M］. 2版. 北京：机械工业出版社，2012.
［5］ 陈尚松. 电子测量与仪器［M］. 4版. 北京：电子工业出版社，2018.
［6］ 张永瑞. 电子测量技术基础［M］. 3版. 西安：西安电子科技大学出版社，2014.
［7］ 杜宇人. 现代电子测量技术［M］. 2版. 北京：机械工业出版社，2015.
［8］ 王祁. 智能仪器设计基础［M］. 北京：机械工业出版社，2010.
［9］ 韩雪涛. 常用仪器仪表使用与维护［M］. 北京：人民邮电出版社，2010.